国家中等职业教育改革发展
示范校核心课程系列教材

U0821114

兽医临床诊疗技术实操

Shouyi Linchuang Zhenliao Jishu Shicao

王昆朋 主编

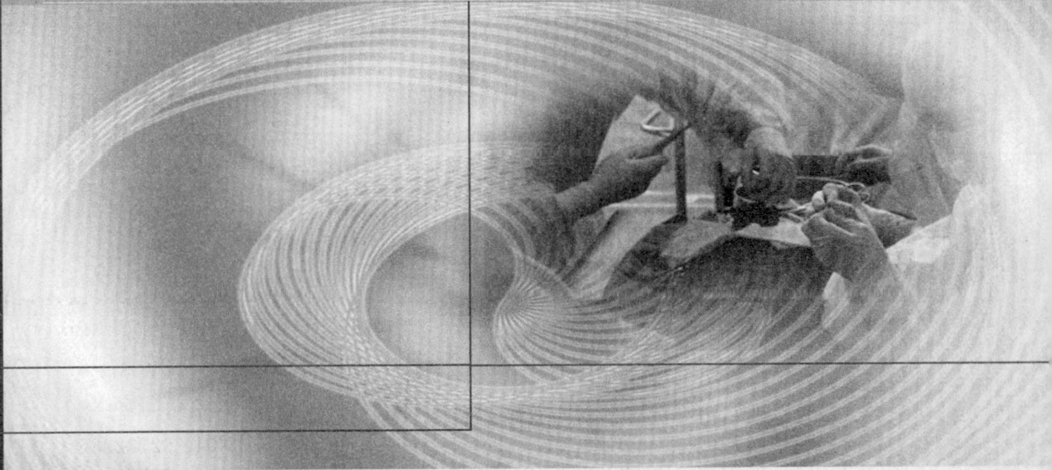

中国农业大学出版社
CHINA AGRICULTURAL UNIVERSITY PRESS

内容简介

本书针对中职教育培养实用技能型人才的需求编写，以兽医临床实践操作为目标，以理论"必需、够用"为度，突出应用性和实践性。本书包括动物的接近与保定技术、动物体征检查、剖检诊断、血常规检查、影像检查、注射技术、外科手术疗法等16个实操项目，系统、全面地介绍了兽医临床诊疗技术操作技能，适当删减了大家畜不常用的操作技能，增加了小动物的呼吸麻醉、静脉留置针等操作技能。各项目后设有项目小结、复习思考题，便于学生加深理解和复习。

本书可作为中职畜牧兽医专业的教材，还可供兽医临床专业技术人员、继续教育培训和养殖业相关人员参考。

图书在版编目(CIP)数据

兽医临床诊疗技术实操/王昆朋主编.—北京：中国农业大学出版社，2016.3
ISBN 978-7-5655-1492-0

Ⅰ.①兽…　Ⅱ.①王…　Ⅲ.①兽医学-诊疗　Ⅳ.①S854

中国版本图书馆 CIP 数据核字(2016)第 021786 号

书　名　兽医临床诊疗技术实操
作　者　王昆朋　主编

策划编辑　赵　中　　**责任编辑**　刘耀华
封面设计　郑　川　　**责任校对**　王晓凤
出版发行　中国农业大学出版社
社　址　北京市海淀区圆明园西路2号　　**邮政编码**　100193
电　话　发行部 010-62818525,8625　　读者服务部 010-62732336
编辑部 010-62732617,2618　　出　版　部 010-62733440
网　址　http://www.cau.edu.cn/caup　　**E-mail** cbsszs@cau.edu.cn
经　销　新华书店
印　刷　涿州市星河印刷有限公司
版　次　2016年3月第1版　2016年3月第1次印刷
规　格　787×980　16开本　13.5印张　250千字
定　价　26.00元

图书如有质量问题本社发行部负责调换

国家中等职业教育改革发展示范校核心课程系列教材
建设委员会成员名单

主 任 委 员：赵卫琍

副主任委员：栾 艳 何国新 江凤平 关 红 许学义

委 员：（按姓名汉语拼音排序）

边占山 陈 禹 韩凤奎 金英华 李 强

梁丽新 刘景海 刘昱红 孙万库 王昆朋

严文岱 要保新 赵志顺

编 写 人 员

主　编　王昆朋

副主编　毛治安　郑印焕　谷文峰

参　编　田　甜　于欣茹

序言

职业教育是“以服务发展为宗旨，以促进就业为导向”的教育，中等职业学校开设的课程是为课程学习者构建通向就业的桥梁。无论是课程设置、专业教学计划制定、教材选择和开发，还是教学方案的设计，都要围绕课程学习者将来就业所必需的职业能力形成这一核心目标，从宏观到微观逐级强化。教材是教学活动的基础，是知识和技能的有效载体，它决定了中等职业学校的办学目标和课程特点。因此，教材选择和开发关系着中等职业学校的学生知识、技能和综合素质的形成质量，同时对中等职业学校端正办学方向、提高师资水平、确保教学质量也显得尤为重要。

2015 年国务院颁布的《关于加快发展现代职业教育的决定》提出：“建立专业教学标准和职业标准联动开发机制，推进专业设置、专业课程内容与职业标准相衔接，形成对接紧密、特色鲜明、动态调整的职业教育课程体系”等要求。这对于探索职业教育的规律和特点，推进课程改革和教材建设以及提高教育教学质量，具有重要的指导作用和深远的历史意义。

目前，职业教育课程改革和教材建设从整体上看进展缓慢，特别是在“以促进就业为导向”的办学思想指导下，开发、编写符合学生认知和技能形成规律，体现以应用为主线，符合工作过程系统化逻辑，具有鲜明职教特色的教材等方面还有很大差距。主要是中等职业学校现有部分课程及教材不适应社会对专业技能的需要和学校发展的需求，迫切需要学校自主开发适合学校特点的校本课程，编写具有实用价值的校本教材。

校本教材是学校实施教学改革对教学内容进行研究后开发的教与学的素材，是为了弥补国家规划教材满足不了教学的实际需要而补充的教材。抚顺市农业特产学校经过十多年的改革探索和两年的示范校建设，在课程改革和教材建设上取得了一些成就，特别是示范校建设中的 18 本校本教材现均已结稿付梓，即将与同行和同学们见面。

本系列教材力求以职业能力培养为主线，以工作过程为导向，以典型工作任务和生产项目为载体，对接行业企业一线的岗位要求与职业标准，用新知识、新技术、新工艺、新方法，来增强教材的实效性。同时还考虑到学生的起点水平，从学生就业够用、创业适用的角度，使知识点及其难度既与学生当前的文化基础相适应，也更利于学生的能力培养、职业素养形成和职业生涯发展。

本套校本教材的正式出版，是学校不断深化人才培养模式和课程体系改革的结果，更是国家示范校建设的一项重要成果。本套校本教材是我们多年来按农时季节、工作程流、工作程序开展教学活动的一次理性升华，也是借鉴国内外职教经验的一次探索，这里面凝聚了各位编审人员的大量心血与智慧。希望该系列校本教材的出版能够补充国家规划教材，有利于学校课程体系建设和提高教学质量，能为全国农业中职学校的教材建设起到积极的引领和示范作用。当然，本系列校本教材涉及的专业较多，编者对现代职教理念的理解不一，难免存在各种各样的问题，希望得到专家的斧正和同行的指点，以便我们改进。

该系列校本教材的正式出版得到了蒋锦标、刘瑞军、苏允平等职教专家的悉心指导，同时，也得到了中国农业大学出版社以及相关行业企业专家和有关兄弟院校的大力支持，在此一并表示感谢！

教材编写委员会

2015 年 8 月

前言

《兽医临床诊疗技术实操》以就业岗位为依据，以生产工作流程为导向，以职业能力培养为核心，以技能训练为主。根据养殖场、饲料厂、兽药厂、动物医院和畜牧业行政管理技术领域畜牧兽医专业职业岗位的任职要求，整合职业岗位对知识、技能、素质的要求，强调课程内容的应用性、基础性与综合性，突出专业技能与职业能力的培养，并与行业和企业深度融合，是动物饲养、动物疫病防治、野生动物保护、宠物医师、宠物健康护理等岗位能力培养的重要参考书，是中等职业学校畜牧兽医专业的技能核心书籍。

本书内容覆盖兽医师、防疫员、化验员、兽医护士等就业岗位相对应的基本技能，包括临床诊断、影像学诊断、实验室诊断、病理剖检诊断、给药技术、外科手术等，设置了16个实操项目，53个操作技能。培养学生独立临床诊断疾病的能力，仪器使用及图像解读能力，常见手术操作能力，实验室检验能力以及兽医诊疗技术。同时使其具备较强的动手能力、方法能力和社会能力等岗位核心能力。

编　者

2015年6月

目录

实操项目一　动物的接近与保定技术

【知识目标】

理解动物接近的方法；掌握猪、牛、犬、猫的常用保定技术，能根据不同的兽医诊疗操作选择适当的保定方法。

【技能目标】

学会常见动物的接近；熟练进行猪的侧卧、倒立保定，牛的鼻钳保定、柱栏保定，犬猫的项圈保定、仰卧保定等操作。熟练使用绳、鼻钳、猪的保定栏等保定器械。

操作一　动物的接近

一、应用范围

用于动物的临床检查、疫苗注射、给药操作等。

二、用具材料

实验动物，如猪、鸡、羊、兔、犬、猫等。

三、接近方法

1. 接近前

首先了解动物的习性，观察动物是否会出现惊恐和攻击人的神态（如马竖耳、瞪眼，牛低头凝视，猪斜视、翘鼻、发呼呼声等），以防意外，确保人畜安全。

2. 接近时

由动物主人或饲养人员在旁协助，检查者应以温和的呼声，先向动物发出要接近的信号，然后再从其前侧方慢慢接近，决不可从其后方突然接近。

3. 接近后

用手轻轻抚摸动物的颈侧和肩部，使其保持安静和温顺状态，再进行检查，对猪，则可在其腹下部用手轻轻搔痒，使其安静或卧下，然后进行检查。

4. 检查时

应将一只手置于动物的肩部或髋结节部，两脚呈“丁”字步或“稍息”姿势，一旦病畜剧烈骚动抵抗时，即可作为支点将其推向对侧并迅速离开。

四、注意事项

①应注意向畜主了解动物的生活习性，是否胆小、易受惊吓，有无咬人、顶人、踢人等恶癖，保证人身安全。

②接近、捕捉动物时尽量在畜主或饲养员的协助下进行，避免引起动物“炸”群。

操作二 猪的保定

一、应用范围

用于猪的临床检查、注射、灌药、去势、检疫、手术操作等。

二、用具材料

保定绳、网架、猪等。

三、操作方法

(一)绳套保定

1. 适用范围

适用于一般的临床检查、灌药、注射等。

2. 操作方法

①在绳的一端打一活结套，或使用专用保定绳套。

②使绳套自猪的鼻端滑下，待猪张口或咬绳时，套入上颌犬齿后面并勒紧。

③由一人拉紧保定绳或拴于木桩上，使猪呈用力后退姿势。

(二)顺提保定

1. 适用范围

适用于仔猪在耳根部和颈部做肌肉注射。

2. 操作方法

①用两手分别抓住猪的两耳,迅速提举猪头部。

②使猪腹部向前,猪的前肢悬空。

(三)倒提保定

1. 适用范围

适用于直肠脱及阴道脱的整复,腹腔注射以及阴囊和腹股沟疝手术等。

2. 操作方法

①用两手握住后肢胫部,将其后躯提起。

②使猪头部朝下,腹部向前。

③用两腿夹住猪背部。

(四)侧卧保定

1. 适用范围

适用于猪的去势,腹腔手术,耳静脉、腹腔注射。

2. 操作方法

①操作者左手抓住猪的右耳,右手抓住右侧膝部前皱褶。

②向术者怀内提举放倒,用膝部压住猪背腰部。

③固定头部,使前后肢交叉。

④用绳在掌跖部拴紧固定四肢。

(五)网架保定

1. 适用范围

适用于中小型猪的一般临床检查、灌药、注射等。

2. 操作方法

①找两根结实、粗细均匀的木棍、竹竿或钢管。

②用绳在上面编织成绳网,将其平放在地面上。

③将猪赶上网架,迅速将网架抬起。

操作三　犬猫的保定

一、应用范围

用于犬猫的临床检查、注射、灌药、疫苗注射、外伤处理、手术操作等。

二、用具材料

保定绳、口笼、项圈、麻醉药、注射器、实验用犬猫等。

三、操作方法

(一)犬猫怀抱保定

1. 适用范围

用于幼犬和温顺的成年犬猫的临床检查、治疗等。

2. 操作方法

保定者站在犬的一侧,一手经对侧环抱犬的颈部,另一手固定犬臀部,抱紧。

(二)扎口保定

1. 适用范围

用于犬的一般检查或简单处置。

2. 操作方法

驯养的犬可让犬主人蹲于犬的右侧,右手将犬头抱于胸前,左手臂抱紧犬的后躯加以固定;未经驯服的犬,先用捕犬钳夹紧犬颈部,另一人则用粗扁保定带绕上下颌一周,在上颌上打一个结,然后转向下颌,再打一个结,最后将保定带牵引至头后颈背上打第三个结,此结应为活结。也可用铁笼套嘴,然后做进一步保定。

(三)口笼、项圈保定

1. 适用范围

用于犬的一般检查或简单处置,如图 1-1 和图 1-2 所示。

2. 操作方法

根据个体大小选用适宜的口笼或项圈给犬套上,防止犬嘴挣脱。

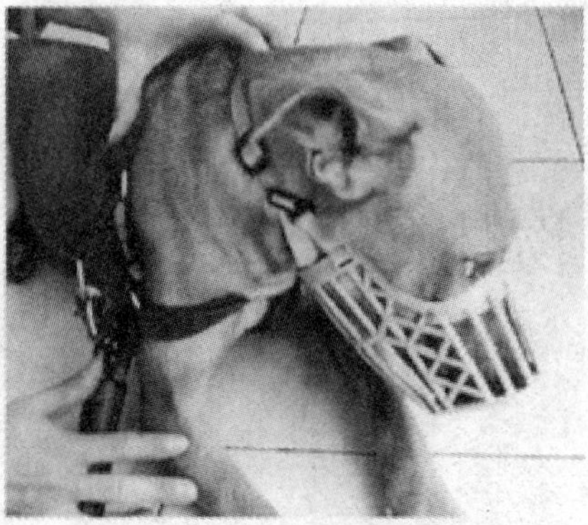

图 1-1　犬的口笼保定

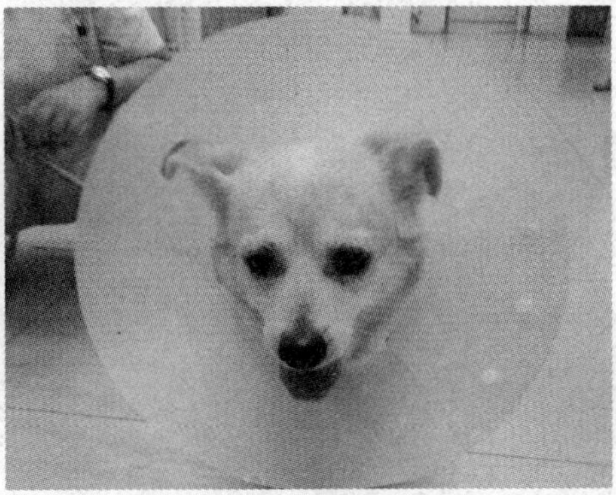

图 1-2　犬的项圈保定

【项目小结】

保定操作时要了解不同动物攻击人的习性，学会常见动物的接近，建立适于诊疗处置的良好的人畜关系，保定方法要确实，确保人畜安全。

【复习思考题】

1. 如何接近动物及其注意事项？

2. 简述保定动物的常用方法及其适用范围。

实操项目二　动物体征检查

【知识目标】

掌握体温测定方法和注意事项，熟记常见动物正常体温。掌握体温变化的生理和病理意义。掌握不同动物的脉搏测定方法和注意事项，并熟记常见动物正常脉搏数。掌握脉搏变化的生理和病理意义。掌握呼吸频率的测定方法和注意事项，并熟记常见动物正常呼吸频率。掌握呼吸频率变化的生理和病理意义。熟记健康动物眼结膜的颜色。掌握眼结膜的检查方法和注意事项。掌握眼结膜的病理变化和临床意义。掌握不同动物常检查的浅表淋巴结。掌握各浅表淋巴结的检查方法、检查内容及检查注意事项。掌握浅表淋巴结的病理变化和临床意义。

【技能目标】

体温、脉搏和呼吸数的检查及临床应用。眼结膜和浅表淋巴结的检查及临床应用。被毛和皮肤的检查及临床应用。

操作一　体温的测定

一、应用范围

各种动物疾病的临床检查，特别是传染病以及炎症的临床诊断。

二、用具材料

保定绳、体温计、酒精棉、手套以及实验用猪、马、牛、羊等。

三、操作方法

首先甩动体温计使水银柱降至 35℃ 以下，用酒精棉球擦拭消毒并涂以润滑剂，适当保定被检动物。测温时，检查者站在动物的左后方，以左手提起其尾根部并稍推向对侧，右手持体温计经肛门慢慢捻转插入直肠中，再将线绳拉紧，夹子夹于尾部被毛上（图 2-1），经 3～5 min 后取出，用酒精棉球擦除粪便或附着物后读数。用后再甩下水银柱并放入消毒瓶内备用。

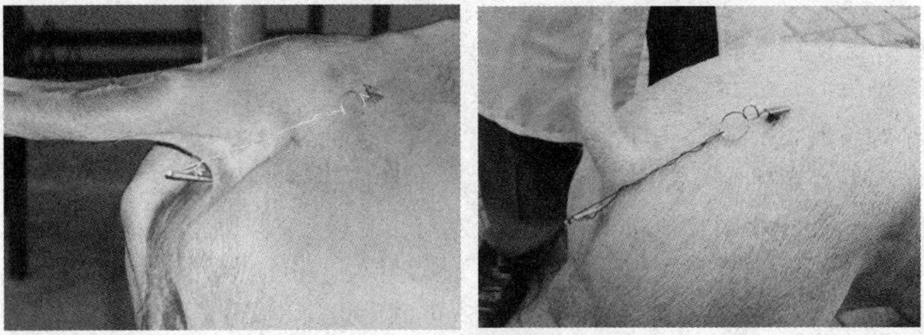

图 2-1　动物体温测定

四、健康动物正常体温

健康动物正常体温变动范围见表 2-1。

表 2-1　健康动物正常体温变动范围　　℃

动物种类	变动范围	动物种类	变动范围
黄牛、乳牛	37.5～39.5	兔	38.0～39.5
马	37.5～38.5	成年犬	37.5～39.0
绵羊、山羊	38.0～40.0	幼龄犬	38.2～39.2
猪	38.0～39.5	猫	38.1～39.2
鹿	38.0～39.0	禽类	40.0～42.0

五、诊断意义

1. 体温升高

病畜体温升高多是传染病指标之一，一般炎性疾病（如胃肠炎、肺炎、胸膜炎、腹膜炎、子宫内膜炎等）体温一定升高，风湿症、无菌手术后体温也一时性升高。

2. 体温降低

除老龄家畜的体温降低外，主要见于重度营养不良、严重的贫血、大失血、内脏破裂、休克、中毒和某些脑病，长期瘫痪、频繁下痢的病畜其直肠温度偏低。顽固的低体温常为马流行性脑脊髓炎后期的特征。明显的低体温，同时伴有发绀、末梢厥冷、高度沉郁、心脏微弱、脉搏弱不感手，多提示预后不良。

六、注意事项

①体温计在用前应进行检查、验定，以防有过大的误差。

②对门诊病畜，应使其适当休息并安静后再测。

③对病畜应每日定时测体温，并逐日绘成体温曲线表。

④测温时要注意人畜安全，体温计的玻璃棒插入的深度要适宜，大动物可插入其全长的2/3，中小动物插入全长的1/2左右。

⑤注意避免产生误差，用前必须甩下体温计的水银柱，测温的时间要适当，勿将体温计插入宿粪中；对肛门松弛的母畜，可测阴道温度，但是要注意通常阴道温度较直肠温稍低（低0.2～0.5℃）。

操作二　呼吸次数的测定

一、应用范围

应用于动物呼吸道疾病的临床诊断。

二、用具材料

保定设备、听诊器等。

三、操作方法

测定每分钟的呼吸次数，以“次/min”表示。根据胸腹部起伏动作而测定，检查者站在动物的侧方，注意观察其腹胁部的起伏，一起一伏为1次呼吸，可借助听诊器（图2-2）。在寒冷季节也可观察呼出气流来测定。也可通过观察动物鼻翼的活动或将手放在鼻前感知气流等测定方法（图2-3A）。也可用听诊器听取气管每分钟的呼吸数（图2-3B）。鸡的呼吸灵敏，可观察肛门下部的羽毛起伏动作来测定。应检测1 min。测定呼吸数时，应在动物休息、安静时检测。

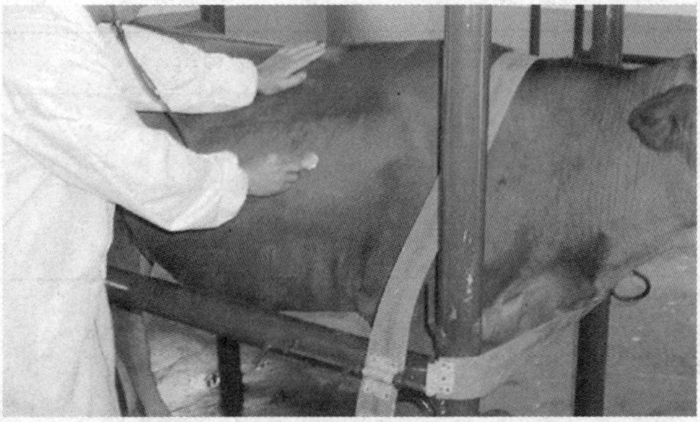

图 2-2　听诊胸腹部测定呼吸次数

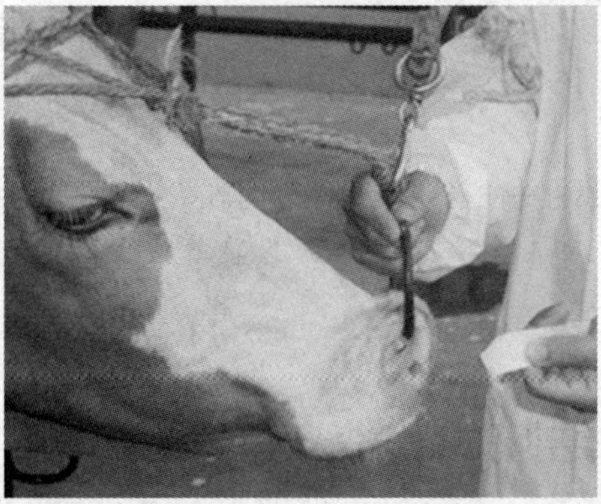

A

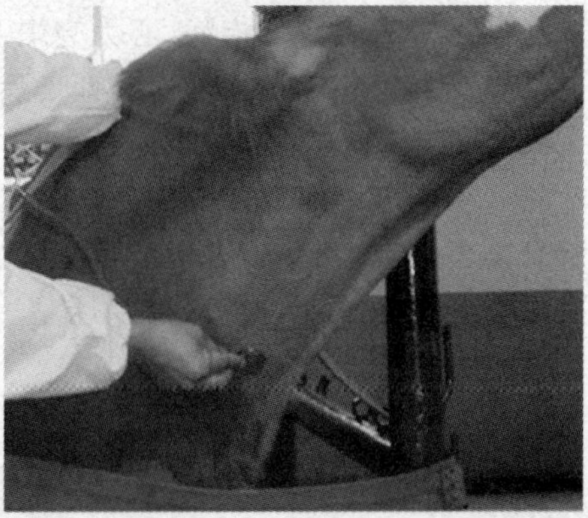

B

图 2-3　动物呼吸次数测定示例

四、健康动物正常呼吸次数

健康动物正常呼吸次数变动范围见表 2-2。

表 2-2　健康动物正常呼吸次数变动范围　次/min

动物种类	变动范围	动物种类	变动范围
黄牛、乳牛	10～30	鹿	15～25
马、骡	8～16	兔	50～60
水牛	10～50	猫	10～30

续表 2-2

动物种类	变动范围	动物种类	变动范围
绵羊、山羊	12～30	犬	10～30
猪	18～30	禽类	15～30
骆驼	6～15		

五、病理变化

1. 呼吸数增多

见于呼吸系统疾病(如牛结核、牛肺疫、猪传染性胸膜肺炎、猪肺疫、气喘病、猪肺虫病等)、多数发热性疾病、心力衰竭及贫血、失血性疾病、某些中毒病、中枢神经兴奋性增高的疾病以及剧烈疼痛性疾病。

2. 呼吸数减少

见于引起颅内压显著升高的疾病,如慢性脑室积水、猪的伪狂犬病、马的流行性脑脊髓炎后期、某些中毒病及重度代谢紊乱等。呼吸次数的显著减少并伴有呼吸类型与节律的改变,提示预后不良。

操作三　眼结膜的检查

一、应用范围

用于牛、羊、猪、犬、猫等常见动物的贫血、中毒病、热性病检查等。

二、用具材料

保定绳、手套以及实验用鸡、猪、犬、牛、羊、兔等。

三、操作方法

首先观察眼睑有无肿胀、外伤及眼分泌物的数量、性质。然后再打开眼睑进行检查。牛检查时主要观察其巩膜的颜色及其血管情况,可一手握牛角,另一手握住其鼻中隔并用力扭转其头部,可使巩膜露出,进行观察;也可用两手握牛角并向一侧扭转,使牛头偏向侧方,进行观察;也可一手握其鼻中隔,另一手的拇指与食指将上下眼睑拨开，露出结膜进行观察。猪、羊和犬等小动物检查时用两手拨开上下眼睑即可观察结膜(图 2-4)。

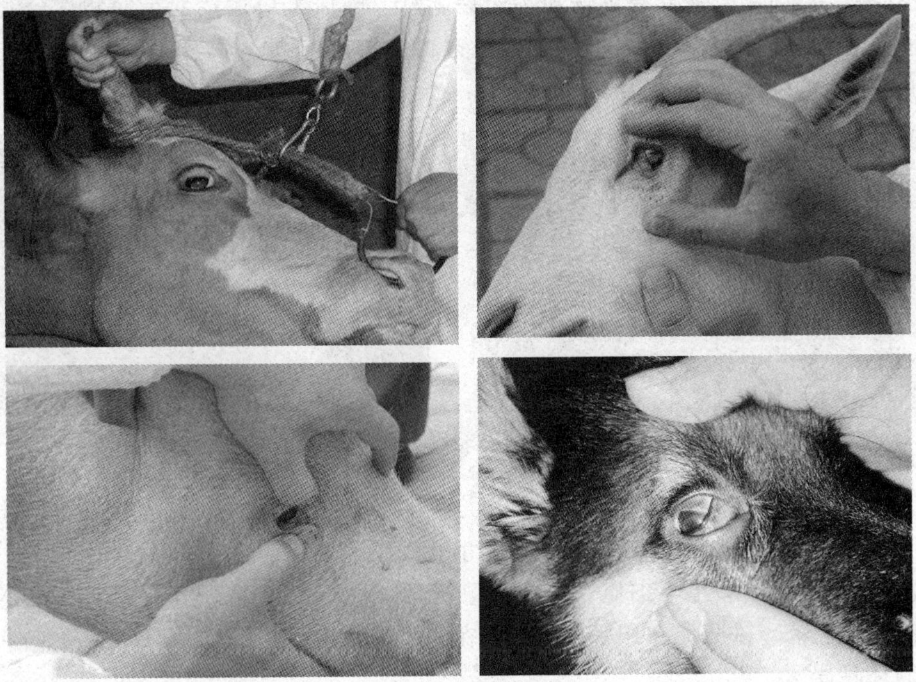

图 2-4 观察眼结膜

四、病理变化

(一)正常状态

健康犬、猫的眼结膜呈淡红色，猫的比犬的要深些；牛的颜色较马稍淡，但水牛则较深；猪眼结膜呈粉红色。

(二)病理变化

1. 结膜肿胀

结膜肿胀见图 2-5。由于结膜及结膜下炎性渗出浸润，或由于结膜瘀血，或血液稀薄渗出引起。由炎性渗出引起的肿胀同时伴有羞明流泪和热痛反应，主要见于结膜炎、周期性眼炎、流感、猪瘟和水肿病；由瘀血或血液稀薄造成的肿胀无热痛反应，主要见于贫血、肾炎和寄生虫病。

2. 分泌物的检查

健康家畜结膜无分泌物，病理情况下分泌物增多(图 2-6)，根据其性状不同分为浆液性分泌物、黏液性分泌物和脓性分泌物。临床上应注意的是两侧性分泌的为全身性疾病，如流感、猪瘟、犬瘟热、仔猪副伤寒、羊支原体肺炎；一侧性分泌的为眼部疾病，如副鼻窦炎、喉囊炎、外伤等。

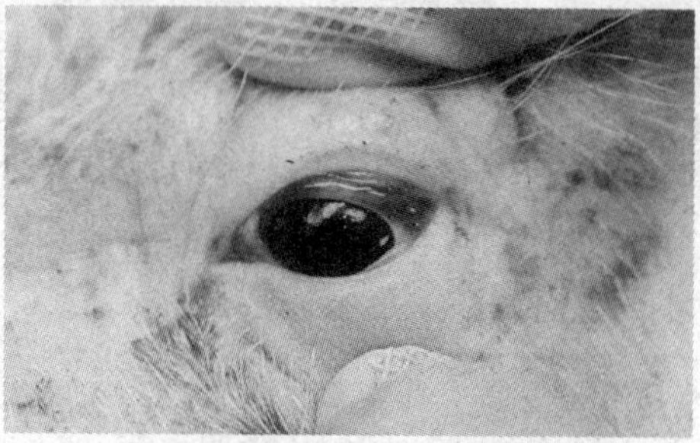

图 2-5 结膜肿胀

图 2-6 结膜分泌物增多

3. 结膜颜色的变化

结膜可表现为潮红、苍白、黄染、发绀和出血。

(1)潮红 结膜下毛细血管充血的象征，除反映眼部病变外，主要反映机体的血液循环状态。如果是单眼潮红，多是结膜炎引起；如果是双眼潮红，则标志着全身循环障碍。

①弥漫性潮红。结膜一片潮红(图 2-7)，主要是由于二氧化碳过多和氧气不足，见于急性发热性传染病，如猪瘟、猪丹毒、高度呼吸困难、肺炎、肠臌气、炭疽、犬瘟热和鸡新城疫。

②树枝状潮红。血管高度充盈，特别明显，呈树枝状，主要是血液循环或心脏机能障碍的结果，见于严重的心脏疾病、肺脏疾病、脑炎、日射病、热射病及伴有血液循环障碍的一些疾病。

③出血性潮红。结膜上有点状或斑状出血点，是出血性素质疾病的特征，主要由于血管壁通透性增大所致。见于各种急慢性传染病，如炭疽、血斑病、血孢子虫病、马传染性贫血和出血性败血症。

(2)苍白 结膜色淡呈灰白色(图 2-8)，是贫血的象征。迅速发生苍白，见于大失血及内出血。逐渐发生苍白，可见于慢性失血、营养不良性贫血、再生障碍性贫血、溶血性贫血等疾病。

(3)黄染 眼结膜呈黄色，是血液中胆红素浓度增高的象征。主要是由于胆色素代谢障碍，使胆红素形成过多或排出障碍，大量胆红素蓄积在体内，使皮肤黏膜、浆膜及实质器官被染成黄色。常见于肝病、溶血性疾病及胆道阻塞等。

①阻塞性黄疸。各种原因造成的胆道狭窄或阻塞，引起胆汁瘀滞和胆管破裂，使胆色素混入血液或血液中的胆红素增多。主要见于胆结石、胆道蛔虫、胆管炎、十二指肠炎症。

②溶血性黄疸。各种原因造成红细胞大量破坏，使胆色素蓄积并增多。主要见于血孢子虫病、焦虫病、锥虫病、新生幼畜溶血病、SO_2 中毒、马传染性贫血、大叶性肺炎、大面积烧伤、毒蛇咬伤和牛的血红蛋白尿症。突出症状是结膜苍白并且黄染。

③实质性黄疸。由于肝细胞发炎、变性或坏死，肝细胞结合和排出胆红素机能降低，同时又由于常伴有毛细胆管瘀滞或破裂，引起胆红素混入血液而黄染，主要见于引起肝脏变性坏死的传染病，如马流行性脑脊髓炎、马传染性贫血、猪白肌病、中毒病、钩端螺旋体病。

(4)发绀　结膜呈蓝紫色，是血液中还原血红蛋白增多的结果。见于高度吸入性呼吸困难和肺呼吸面积显著减少的疾病。如肺炎、胸膜炎、心脏瓣膜病、心包炎、心脏衰弱和某些中毒性疾病(如亚硝酸盐中毒)。出血结膜上呈现出血点或出血斑，是因血管受到毒素作用，通透性增大所致。可见于马传染性贫血、血斑病及梨形虫病等。

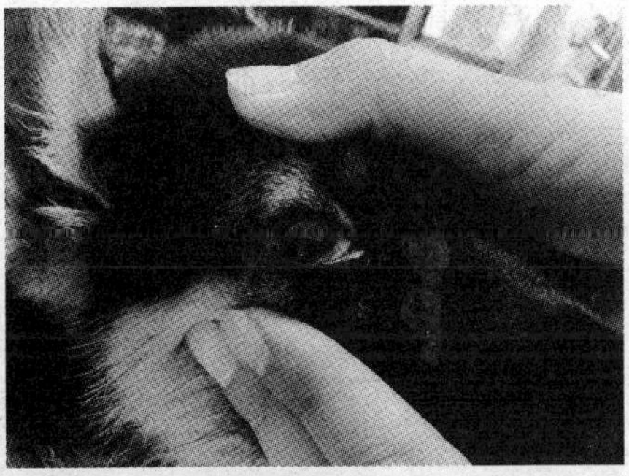

图 2-7　结膜潮红

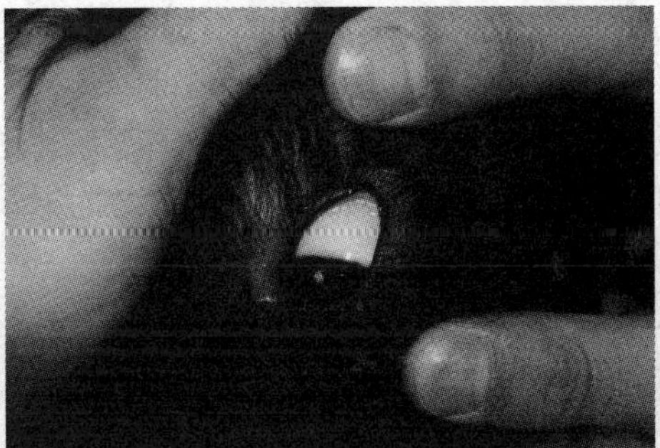

图 2-8　结膜苍白

五、注意事项

①检查眼结膜时最好在自然光线下进行，因为红光下对黄色不易识别。

②检查时动作要快，且不宜反复进行，以免引起充血而误判。

③两侧眼结膜应进行对照检查。

操作四　浅表淋巴结的检查

一、应用范围

用于牛、马、羊、猪等常见动物的传染病检查等。

二、用具材料

保定绳、柱栏、手套以及实验用猪、马、牛、羊等。

三、操作方法

牛常检查颌下淋巴结、肩前淋巴结、膝上淋巴结、腹股沟淋巴结、乳房上淋巴结；猪可检查腹股沟淋巴结；犬、猫可检查颌下淋巴结、耳下淋巴结、肩前淋巴结、腹股沟淋巴结等。常用的检查方法有视诊，主要是触诊，必要时配合进行穿刺。检查时主要注意其位置、大小、形状、硬度、敏感性及活动性。

(一)牛浅表淋巴结检查

术者站于牛头部一侧，一手握其鼻中隔，另一手于其下颌支内侧触诊下颌淋巴结(图 2-9)。术者站于动物颈部一侧，用一手于肩关节前方、臂头肌的深层触诊肩前淋巴结(图 2-10)。术者站于动物一侧，一手按在脊柱作为支点，另一手平伸于膝关节上方触诊膝上淋巴结(图 2-11)。

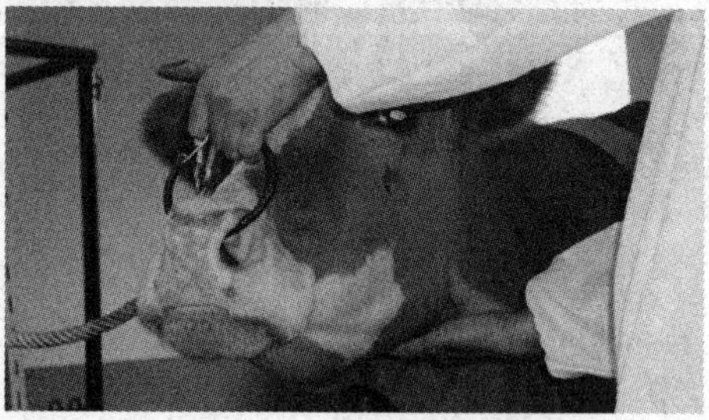

图 2-9　牛的下颌淋巴结检查

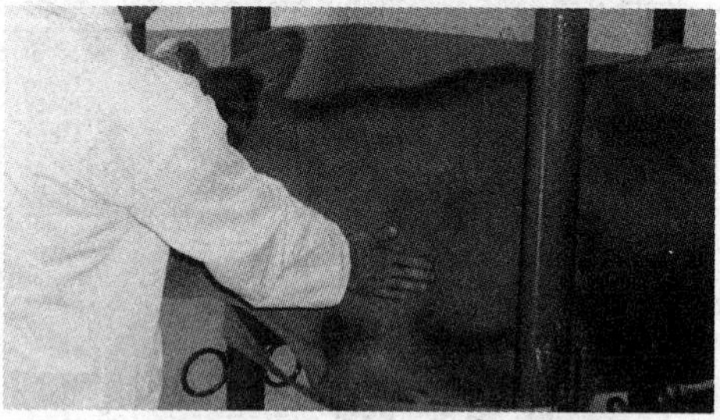

图 2-10　牛的肩前淋巴结检查

(二)羊浅表淋巴结检查

术者站于羊头部一侧，一手握其角根，另一手于其下颌支内侧触诊下颌淋巴结(图 2-12)。术者站于羊颈部一侧，用一手于肩关节前方、臂头肌的深层触诊肩前淋巴结(图 2-13)。术者站于羊一侧,一手按在背部作为支点,另一手平伸于膝关节上方触诊膝上淋巴结(图 2-14)。

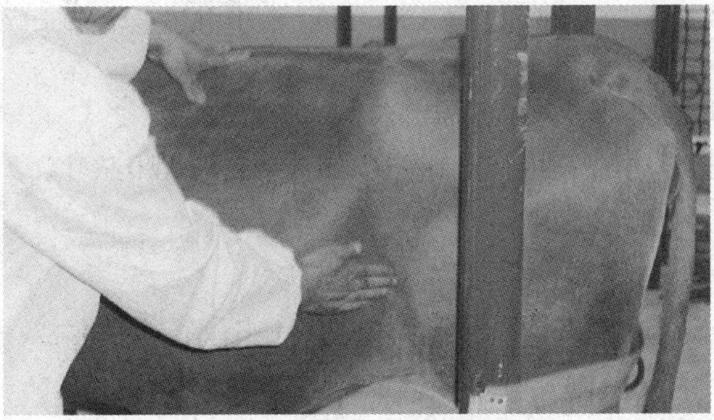

图 2-11 牛的膝上淋巴结检查

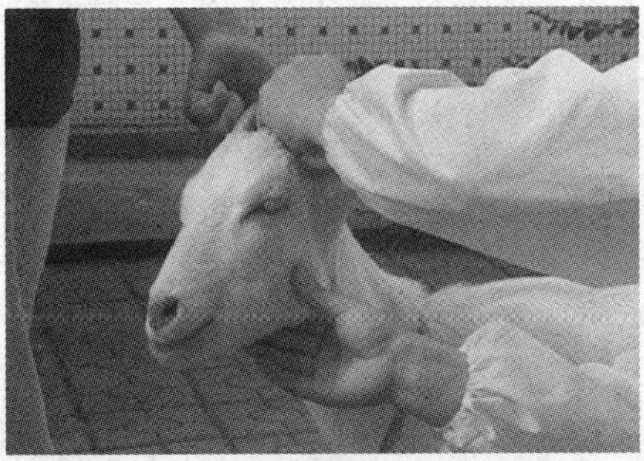

图 2-12 羊的下颌淋巴结检查

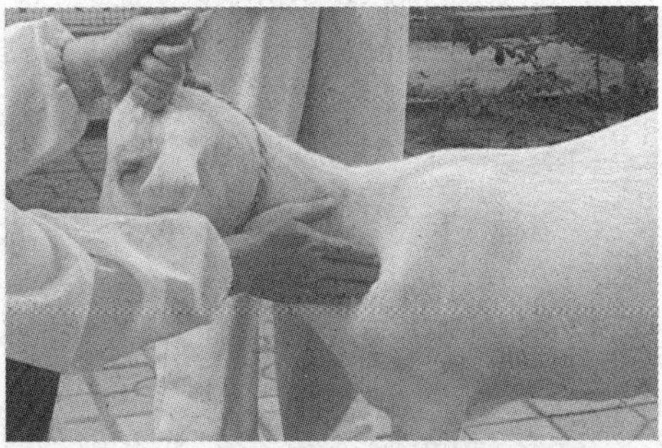

图 2-13 羊的肩前淋巴结检查

四、诊断意义

1. 急性肿胀

明显肿大,表面光滑,伴有明显的热痛反应。下颌淋巴结体积增大,有热、痛反应,较硬,常见于马腺疫、急性鼻疽;牛结核病、牛泰勒焦虫病,全身淋巴结可呈急性肿胀;猪瘟、猪丹毒腹股沟淋巴结肿胀。

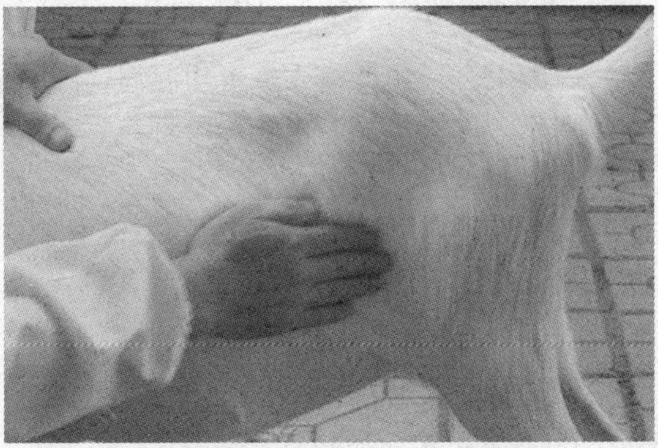

图 2-14 羊的膝上淋巴结检查

2. 慢性肿胀

淋巴结肿大、坚硬、表面凹凸不平，与周围组织粘连而失去移动性，无热痛反应。常见于马慢性鼻疽、牛慢性结核病，还可见于淋巴结周围组织的慢性炎症过程中。

3. 化脓性肿胀

淋巴结肿胀，有热痛反应，触诊有波动感，穿刺可吸出脓汁。如马腺疫、下颌淋巴结化脓。

操作五 被毛和皮肤的检查

一、应用范围

用于牛、猪、犬、猫等常见动物的皮肤病、传染病检查等。

二、用具材料

保定绳、手套、显微镜、载玻片、盖玻片、伍德氏灯等。

三、操作方法

(一)鼻盘、鼻镜及鸡冠检查

1. 检查方法

通过视诊、触诊检查做出判定。

2. 正常状态

健康牛、猪、犬鼻镜或鼻盘均湿润，并附有少量水珠，触诊有凉感。牛鼻镜如图2-15所示。健康鸡冠和肉髯为鲜红色。

3. 病理变化

病畜鼻镜或鼻盘干燥与增温，甚至龟裂；白猪的鼻盘有时可见到发绀现象。病禽的鸡冠和肉髯颜色可变淡或呈蓝紫色，有时出现疹疱。图2-16为猪鼻端皮肤水疱破裂。

(二)被毛检查

1. 检查方法

被毛检查主要通过视诊观察被毛的清洁、光泽、脱落情况。

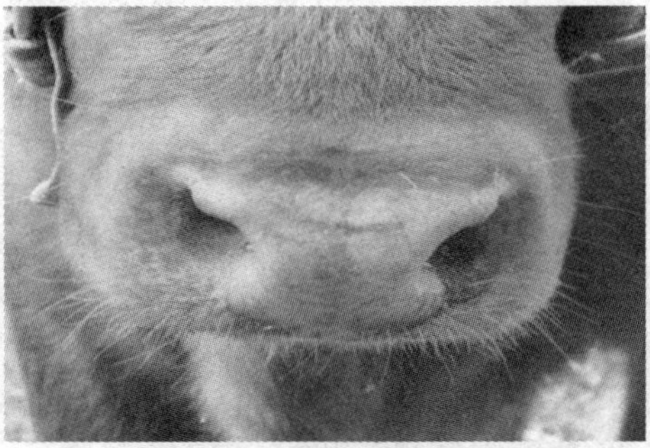

图 2-15 牛鼻镜

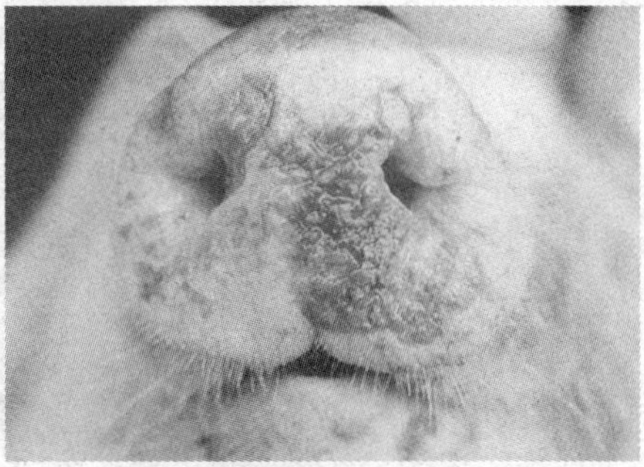

图 2-16 猪鼻端皮肤水疱破裂

2. 正常状态

健康动物的被毛平顺而富有光泽，每年春秋两季适时脱换新毛。

3. 病理变化

①被毛蓬松粗乱，无光泽，易脱落或换毛季节推迟。多见于长期营养不良和慢性消耗性疾病，内分泌失调等。

②局部被毛脱落。多见于湿疹或毛癣、疥螨等皮肤病。犬在换毛季节换毛不一致或不换毛或非换毛季节被毛脱落，多由犬疥螨、蠕形螨引起。羊的局限性脱毛常提示螨病。图 2-17 为猫癣造成前腿局部被毛脱落，图 2-18 为犬小孢子菌感染造成被毛脱落。

图 2-17 猫癣造成前腿局部被毛脱落

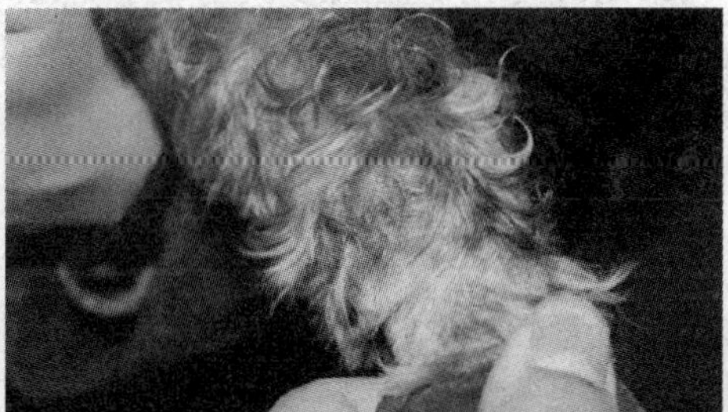

图 2-18 犬小孢子菌感染造成被毛脱落

③被毛污染。注意污染的部位（体侧或肛门、尾部）。当病畜（禽）下痢时，肛门附近、尾部易被粪便污染，病畜经常趴卧的四肢一侧易被粪污沾染。鸡的肛周羽毛脱落多见于鸡的啄癖、营养缺乏；肛周羽毛黏附在肛门部位，多见于鸡白痢、大肠杆菌病等引起的腹泻。图 2-19 为鸡被毛污染。

④毛色异常。多见于营养不良，如维生素缺乏或微量元素缺乏等。

图 2-19 鸡被毛污染

(三)皮肤检查

皮肤检查主要通过视诊和触诊进行。检查有无皮肤颜色、温湿度、弹性、外伤、疱疹等病变。

1. 颜色

(1)检查方法 白色皮肤的动物,颜色变化易识别,其他颜色皮肤的动物因有色素而不易观察,但可视黏膜颜色可作为皮肤颜色变化的依据。颜色改变可表现为苍白、黄染、发绀、潮红与出血斑点。

(2)病理变化 猪的皮肤出现小点状出血(图 2-20),指压不褪色,多见于败血性疾病,如猪瘟;出现较大的红色充血性疹块,指压褪色,多见于猪丹毒;皮肤苍白,表现为皮肤色淡,无血色,见于各种原因引起的贫血,如营养性贫血;皮肤发绀,呈蓝紫色,多见于心脏衰弱、呼吸困难及某些中毒病,如亚硝酸盐中毒;猪发生疥癣时,皮肤也呈一定的颜色变化(图 2-21)。

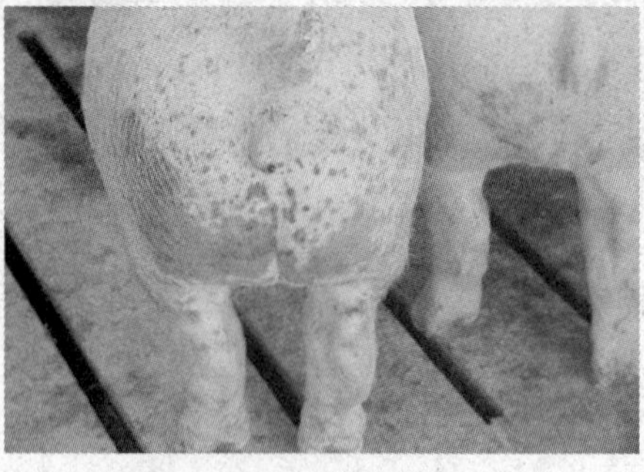

图 2-20 猪皮肤出血点

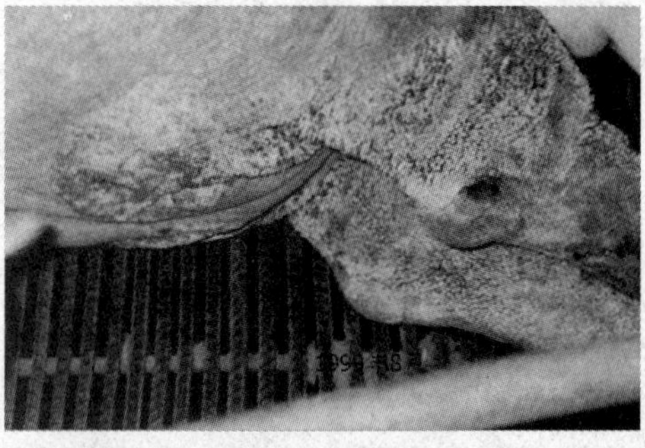

图 2-21 猪疥癣皮肤颜色变化

2. 湿度

(1)检查方法 用手或手背触诊检查,不同动物应选择不同部位。对马可触摸耳根、颈部及四肢;牛、羊可检查鼻镜、角根、胸侧及四肢;猪可检查耳及鼻端;犬、猫可检查耳根、腹部;禽可检查冠和肉髯。

(2)病理变化 病畜可表现为全身湿度的增高或降低,局部湿度的升高或降低,或湿度分布不均。

3. 温度

(1)检查方法 通过视诊和触诊进行,用手掌或手背触诊躯干部判定,为确定末梢部位皮温分布的均匀性,不同家畜应选择触诊不同部位。马应触诊耳根、鼻端及四肢下部;牛羊触诊角根、鼻镜、四肢下部;猪应触诊耳根及鼻端;家禽触诊冠、肉髯及脚爪;犬应触诊股内侧。

(2)病理变化

①皮温升高。全身性皮温升高是体温升高的结果。这是由于皮肤血管扩张,血流加快。见于一切热性病及日(热)射病;局限性皮温升高,是局部发炎的表现。

②皮温降低。全身性皮温降低是体温降低的标志,见于衰竭病、营养不良、大失血、重症贫血、生产瘫痪、酮血病及严重的脑病或中毒;局限性皮温降低,如四肢末梢厥冷,见于高度血液循环障碍、心力衰竭、休克和虚脱。

③皮温不整。身体对称部位的皮肤温度不一样,主要是由于皮肤血管收缩与扩张不一致的结果。如马左右耳温度不同,牛四肢及两角温度不同,见于牛马热性病、马腹痛病末期、虚脱和休克。

4. 皮肤弹性

(1)检查方法 用手指将检查部位皮肤捏成皱褶并轻轻拉起再放开,观察其恢复原状的情况。马可在颈部,牛在最后肋骨部,羊、小动物可在背部。

(2)病理变化 健康动物放手后立即恢复原状。皮肤弹性降低时,则放手后恢复缓慢。提示慢性皮肤病,营养不良,机体脱水及慢性消耗性疾病。

5. 皮肤疱疹

特别注意被毛稀疏处、眼周围、唇、蹄趾间等处。主要有以下几种。

①饲料疹。

②丘疹。

③荨麻疹,皮肤表面散在鞭痕状隆起。

④疱疹内含浆液者为水疱,内含脓汁者为脓疱。

⑤痘疹。

猪水疱病蹄部病变见图 2-22。

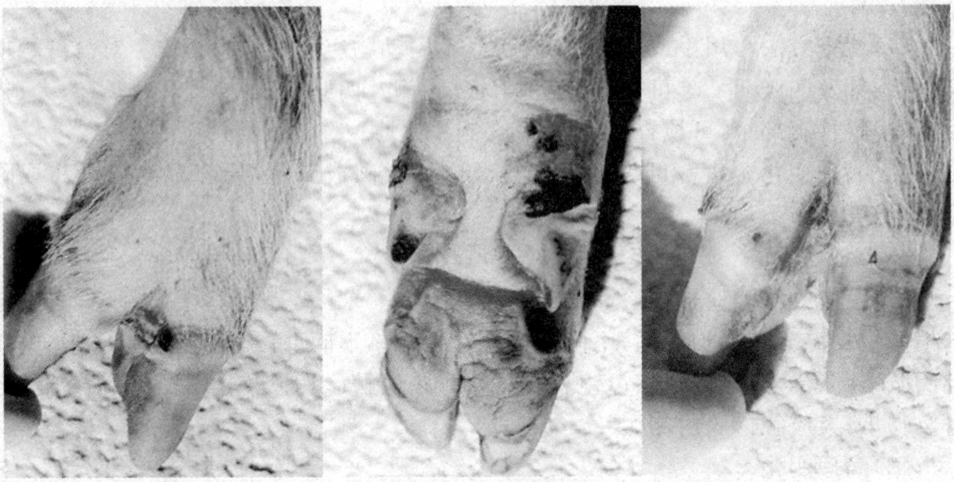

图 2-22 猪水疱病蹄部病变

6. 皮下组织的检查

(1)检查方法 皮下或体表有肿胀时,应视诊观察肿胀部位的大小,形状,并触诊判定其内容物性状、硬度、温度、移动性及敏感性等。

(2)病理变化

①皮下浮肿:表面扁平,与周围组织界线明显,用手指按压时有生面团样的感觉,留有指压痕,且较长时间不易恢复,触诊时无热、无痛。而炎性肿胀则有热痛,有或无指压痕。

②皮下气肿:边缘轮廓不清,触诊时发出捻发音(沙沙声),压迫时有向周围皮下组织窜动的感觉。颈侧、胸侧、肘后的皮下气肿,多为窜入性,局部无热痛反应。而厌气性细菌感染时,气肿局部有热痛反应,且局部切开后可流出暗红色、恶臭样、带有气泡的液体。

③脓肿及淋巴外渗:外形多呈圆形突起,触之有波动感,脓肿可触到较硬的囊壁,可用穿刺进行鉴别。

④疝:触诊有波动感,可通过触到疝环及整复试验而与其他肿胀鉴别。猪常发生阴囊疝及脐疝,大动物多发生腹壁疝。

【项目小结】

体温、脉搏、呼吸频率的测定,是临床工作的重要常规内容,应引起足够重视。体温、脉搏、呼吸频率的相关变化,常是平行的、一致的。但特殊情况下,体温曲线和脉搏曲线并不一致,二者的相互逆行变化,多提示预后不良。眼结膜颜色的变化，不仅反映其局部病变，且可推断全身的循环状态及血液某些成分的改变，对于诊断和预后均具有重要意义，要在实践中加以重视。淋巴结在确定感染或诊断某些传染病上具有重要意义，所以在诊疗实践中应加以重视。浅表淋巴结主要通过视诊、触诊进行检查，必要情况下，需配合进行穿刺检查。被毛及皮肤检查，注意色泽的检查。

【复习思考题】

1. 体温测定方法和注意事项有哪些？并熟记常见动物正常体温。

2. 体温变化的生理和病理意义是什么？

3. 各热型变化特点有哪些？

4. 不同动物的脉搏测定方法和注意事项有哪些？并熟记常见动物正常脉搏数。

5. 脉搏变化的生理和病理意义是什么？

6. 呼吸频率的测定方法和注意事项有哪些？并熟记常见动物正常呼吸频率。

7. 呼吸频率变化的生理和病理意义是什么？

8. 不同健康动物眼结膜颜色各有何特点？

9. 病理性眼结膜颜色有哪些？

10. 简述眼结膜病理变化的临床意义。

11. 临床上浅表淋巴结检查方法有哪些？

12. 简述浅表淋巴结的主要病理变化和临床意义。

13. 被毛及皮肤的检查方法有哪些？

实操项目三　心血管系统检查

【知识目标】

掌握心脏听诊的方法和注意事项，进一步熟悉听诊器的使用。掌握心音听诊的内容，如心音的频率、强度、性质、节律以及是否有心杂音等。了解病理性心音的临床意义。

【技能目标】

通过心音的听诊诊断心脏疾病，测定动物脉管变化和测定血压。

操作一　心脏的检查

一、应用范围

用于牛、马、羊、猪、犬、猫等常见动物的心肌炎、渗出性心包炎、渗出性胸膜炎、胸腔积水、心包积水等的检查。

二、用具材料

保定绳、听诊器、柱栏、手套及实验用猪、马、牛、羊等。

三、操作方法

(一)心搏动的视诊与触诊

1. 检查部位

被检动物取站立姿势，使左前肢向前迈半步，肘头后上方即心区。马在第 3 到 6 肋间，第 5 肋间胸廓下 1/3 的中央处最明显；牛羊在肩端线下 1/2 处的第 3 到 5 肋间，在第 4 肋间最明显(肘突内)；犬在第 4 到 6 肋间的胸廓下 1/3 处，第 5 肋间最明显。

2. 检查方法

检查者站在动物左侧方，视诊时，仔细观察左侧肘后心区被毛及胸壁的振动情况。视诊一般看不清楚，所以多用触诊。触诊时，检查者一手放在动物的鬐甲部，用另一手的手掌，紧贴在动物的左侧肘后心区，注意感知胸壁的振动，主要判定其频率及强度。犬等小动物由助手将左前肢上举或前提，检查者将左手掌置于心脏部；或用两手掌抱住动物左右两胸侧，两手同时进行检查。

3. 病理变化

健康动物，随每次心室的收缩而引起左侧心区附近胸壁的轻微振动。其病理变化可表现为心搏动增强或减弱。但应注意排除生理性的增强或减弱。

(1)心搏动增强　多见于发热病的初期、伴有剧烈疼痛性疾病、轻度的贫血、心脏的代偿期及病理性心肥大。

(2)心搏动减弱　多见于心脏的代偿障碍期、病理性原因引起的胸壁肥厚、胸壁与心脏之间的介质状态改变。

(二)心音的听诊

1. 羊的听诊

(1)听诊部位　左侧心区，3～5 肋间，胸壁下 1/3 处为好。

(2)听诊方法　助手将动物站立保定，使其左前肢向前移半步。术者戴上听诊器，半蹲于动物左侧，右手按于动物胸背部作为支点。左手持集音头，平放于心区听诊心音。

2. 猪心音听诊

(1)听诊部位　左侧心区，3～6 肋间，胸壁下 1/3 处。

(2)听诊方法　助手将动物站立保定，使其左前肢向前移半步。术者戴上听诊器，半蹲于动物左侧，右手按于动物胸背部作为支点。左手持集音头，平放于心区听诊心音。如图 3-1 所示。

3. 犬、猫心音听诊

(1)听诊部位　左侧心区，3～6 肋间，胸壁下 1/3 处。

(2)听诊方法　助手将动物站立保定，使其左前肢向前移半步。术者戴上听诊器，右手适当保定犬猫。左手持集音头，平放于心区听诊心音。如图 3-2 所示。

4. 各种家畜心音最强听取点

动物保定，一般用听诊器进行间接听诊。当需要辨别瓣膜口声音的变化时，按表 3-1 部位确定心音最佳听取点。

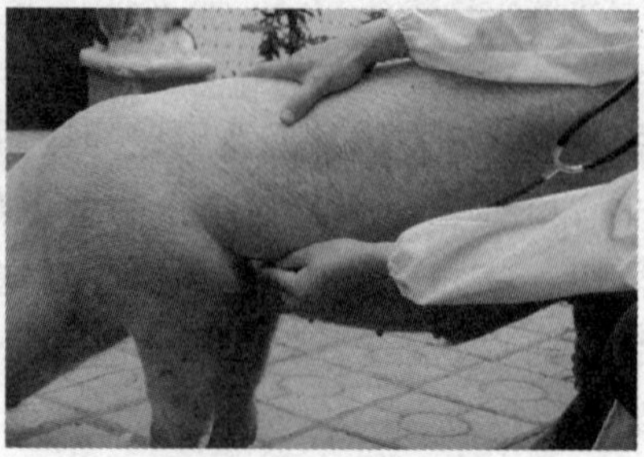

图 3-1 猪心音听诊

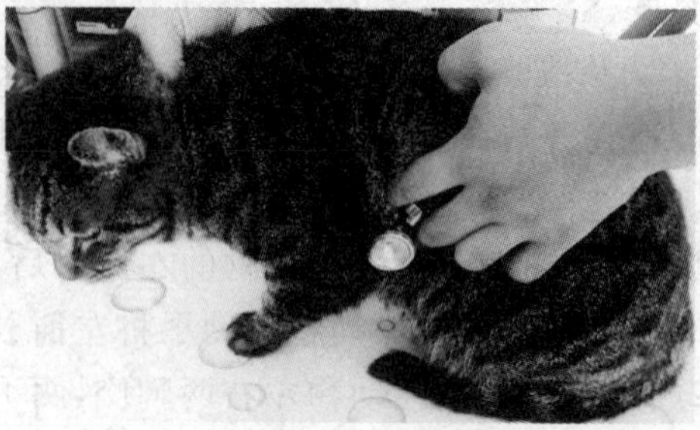

图 3-2 猫心音听诊

表 3-1 各种家畜心音最强听取点

家畜	第一心音		第二心音	
	二尖瓣口	三尖瓣口	主动脉瓣口	肺动脉瓣口
牛	左侧第 4 肋间，主动脉口听取点的下方	右侧第 4 肋间，胸廓下 1/3 的中央水平线上	肩关节水平线下 2～3 cm 处	左侧第 3 肋间，肘头的稍上方
猪	左侧第 4 肋间，主动脉口听取点的下方	右侧第 4 肋间，肋骨和肋软骨结合部稍下方	左侧第 4 肋间，臂骨结节线的直下方	左侧第 3 肋间，接近胸骨处
犬	左侧第 4 肋间	右侧第 3 肋间	左侧第 3 肋间	左侧第 3 肋间

5. 心音特点

心音是心室收缩与舒张活动产生的音响。心机能正常时，在心脏部听诊，可听到两个有节律的类似“嗵—哒、嗵—哒”的两个交替出现的音响。前者为第一心音，后者为第二心音。听诊心音时，主要区别判断心音的频率、强度、性质及是否出现分裂、杂音或节律不齐。当心音过弱而听不清时，可使动物做短暂的运动，并在运动后听诊。健康动物的心音特点如下。

(1)马　第一心音的音调低，持续时间较长且音尾拖长；第二心音短促、清脆，且音尾突然停止。

(2)牛　黄牛一般较马的心音清晰，尤其第一心音明显，但其第一心音持续时间较短；水牛的心音则不如马清晰。

(3)猪　心音较钝浊，且两个心音的间隔大致相等。

(4)犬、猫　心音比其他家畜强，正常时有所谓“胎样心音”。胎样心音是指第一、二心音的强度一致，两心音之间的间隔与下一次心音之间的间隔时间几乎相等，因此难于区别第一、二心音。不过，在听诊时，触诊脉搏，与脉搏同时产生的声音为第一心音。

区别第一心音与第二心音时，除根据上述心音的特点外，第一心音产生于心室收缩期中，与心搏动，动脉脉搏同时出现；第二心音产生于心室舒张期，与心搏动、动脉脉搏出现时间不一致。

操作二　脉管的检查

一、应用范围

通过对脉管的频率、节律、性质的变化来推断心脏机能及血液循环状态，对疾病的诊断、预后很重要。

二、用具材料

临床发病动物等。

三、操作方法

(一)动脉血管检查

1. 检查部位

马检查颌外动脉；牛(图 3-3)、骆驼检查尾动脉；绵羊、山羊、猪(图 3-4)及犬检查股内侧动脉。但肥猪往往不能触知，常以检查心跳代替脉搏。

2. 检查方法

用右手食指及中指压于血管上，左右滑动，感知富有弹性的管状物在手下滑动，可根据脉搏大小(振幅的大小)、强弱和软硬(脉管的紧张度)分别施以轻压、中压或重压，计算其数，并体会其性质(脉管粗细、脉管紧张度)、血液充盈度(血管内容血量)，脉搏形态和节律。

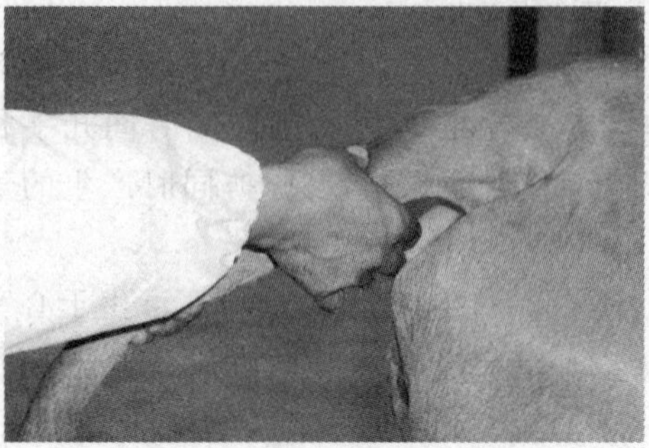

图 3-3 牛尾动脉检查

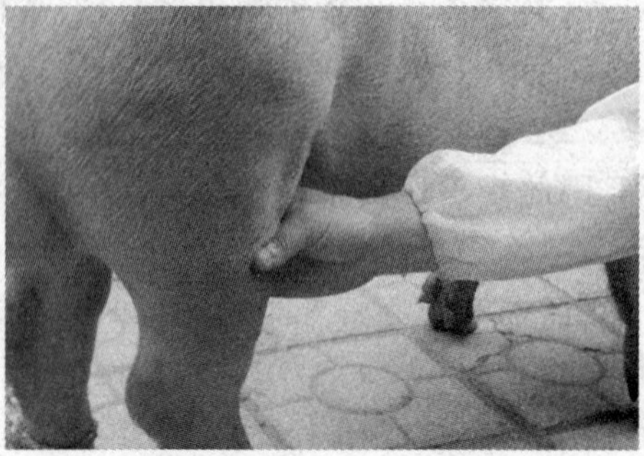

图 3-4 猪股内侧动脉检查

(二)静脉血管检查

主要检查静脉的瘀血程度和颈静脉的搏动,必要时进行中心静脉压的测定。通过对静脉的检查,了解心脏活动及全身的血液循环状态。这可为诊断某些疾病和推断预后提供依据。

1. 静脉瘀血程度的检查

对被毛短细、皮肤较薄的动物,主要检查体表静脉;对于长毛和皮肤较厚的动物,主要检查可视黏膜。病理情况下表现为全身静脉瘀血和局部静脉瘀血 2 种。

(1)全身静脉瘀血　表现在静脉、可视黏膜的静脉、四肢的静脉和牛的乳房静脉,明显扩张,突出如索状,可视黏膜潮红,并往往伴有浮肿,是心脏机能衰弱、静脉血液回流障碍,全身静脉瘀血的结果。主见于三尖瓣闭锁不全、肺动脉狭窄和心脏衰弱。

(2)局部静脉瘀血　是局部静脉受肿瘤压迫的结果,往往沿瘀血的静脉发生水肿。

2. 颈静脉的检查

(1)静脉充盈而隆起　颈静脉明显扩张或极度膨隆,似绳索状,可视黏膜潮红或发绀,可见于各种原因引起的心力衰竭以及导致胸内压升高的疾病(如渗出性胸膜炎、肺气肿、胃肠内容物过度充满等)。牛的颈静脉怒张,甚至呈绳索状,常提示创伤性心包炎。

(2)静脉萎陷　颈静脉不显露,即使压迫静脉,其远心端也不膨隆,将针头插入静脉内,也不见血液流出。这是由于血管衰竭、大量血液瘀积在毛细血管内的缘故,见于休克、严重贫血症等。

3. 颈静脉波动的检查

随心脏活动而由颈根部向颈上部的逆行性波动,称颈静脉波动。在正常情况下，颈静脉波动是当右心房收缩时，由于腔静脉血液回流入心的一时受阻及部分静脉血液逆流并波及到前腔静脉而至颈静脉所引起，此种波动出现于心房收缩与心室舒张的时期，且逆行性波动的高度一般不超过颈部的下 1/3 处，这是生理现象。病理性的颈静脉波动，有以下 3 种类型。

（1）阳性波动　颈静脉的阳性波动是三尖瓣闭锁不全的特征。此时，随心室收缩使部分血液经闭锁不全的空隙逆流入右心房，并进一步经前腔静脉而至颈静脉。其波动较高，力量较强，并以出现于心室收缩期为其特点。

（2）阴性波动　当生理性的颈静脉波动过强，由颈根部向头部的逆行波超过颈中部以上时，即为病理现象。为心脏衰弱、右心瘀滞的结果。心房性颈静脉波动的特点，是波动出现于心搏动与动脉搏之前。

（3）伪性搏动　当颈动脉的搏动过强时，可引起颈静脉沟处发生类似的搏动现象，一般称为颈静脉的伪性搏动。

四、动物正常脉搏数

脉搏数即每分钟脉搏跳动的次数。临床上常检查半分钟所得脉搏数乘以 2 作为 1 min 脉搏数计算。但最好是检查 1 min，并重复 2～3 次检查，取平均数较为准确。正常动物的脉搏强弱一致，间隔相等，都是很规律的，称节律脉。若脉搏强度不一致，间隔不等，称脉搏不齐，是疾病的表现。

五、病理性脉搏

1. 迟脉和数脉

迟脉指脉搏稀少，主寒证。临床上少见，但在颅内压增高的疾病（脑水肿、脑肿瘤）、心肌萎缩及洋地黄中毒时见之。数脉指脉搏数过多，主热证。临床上最常见，多与体温增高并发。一般体温升高 1℃，脉搏数可相应增多 4～8 次。若体温下降而脉数反而增多的则预后不良。马、骡每分钟达 80 次时，是重症的表现；如超过 100 次（牛 130 次）以上时，则预后慎重。常见于热性病、呼吸器官炎症、心脏病、贫血性疾病和剧痛性疾病等。

2. 实脉和虚脉

脉管高度充盈者为实脉，属实病，如热性病的早期、肠便秘等；充盈不良者为虚脉，多属虚病，见于大失血、脱水及久病患畜。

3. 强脉和弱脉

脉搏力量强者为强脉，见于热性病早期、心室肥大等；脉搏力量弱者为弱脉，见于心衰、热性病及中毒病后期。

4. 大脉和小脉

脉搏振幅大者为大脉，说明心收缩力强，射血量也多，主要见于代偿性心肥大、热性病初期；脉搏振幅小者为小脉，表明心收缩力较弱，射血量也少，见于代偿性心功能衰竭。

5. 硬脉和软脉

脉管紧张度高者为硬脉，可见于破伤风、急性肾炎或伴有剧痛性疾病；脉管紧张度低、迟缓者为软脉，在心衰、失血及脱水时多见。

6. 脉律不齐

脉律不齐是心律不齐的直接表现。脉律不齐应与心律不齐的特点综合分析。

操作三　动脉压测定

一、应用范围

用于牛、马、羊、猪、犬、猫等动物心血管疾病的检查。

二、用具材料

血压计、临床发病动物等。

三、操作方法

(一)直接动脉血压测量

1. 方法

直接测量动脉血压是最准确的。用一根针或者套管针直接插到动脉，另一侧连接到压力感受器。背侧跖动脉是最常用的。压力传感器必须放在右心房水平位置上，以防管道的液体受到万有引力的影响而升高或者降低。电子压力监护仪可以持续地测量收缩与舒张压，并且可以计算平均动脉压。如果偶尔进行测试，可以用一个小针头对背侧跖动脉或者股动脉进行穿刺，另外一侧直接连接压力传感器进行测量。

2. 注意事项

①为了防止血肿，在拔出针头或套管之后，要在穿刺点按压几分钟。

②低血压的动物，进行直接动脉压力的测量比间接的方法准确。

③清醒的动物，进行物理保定与动脉穿刺的不适感，可以引起高血压。

④血压计需要用一段时间时，最好用套管针。

（二）间接多普勒血压测量

间接测量分 2 种：一种是使用多普勒系统的测量方法，另一种是使用示波系统。对于体型较大的犬，示波系统的测量较多普勒系统更加精确，且可以测量收缩压和舒张压。但示波系统却不适用于小型犬及猫。多普勒系统可以应用于任何体型的犬、猫，但一般只测量收缩压，且需要受过专业训练的人员进行操作，以保证结果的可靠性。这里我们介绍间接多普勒血压测量法。

1. 动物准备与选位

动物适当保定，俯卧或侧卧，使动物舒适放松。检测部位有跖背部、趾部与腹侧尾巴的动脉。

2. 器械准备

连接好多普勒测量系统，将多普勒探头连接到放大器上，在有外音干扰时，可以连接耳机使用（图 3-5）。

3. 测量部位准备

将犬、猫的前肢或后肢掌侧内的毛剃掉，暴露出掌侧总动脉区（图 3-6）。很多犬、猫会对剃毛很反感，所以剃毛尽量要快，剃完后要等其平静后再进行测量。

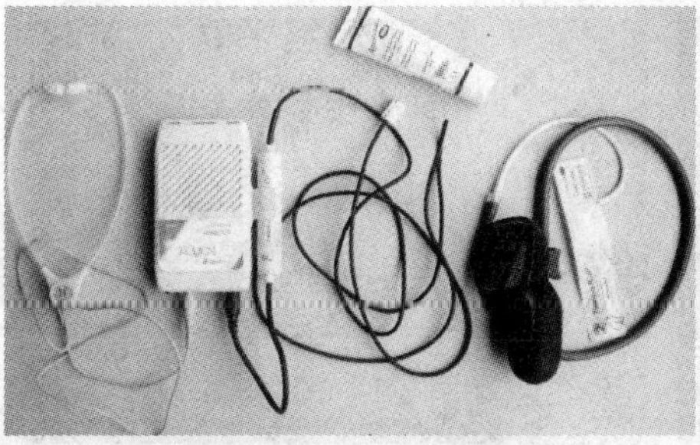

图 3-5　多普勒血压测量系统

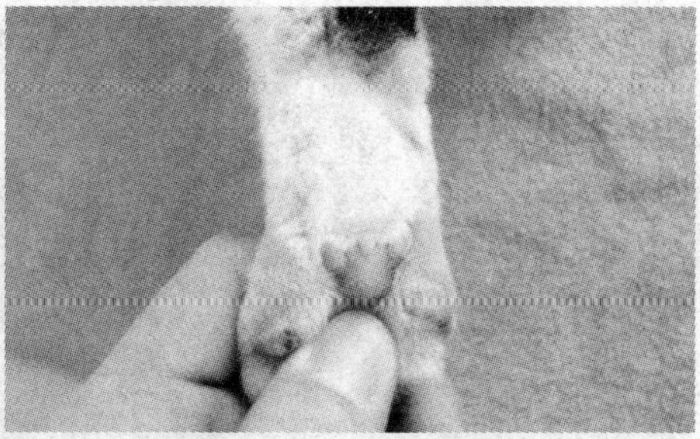

图 3-6　测量部位处理

4. 选择袖带

袖带的宽度等于前臂或小腿的直径，将袖带和含充气装置压力计（图 3-7）相连，并检查连接及袖带漏不漏气。将袖带缠绕在肢体上，注意不要过紧和过松。用超声波耦合剂在事先剃毛的掌侧均匀地涂一层。然后再在探头上挤一些耦合剂。

5. 测量方法

打开探头电源，将探头放于掌侧剃毛处。与人医测量血压不同，并不是将探头像听诊器那样置于袖带下，而是用拇指固定探头，轻轻地滑动以寻找动脉血流声音（图 3-8）。只要未发生循环不良，都很容易在放大器上听到动脉血流的声音。听到清楚的声音后，左手拇指固定好探头，不要将探头压得太紧，右手开始给袖带加压。当不再听到声音时再加压 30 mmHg。然后慢慢地放出空气，使压力计指针缓慢地下降，注意听，当再次出现动脉血流声音时，压力计指针的读数即为收缩压。也就是我们用间接多普勒测量法测得的血压。用多普勒系统测量舒张压时，是当测得收缩压后继续缓慢地放出袖带内的空气，仔细听，当动脉血流声音突然变大时，压力计的读数即为舒张压。但这一变化极不明显，对于体型小的犬和猫很难去辨别。测得的值偏差较大，所以使用多普勒系统测量血压时，只需测量收缩压。

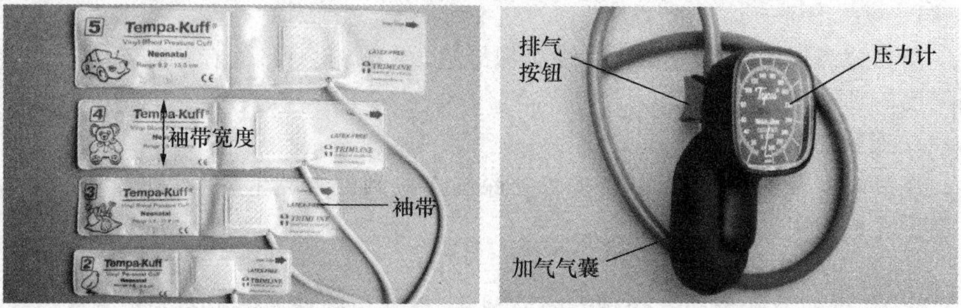

图 3-7 袖带和含充气装置压力计

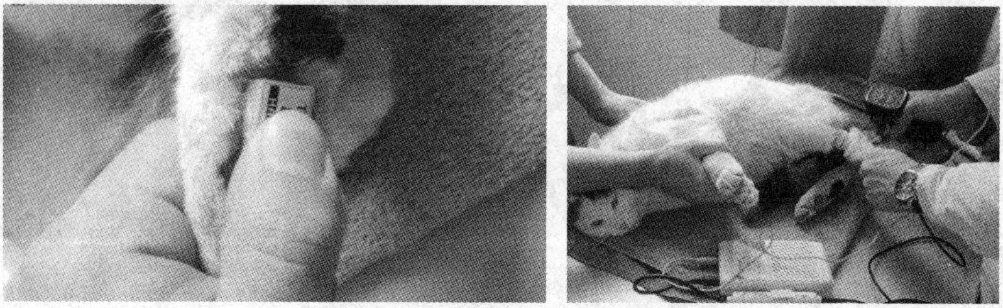

图 3-8 用多普勒系统测量猫的血压

6. 结果计算

每隔 2 min 测量 1 次，一般需测量 6 次，去掉最高和最低的 2 个结果，剩下 4 个求平均值。因为诸多原因，犬、猫的正常血压并没有一个严格的标准。一般认为，当犬的收缩压超过 210 mmHg，猫收缩压超过 200 mmHg 时，就诊断为高血压。

四、诊断意义

(1)血压升高 见于剧烈疼痛性疾病、热性病、左心室肥大、肾炎、动脉硬化、铅中毒、红细胞增多症、输液过多等。

(2)血压降低 见于心功能不全、外周循环衰竭、大失血、慢性消耗性疾病等。

五、注意事项

测量血压时应该注意，动物要保持安静，尽量避免骚动不安，防止肢体移动，使袖带内压力发生变化，影响测量结果。目前所用的人用血压计，其袖带设计不适用于家畜测压部位的缠绕，使松紧度难以掌握，如袖带较松，则所测舒张压偏高，如袖带过紧，则所测舒张压偏低，应调整袖带松紧度，力求得到准确度较高的血压值，反复测量3～4次，并取其平均值。要求熟练掌握测定方法。

【项目小结】

心脏的检查，尤其是心音的听诊是兽医临床中的一项基本技术，在平时训练中一定要熟练掌握。血压的测定在现代兽医临床诊疗中的作用越来越重要，已作为动物诊疗的基本检查内容。

【复习思考题】

1. 当动物发热时，心音的频率、强度、性质、节律是否发生改变？发生了怎样的改变？

2. 当奶牛发生创伤性心包炎时，心音听诊有何变化？重点听诊心杂音？

3. 对患有心包炎的动物进行心区叩诊时，动物有何反应？心浊音区发生怎样变化？

4. 简述血压的测定方法及其诊断意义。

实操项目四　呼吸系统检查

【知识目标】

了解呼吸系统检查的内容。呼吸运动检查中，重点掌握呼吸类型的检查、异常呼吸节律的类型和临床意义、呼吸困难的类型和临床意义。掌握鼻液的检查方法，尤其是鼻液的性状改变和临床意义。了解鼻黏膜、鼻窦、喉气管的检查方法和临床意义。掌握咳嗽的检查方法和临床意义。掌握胸肺的叩诊和听诊方法及临床意义。

【技能目标】

进行呼吸运动的检查，掌握异常呼吸节律的表现类型。鼻液的性状检查及其临床意义。各种动物肺叩诊区的界定和叩诊方法。肺区的听诊方法以及病理性呼吸音类型和临床意义。

操作一　呼吸运动的检查

一、应用范围

用于牛、马、羊、猪、犬、猫等动物呼吸系统疾病的检查。

二、用具材料

听诊器、临床发病动物等。

三、操作方法

(一)呼吸频率的检查

呼吸频率的检查详见一般检查。

(二)呼吸类型的检查

1. 检查方法

检查者站在病畜的后侧方,观察吸气与呼气时胸廓与腹壁起伏动作的协调性和强度。

2. 诊断意义

(1)正常呼吸类型 健康动物的呼吸类型均为胸腹式呼吸(但犬为胸式呼吸),即在呼吸时胸壁和腹壁的起伏动作协调一致,强度大致相同,又称混合式呼吸。

(2)异常呼吸类型

①胸式呼吸。呼吸活动中胸壁的起伏动作特别明显,而腹壁运动微弱。见于腹腔器官疾病,如急性腹膜炎、瘤胃臌气、重度肠臌气和腹壁外伤等。

②腹式呼吸。呼吸活动中腹壁的起伏动作特别明显,而胸壁活动微弱。见于胸腔器官疾病,如肺气肿、胸膜炎、胸腔积液、肋骨骨折等。

(三)呼吸节律的检查

1. 检查方法

检查者站在病畜的侧方,观察每次呼吸动作的强度、间隔时间是否均等。

2. 诊断意义

健畜在吸气后紧随呼气,经短时间休止后,再行下次呼吸。每次呼吸的间隔时间和强度大致相等,即呼吸节律正常。

病理性呼吸节律有陈-施二氏呼吸(由浅到深再至浅,经暂停后复始)、毕欧特氏呼吸(深大呼吸与暂停交替出现)、库斯茂尔氏呼吸(呼吸深大而慢,但无暂停)。

(四)呼吸对称性的检查

1. 检查方法

检查者立于病畜正后方,对照观察两侧胸壁的起伏动作强度是否一致。

2. 诊断意义

健畜呼吸时,两侧胸壁起伏动作强度完全一致。

病畜可见两侧不对称性的呼吸动作。见于单侧性胸部疾病,如一侧性胸膜炎、一侧肋骨骨折和一侧气胸等。

(五)呼吸困难的检查

1. 检查方法

检查者仔细观察病畜鼻的扇动情况及胸、腹壁的起伏和肛门的抽动现象,注意头颈、躯干和四肢的状态和姿势,并听取呼吸喘息的声音。

2. 诊断意义

(1)正常呼吸 健康家畜呼吸时,自然而平顺,动作协调而不费力,呼吸频率相对正常,节律整齐,肛门无明显抽动。

(2)呼吸困难 呼吸困难时,呼吸异常费力,呼吸频率有明显改变(增或减),补助呼吸肌参与呼吸运动。表现如下特征。

①吸气性呼吸困难。特征是吸气用力,吸气时间显著延长,辅助吸气肌参与活动,常伴发特异的吸入性狭窄音(口哨音)。病畜呈现头颈平伸、鼻翼开张、四肢广踏、胸廓扩展,严重者张口吸气。这是上呼吸道狭窄的特征。见于鼻腔狭窄、喉水肿、马腺疫、血斑病、猪传染性萎缩性鼻炎、鸡传染性喉气管炎等。

②呼气性呼吸困难。特征是呼气用力,呼气时间显著延长,辅助呼气肌参与活动,多呈二重呼吸,高度呼吸困难时可见沿肋骨弓形成凹陷的喘气及肛门一出一入形成的肛门运动等。这是肺组织弹性减弱和细支气管狭窄,肺泡内气体排出困难的特征。见于急性细支气管炎、慢性肺气肿和胸膜肺炎等。

③混合性呼吸困难。特征是吸气和呼气均发生困难,同时伴有呼吸次数的增加,吸气和呼气鼻孔均扩张。这是由于呼吸面积减少,气体交换不全,血中二氧化碳浓度增高,引起呼吸中枢兴奋的结果。按其发生原因可分为以下 6 种类型。

a. 肺源性:主要由于肺和胸膜疾患引起,如肺炎。

b. 心源性:肺循环发生障碍,如心衰。

c. 血源性:由于血液中 RBC 数减少和 Hb 变性、血氧不足导致呼吸困难,如贫血。

d. 中毒性:外源性中毒作用于 Hb 造成血氧缺乏,二氧化碳蓄积引起呼吸困难;内源性中毒,直接作用于呼吸中枢,如亚硝酸盐中毒。

e. 中枢性:由于中枢神经系统发生器质性病变或机能障碍,刺激兴奋呼吸中枢,引起呼吸困难,如脑部疾病。

f. 腹压增高性:腹腔压力升高,直接压迫膈肌,使呼吸运动受阻,从而导致呼吸困难,如胃肠臌气。

操作二 上呼吸道的检查

一、应用范围

用于牛、马、羊、猪、犬、猫等动物呼吸系统疾病的检查。

二、用具材料

听诊器、开鼻器、牛、马、羊、猪、犬、猫等。

三、操作方法

(一)呼出气体检查

1. 检查方法

仔细观察两侧鼻翼的扇动和呼出气流的强度,嗅诊呼出气及鼻液有无特殊气味。如怀疑传染病,如鼻疽、结核等时,检查者应戴口罩,做好防护。

2. 诊断意义

健康家畜呼出气流均匀,无异常气味,稍有温热感。病畜可见有两侧气流不等,或有恶臭、尸臭味和热感。如呼出气有难闻的腐败气味,见于上呼吸道或肺脏的化脓性或腐败性炎症、肺坏疽、霉菌性肺炎等;呼出气有酮臭气味,见于反刍动物酮血病。

(二)鼻液检查

1. 检查方法

首先观察动物有无鼻液,对鼻液应注意其数量、颜色、性状、混杂物及一侧性或双侧性。

2. 诊断意义

健康家畜一般无鼻液,气候寒冷季节有些动物可有微量浆液性鼻液,马常以喷鼻和咳嗽的方式排出,牛则常用舌舐去和咳出,若有人量鼻液流出,则为病理特征。

(1)鼻液的量　主要取决于疾病发展时期、程度及病变性质和范围。

①多量:主要见于急性呼吸道疾病的中、后期。如急性鼻炎、急性咽喉炎、急性支气管炎、急性支气管肺炎、肺坏疽、大叶性肺炎的溶解期和某些侵害呼吸道的传染病,如流行性感冒、犬瘟热等。

②少量:表明病变局部、慢性。见于急性呼吸道炎症的初期和慢性呼吸道疾病。如上呼吸道炎症、急性支气管炎及肺炎的初期;慢性支气管炎、鼻疽及肺结核等。

③不定量:鼻液量时多时少。在诊断上有特殊的意义,自然站立时有少量鼻液,运动后或低头采食时有大量鼻液流出。见于额窦炎、颌窦炎、副鼻窦炎、喉囊炎、肺脓肿、肺坏疽和肺结核。

(2)鼻液排出部位的检查　判断是一侧性或双侧性鼻液。一侧性见于一侧性鼻炎、一侧性副鼻窦炎、一侧性喉囊炎。双侧性见于双侧性鼻炎及喉以下的呼吸道炎症,如支气管炎、肺炎等。

(3)鼻液的性状　因炎症的种类和病变的性质不同而异,一般在呼吸道炎性疾病经过中,按其渗出物特点,开始为浆液性,逐渐变为黏液性和脓性,最后渗出物停止而愈。具体可分为 6 种。

①浆液性鼻液:无色透明,稀薄如水。鼻液中含有少量白细胞、上皮细胞和黏液。见于急性呼吸道炎症的初期、流行性感冒等。

②黏液性鼻液:鼻液黏稠,呈灰白色。鼻液中含有多量黏液、脱落的上皮细胞和白细胞,呈引缕状。见于呼吸道黏膜急性炎症的中期。

③脓性鼻液:鼻液黏稠混浊,呈黄色或黄绿色。鼻液中含有多量中性白细胞和黏液。常见于呼吸道黏膜急性炎症的后期及副鼻窦炎、马鼻疽、肺脓肿破裂等。

④腐败性鼻液:鼻液污秽不洁,呈褐色或暗褐色。鼻液中含有腐败坏死组织,有恶臭和尸臭味。多是腐败性细菌作用于组织的结果。见于马腺疫、肺坏疽和腐败性支气管炎等。

⑤血性鼻液:鼻液内混有血丝或血块,颜色鲜红,见于鼻腔出血;颜色粉红或鲜红,并且混有气泡,见于肺出血、肺坏疽、败血症。

⑥铁锈色鼻液:见于大叶性肺炎及传染性胸膜肺炎。

(4)鼻液中混杂物的检查

①细小泡沫样物(混有气泡):白色或粉红色细小泡沫样液见于肺水肿,鲜红细小泡沫样鼻液见于肺出血。

②饲料、唾液样鼻液:混有饲料碎片和唾液,多见于咽和食管疾病,如咽炎、食道阻塞。

③呕吐物样鼻液:鼻液中混有酸臭的呕吐物,呈酸性反应,多见于胃和小肠疾病。重症急性胃扩张,幽门痉挛,十二指肠便秘和小肠变位等胃肠疾病时可出现呕吐物样鼻液。

④寄生虫:鼻液中混有肺线虫、蛔虫、蚂蟥等。

(三)鼻黏膜检查

1. 检查方法

(1)打开鼻腔

①单手开鼻法:一手托住下颌并适当高举马头,另一手以拇指和中指捏住鼻翼软骨,略向上翻,同时用食指挑起外侧鼻翼,鼻黏膜即可显露。

②双手开鼻法:以双手拇指、中指分别捏住鼻翼软骨和外鼻翼,并向上向外拉,则鼻孔可扩开。

(2)其他家畜鼻黏膜的检查法 将病畜头抬起,使鼻孔对着阳光或人工光源,即可观察鼻黏膜。在小动物可用开鼻器。

2. 诊断意义

病理情况下,鼻黏膜的颜色也有发红、发绀、发白、发黄等变化。常见的有潮红肿胀(表面光滑平坦、颗粒消失、闪闪有光)、出血斑、结节、溃疡、瘢痕。有时也见有水泡、肿瘤。马鼻疽时则见有喷火口状溃疡或星芒状瘢痕。

3. 注意事项

应适当保定;注意防护,以防感染;使鼻孔对光检查,重点注意其颜色、有无肿胀、溃疡、结节、瘢痕等。马鼻黏膜为淡红色,深部呈淡蓝红色,湿润而有光泽。其他家畜的鼻黏膜为淡红色,但有些牛鼻孔周围的鼻黏膜有色素沉着。

(四)喉和气管检查

1. 检查方法

外部视诊,注意有无肿胀等变化,检查者站在家畜的前侧,一手执笼头,一手从喉头和气管的两侧进行触压,判定其形态及肿胀的性状;也可在喉和气管的腹侧,自上而下听诊。健康家畜的喉和气管外观无变化,触诊无疼痛,听诊有类似"赫赫"的声音。

2. 诊断意义

在病理情况下可见有:喉和气管区的肿胀,有时有热痛反应,并发咳嗽;听诊时有强烈的狭窄音、哨音、喘鸣音。对小动物和禽类还可做喉的内部直接视诊。检查者将动物头略微高举,用开口器打开口腔,用压舌板下压舌根,对光观察;检查鸡的喉部时,将头高举,在打开口腔的同时,用捏肉髯手的中指向上挤压喉头,则喉腔即可显露。注意观察黏膜的颜色,有无肿胀物和附着物。

(五)咳嗽检查

咳嗽是动物的一种保护性反射动作,借以将呼吸道异物或分泌物排出体外。咳嗽也是一种病理表现,当呼吸道有炎症时,炎性渗出物或外来刺激,引起咳嗽。

1. 检查方法

(1)直接观察法 直接观察患病动物自发性咳嗽。可向畜主询问有无咳嗽,并注意听取其自发咳嗽,辨别是经常性还是阵发性,干咳或湿咳,有无疼痛、鼻液等伴随症状。

(2)人工诱咳法 施行人工诱咳以判定咳嗽的性质。

①牛的人工诱咳法。用多层湿润的毛巾掩盖或闭塞鼻孔一定时间后迅速放开,使之深呼吸则可出现咳嗽。应该指出,在怀疑牛患有严重的肺气肿、肺炎、胸膜

炎合并心机能紊乱者慎用。

②小动物诱咳法。经短时间闭塞鼻孔或捏压喉部、叩击胸壁均能引起咳嗽。犬在咳嗽时有时引起呕吐，应多加注意，以免重视了呕吐而忽视了咳嗽。

2. 诊断意义

在病理情况下，可发生经常性的剧烈咳嗽，其性质可表现为：干咳（声音清脆，干而短），湿咳（声音钝浊，湿而长），痛咳（不安、伸颈）。甚至可呈痉挛性咳嗽。

(1)干咳　呼吸道内无分泌物或仅有少量黏稠的分泌物时发生。其特征是咳嗽无痰，咳声干而短，见于慢性支气管炎、急性支气管炎的初期和胸膜炎。

(2)湿咳　呼吸道内积有多量稀薄的渗出物时发生。其特征是咳嗽有痰，咳声钝浊，湿而长。见于急性咽喉炎、支气管炎及支气管肺炎等。

(3)痛咳　咳嗽伴疼痛。其特征是咳嗽短而弱，患畜伸颈摇头、前肢刨地，尽力抑制咳嗽，且有呻吟和惊慌现象。见于急性喉炎、胸膜炎和异物性肺炎等。

操作三　胸、肺的检查

一、应用范围

用于牛、马、羊、猪、犬、猫等动物肺炎、肺脓肿、肺结核等疾病的检查。

二、用具材料

听诊器、叩诊槌、临床发病动物等。

三、操作方法

(一)胸、肺视诊

主要观察呼吸状态，胸廓的形状和对称性；胸壁有无损伤、变形；肋骨与肋软骨结合处有无肿胀或隆起；肋骨有无变化，肋间隙有无变宽或变窄，凸出或凹陷现象；胸前、胸下有无浮肿等。

健康家畜呼吸平顺，胸廓两侧对称，脊柱平直，胸壁完整，肋间隙的宽度均匀。病理情况下可见胸廓向两侧扩大，桶状胸见于慢性肺气肿。胸廓狭小，扁平胸见于发育不良或骨软症。还有单侧性扩大或塌陷，肋间隙变宽或变狭窄，胸下浮肿或其他损伤。

(二)胸、肺触诊

触诊胸壁的目的在于判断其敏感性、胸壁或胸下有无浮肿、气肿和胸壁震颤，并注意肋骨有无变形或骨折。当触诊胸壁时动物表现回视、躲闪、反抗，是胸壁敏感反应，主要见于胸膜炎及肋骨骨折；纤维素性胸膜炎时，可感知胸壁震颤。幼畜的各条肋骨与肋软骨结合处呈串珠状肿胀，是佝偻病的特征；鸡的胸骨脊弯曲、变形，提示钙缺乏。肋骨变形、有折断痕迹或有骨折、骨瘤，可提示骨软症及氟骨病。

1. 胸、肺叩诊

(1)检查方法

①肺叩诊区(牛肺叩诊区)。

a. 背界：平行线与马同，但止于第 11 肋间隙。

b. 前界：由肩胛骨后角沿肘肌向下划一类似“S”形的曲线，止于第 4 肋间隙下端。

c. 后界：由第 12 肋骨与脊柱交接处开始斜向前下方引一弧线，经髋结节水平线与第 11 肋间隙交点；肩关节水平线与第 8 肋间隙交点，止于第 4 肋间隙下端。

此外，在瘦牛的肩前 1 到 3 肋间隙尚有一狭窄的叩诊区(肩前叩诊区)。

绵羊和山羊肺叩诊区与牛相同，但无肩前叩诊区。

②叩诊方法。胸、肺叩诊除应遵循叩诊一般规则外，需注意选择大小适宜的叩诊板，沿肋间隙纵放，先由前至后，再自上而下进行叩诊(图 4-1)。听取声音同时还应注意观察动物有无咳嗽、呻吟、躲闪等反应性动作。

(2)诊断意义

①正常肺区叩诊音。

a. 大家畜一般为清音，以肺的中 1/3 最为清楚，而上 1/3 与下 1/3 声音逐渐变弱，而肺的边缘则近似半浊音。

b. 健康小动物的肺区叩诊音近似鼓音。

②胸、肺叩诊的病理性质变化

a. 胸部叩诊可能出现疼痛性反应，表现为咳嗽、躲闪、回视或反抗。

b. 肺叩诊区的扩大或缩小。

c. 出现浊音、半浊音、水平浊音、鼓音、过清音、破壶音、金属音等异常叩诊音。散在性浊音区，提示小叶性肺炎；成片性浊音区，提示大叶性肺炎；水平浊音，主要见于渗出性胸膜炎或胸腔积水；过清音，见于小叶性肺炎实变区的边缘、大叶性肺炎的充血期与吸收期，亦可见于肺疾患时的代偿区；鼓音主要见于肺泡气肿和气胸。

2. 胸、肺听诊

(1)检查方法　肺听诊区和叩诊区大致相同(图 4-2 至图 4-4)。听诊时,应先从呼吸音较强的部位即胸廓的中部开始,然后再依次听取肺区的上部、后部和下部。牛尚可听取肩前区。每个听诊点间隔 3～4 cm,在每点上至少听取 2～3 次呼吸,且需注意听诊音与呼吸活动之间的联系。对可疑病变与对侧相应部位对比听诊判定。如呼吸音微弱,可给以轻微的运动后再行听诊,使其呼吸动作加强,以利听诊。注意呼吸音的强度、性质及病理性呼吸音的出现。

(2)正常呼吸音　健康家畜可听到微弱的肺泡呼吸音,在吸气阶段较清楚,如"呋—呋"的声音。整个肺区均可听到,但以肺区中部为最明显。动物中,马的肺泡音最弱;牛、羊较明显,水牛甚微弱;幼畜比成年家畜略强。除马属动物外,其他动物尚可听到支气管呼吸音,在呼气阶段较清楚,如"赫—赫"的声音,但并非纯粹的支气管呼吸音,而是带有肺泡呼吸音的混合呼吸音。牛在第 3 到 4 肋间肩端线上下可听到混合呼吸音。绵羊、山羊和猪的支气管呼吸音大致与牛相同。犬在整个肺区都能听到明显的支气管呼吸音。

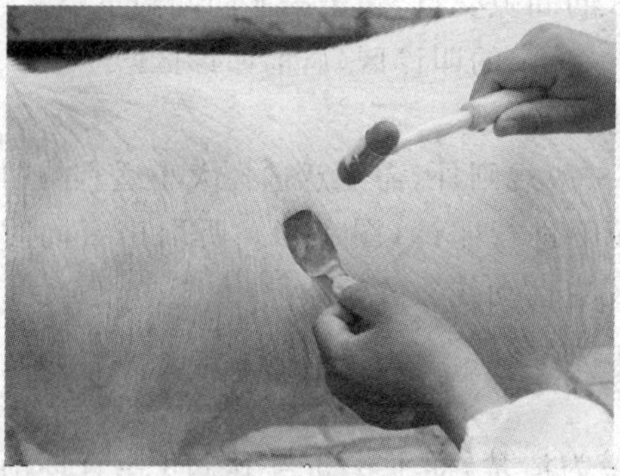

图 4-1　羊的叩诊

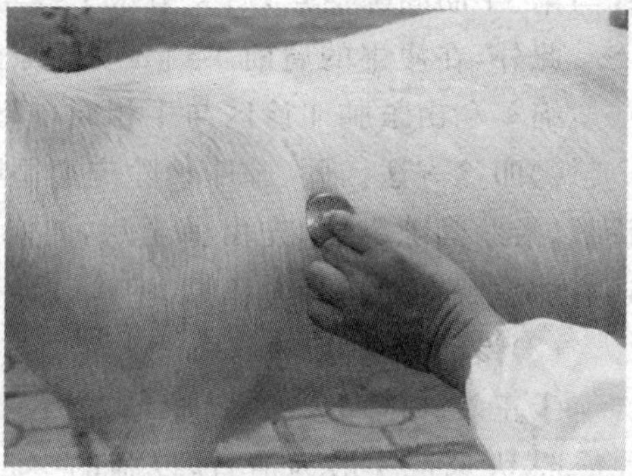

图 4-2　羊的听诊

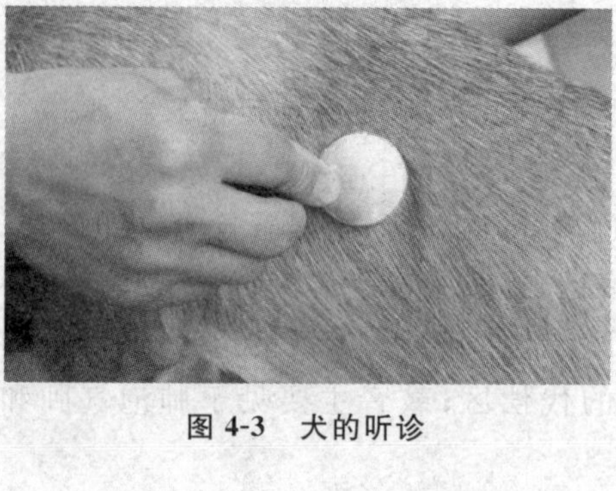

图 4-3　犬的听诊

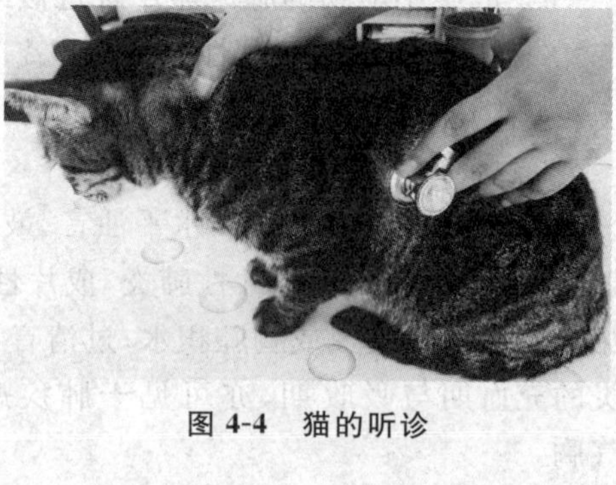

图 4-4　猫的听诊

(3)病理呼吸音　在病理情况下,可见肺泡呼吸音的增强或减弱,甚至局部消失。还可听见病理性呼吸音或附加音,如病理性支气管呼吸音、混合性呼吸音(“呋—赫”)、湿啰音(似水泡破裂音,以吸气末期为明显)、干啰音(似哨音、笛音)、胸膜摩擦音(似沙沙声,粗糙而断续,紧压听诊器时明显增强,常出现于肘后)、拍水音、捻发音、空瓮音。

【项目小结】

当动物患呼吸系统疾病时,通过对呼吸运动的检查、上呼吸道的检查、咳嗽的检查,一方面可以帮助我们确定发病部位,另一方面也是了解病情的重要手段。胸、肺的检查是诊断胸、肺是否发生病变的基本手段之一,在兽医临床上常用。胸、肺是否发生病变,除了可借助叩诊、听诊等基本检查方法外,目前也可用 X 射线确诊。

【复习思考题】

1. 当动物患流行性感冒时,鼻的检查可发现有何变化?是否咳嗽?咳嗽的强度、频度、性质等如何?

2. 为什么要人工诱咳?怎样进行人工诱咳?

3. 肺区的正常叩诊音是什么?病理性叩诊音的种类和临床意义如何?

4. 肺泡呼吸音和支气管呼吸音有何不同?

5. 试述病理性呼吸音的种类和临床意义。

实操项目五　消化系统检查

【知识目标】

学会动物饮食状态的观察，重点掌握反刍动物反刍、嗳气等生理特点。掌握异常排粪动作的几种表现形式。掌握各种动物的开口法，以及口腔检查的临床意义。熟悉咽和食管的检查方法。掌握各种动物腹部的检查方法。重点掌握反刍动物前胃和皱胃的检查方法和临床意义。一般了解大动物的直肠检查的方法和临床应用。

【技能目标】

动物的口腔检查及开口法。反刍动物瘤胃、网胃、瓣胃、皱胃的检查方法和临床意义。

操作一　口腔、咽、食管的检查

一、应用范围

用于牛、马、羊、猪、犬、猫等动物口炎、肺脓肿、肺结核等疾病的检查。

二、用具材料

开口器、胃管和临床发病动物等。

三、操作方法

(一)口腔检查

口腔检查主要注意流涎，气味，口唇黏膜的温度、湿度、颜色及完整性，舌和牙齿的变化。

1. 开口法

(1)牛的徒手开口法　检查者站在牛头侧方,可先用手轻轻拍打牛的眼睛,在牛闭眼的瞬间,以一手的拇指和食指从两侧鼻孔同时伸入并捏住鼻中隔(或握住鼻环)向上提举,再用另一手伸入口中握住舌体并拉出,口即张开(图 5-1)。

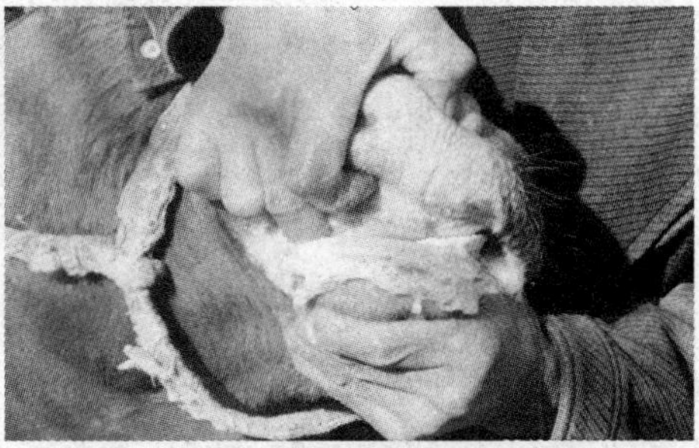

图 5-1　牛的徒手开口法

(2)羊的徒手开口法　用一手拇指与中指由颊部捏握上颌,另一手拇指及中指由左、右口角处握住下颌,同时用力上下拉即可开口,但应注意防止被羊咬伤手指。

(3)犬、猫的开口法　性情温驯的犬,助手握紧前肢,检查者右手拇指置于上唇左侧,其余四指置于上唇右侧,在握紧上唇的同时,用力将唇部皮肤向下内方挤压;用左手拇指与其余四指分别置于下唇的左、右侧,用力向内上方挤压唇部皮肤。左、右手用力将上下腭向相反方向拉开即可,必要时用金属开口器打开口腔。猫的开口法:助手握紧前肢,检查者两手将上、下腭分开即可。

2. 临床意义

(1)口腔气味　健康家畜无特殊气味,有饲料气味。口腔臭味见于口腔炎症、热性病、肠便秘、胃扩张,口腔腥臭味见于牙槽脓肿,口腔烂苹果味见于酮血症,口腔尿味见于尿毒症。

(2)口腔黏膜　犬口腔黏膜检查见图 5-2。

口腔黏膜温度升高,见于口炎、胃炎、热性病。温度降低,见于肠痉挛、贫血、虚脱。口腔黏膜湿度湿润,见于炎症、口蹄疫、中毒。黏膜湿度干燥,见于热性病、脱水、腹痛。应注意口腔黏膜肿瘤。贫血可引起口腔黏膜颜色的变化(图 5-3)。

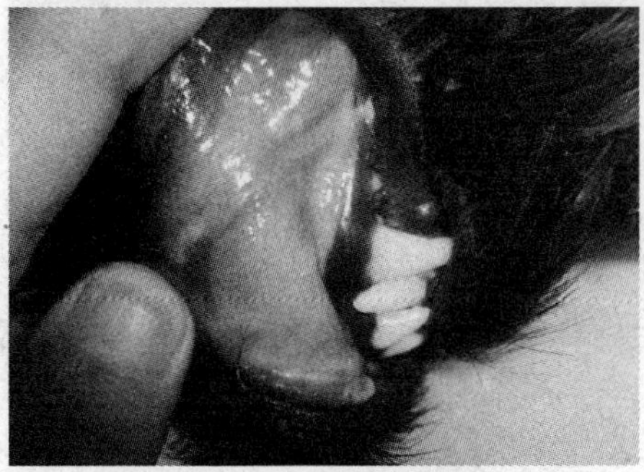

图 5-2　犬口腔黏膜检查

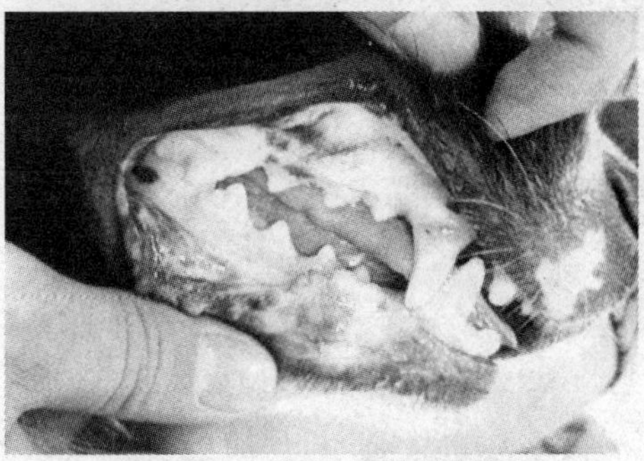

图 5-3　犬贫血口腔黏膜苍白

(3)舌的检查　检查舌的大小、形状、硬度、张力、舌苔、舌色。

(4)齿的检查　可先从外部进行检查(图 5-4),然后开口进行口腔检查(图 5-5)。

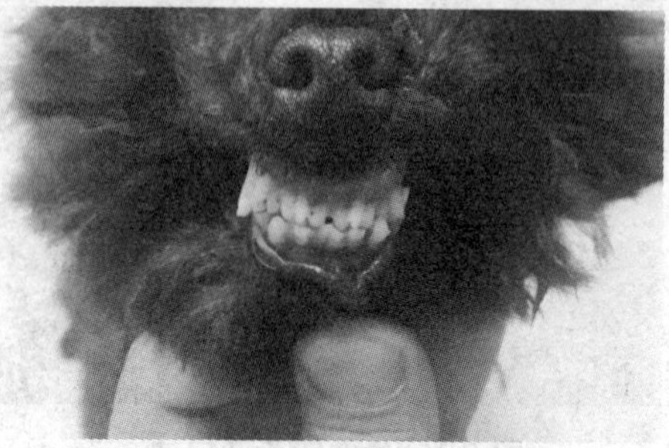

图 5-4　犬牙齿的外部检查

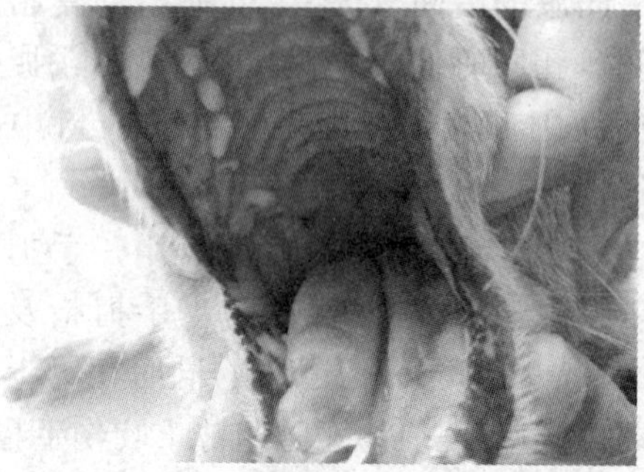

图 5-5　犬牙齿的口腔检查

a. 牙齿松动,见于矿物质缺乏。

b. 牙齿呈黄褐色,见于长期饮用含氟水。

c. 牙龈水肿,见于慢性牙周炎。

d. 牙龈出血,见于出血性素质、维生素 C 缺乏。

e. 牙龈肿瘤(图 5-6)。

(二)咽部检查

1. 操作方法

(1)视诊　注意头颈的姿势及咽周围是否肿胀(图 5-7)。

(2)触诊　用两手自咽喉部左右两侧加压并向周围滑动,感知其温度、敏感性及肿胀的硬度和特点。

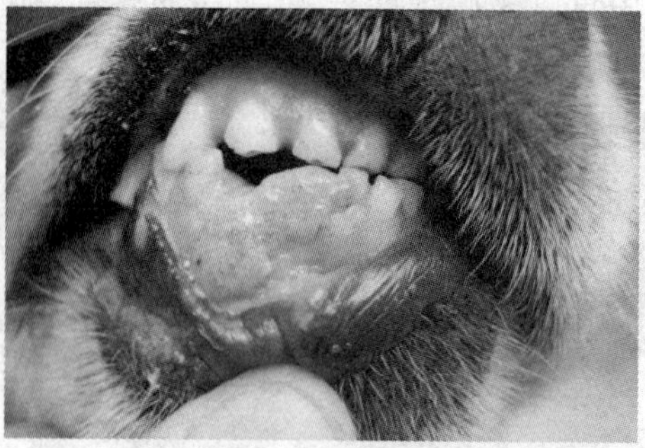

图 5-6　犬牙龈肿瘤

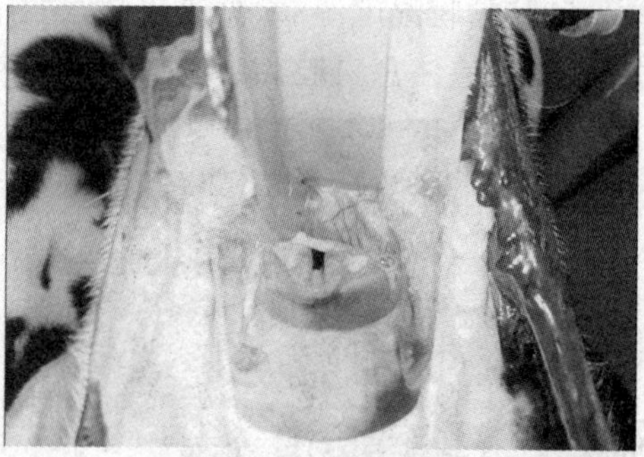

图 5-7　犬咽部视诊

2. 临床意义

视诊咽部红肿、充血，触诊肿胀、热感、敏感见于咽炎。局限性肿胀见于传染性疾病，如结核、放线菌、猪肺疫、炭疽、仔猪链球菌病等。

(三)食管检查

1. 操作方法

应用视诊和触诊及X光、胃镜检查等方法。

(1)视诊　注意吞咽过程饮食沿食道沟通过的情况及局部是否有肿胀。

(2)触诊　检查者两手分别由两侧沿颈部食管沟自上向下加压滑动检查，注意感知是否有肿胀、异物、内容物的硬度、有无敏感反应及波动感等。

(3)探诊　根据动物的种类及大小，选择不同口径及相应长度的胃导管，软硬度应适宜。探管应先清洗，消毒液浸泡，涂润滑剂。动物要保定，尤其保定好头部。如需经口探诊时，应加装开口器，大动物及羊一般可经鼻、咽探诊。

操作时，检查者站在动物头一侧，一只手把住鼻翼，另一只手持探管，自鼻道(或经口)徐徐送入，在探管前端到达咽腔时(大动物30～40 cm深度)可感觉有抵抗，可稍停并加以轻微的前后抽动，待动物有吞咽动作时，趁机送下。如动物不吞咽，可由助手轻压咽部以引起其吞咽动作。探管通过咽后，立即判定是否正确的插入食管内。如插入食管，用胶皮球向探管内打气时，不但能顺利打入，而且在左侧颈沟见有气流通过的波动，同时压扁的胶皮球不会鼓起来。如插入气管，用胶皮球向探管内打气时，在颈沟部看不到气流波动，被压扁的胶皮球可迅速鼓起来。如探管在咽部转折时，向探管内打气困难，也看不到颈沟部的波动。探管在食管内向下推进时可感到有抵抗和阻力。但如在气管内时，可引起咳嗽并随呼气阶段有呼出的气流。探管误插入气管内时，应取出重插，探管不宜在鼻腔内多次扭转，以免引起黏膜破损，出血。

操作二　胃 的 检 查

一、应用范围

用于牛、羊瘤胃积食、瘤胃臌气、创伤性网胃心包炎、瓣胃阻塞等疾病的检查。

二、用具材料

听诊器、木棍及牛羊等。

三、操作方法

(一)瘤胃检查

1. 检查方法

(1)视诊　牛柱栏内保定,术者站在牛的正后方,观察左腹部的突起情况。

(2)触诊　检查者站在动物的左腹侧,左手放于动物背部,检手(右手)可握拳、屈曲手指或以手掌放于左肷部,先用力反复触压瘤胃,以感知内容物的性状(图 5-8)。正常时,似面团样硬度,轻压后可留压痕。随胃壁蠕动可将检手抬起,以感知其蠕动力量并可计算次数。正常时为每 2 min 2～5 次。

(3)叩诊　用手指或叩诊器在左侧肷部进行直接叩诊(图 5-9、图 5-10),以判定其内容物的性状。正常时瘤胃上部为鼓音,由饥饿窝向下逐渐变为浊音。

(4)听诊　多用听诊器进行间接听诊(图 5-11),以判定瘤胃蠕动音的次数、强

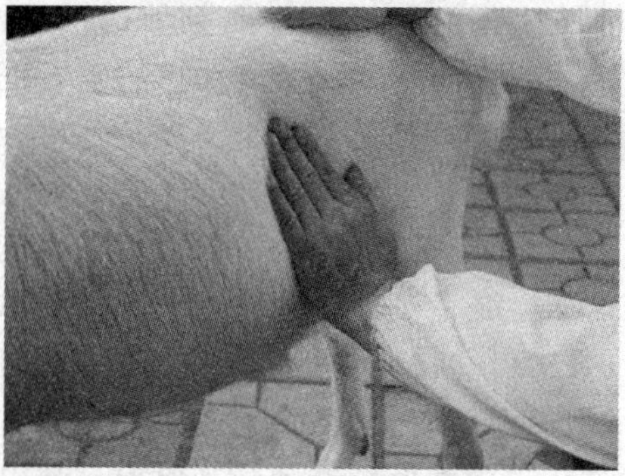

图 5-8　羊瘤胃触诊

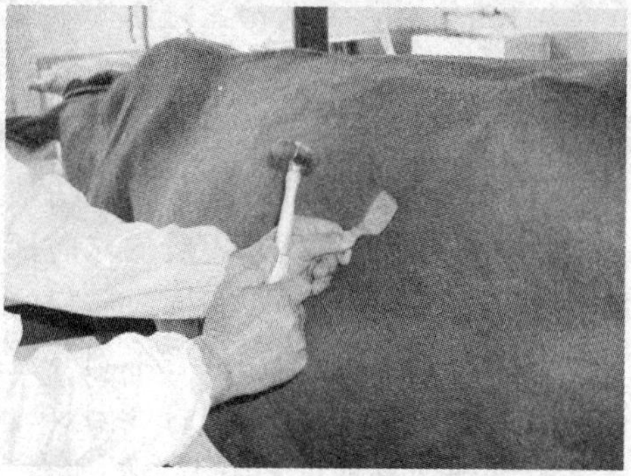

图 5-9　牛瘤胃叩诊

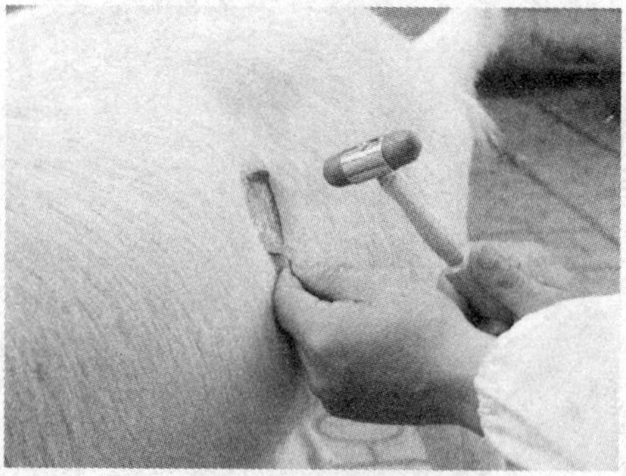

图 5-10　羊瘤胃叩诊

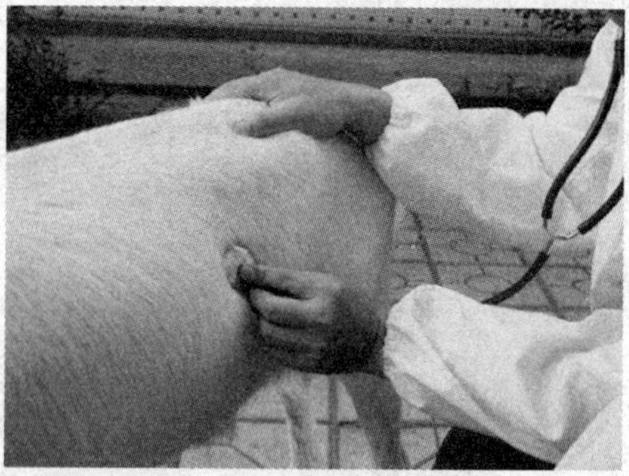

图 5-11　羊瘤胃听诊

度、性质及持续时间。正常时，瘤胃随每次蠕动而出现逐渐增强又逐渐减弱的沙沙声。似吹风样或远雷声。

2. 诊断意义

触诊瘤胃内容物坚实，听诊瘤胃蠕动音减弱甚至消失，视诊左肷部膨大，见于瘤胃积食；叩诊左肷部呈鼓音，明显膨大，见于瘤胃臌气。

(二)网胃检查

位于腹腔的左前下方，相当于 6 到 8 肋骨间，前缘紧接膈肌与心脏相邻，其后部下侧位于剑状软骨之上。

1. 操作方法

(1)触诊　检查者面向动物蹲在左胸侧，屈曲右膝于动物腹下，将右肘支在右膝上，右手握拳并抵住剑状软骨突起部，然后用力抬腿并用拳顶压网胃区，以观察动物反应(图 5-12)。

(2)叩诊　于左侧心区后方的网胃区内，进行直接强叩诊或用拳轻击，以观察动物反应。

(3)压迫法　由二人分别站在家畜胸部两侧，各伸一手于剑突下相互握紧，各将其另一手放于家畜的鬐甲部；二人同时用力上抬紧握的手，并用放在鬐甲部的手紧握其皮肤，观察家畜反应。或者先用一木棒横放于家畜的剑突下，由二人分别自两侧同时用力上抬，迅速下放并逐渐后移压迫网胃区(图 5-13)，同时观察家畜的反应。

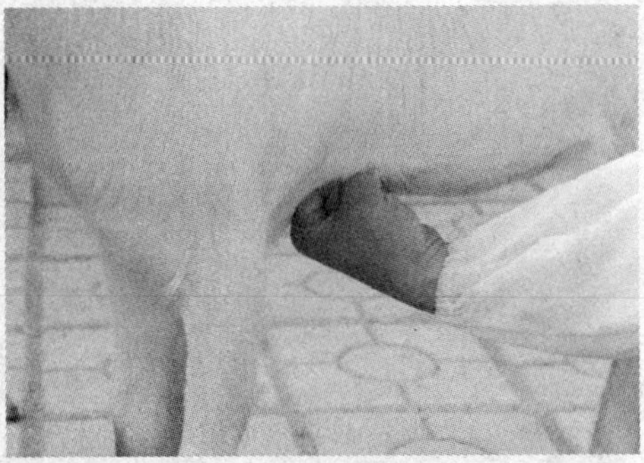

图 5-12　羊网胃触诊

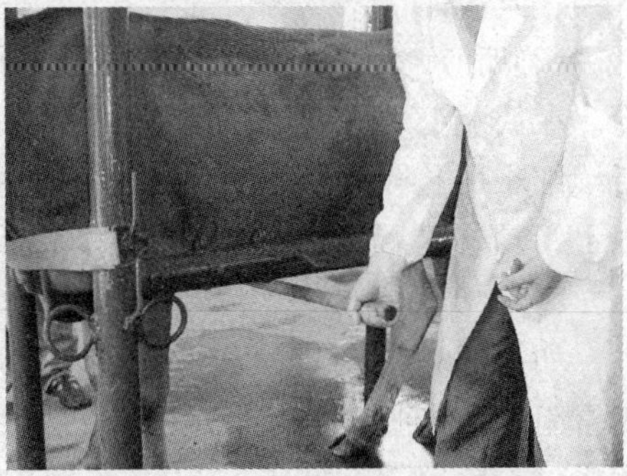

图 5-13　压迫法检查牛网胃

以上方法检查时如果病牛表现不安、呻吟、躲闪、反抗或企图卧下等行为，提示创伤性网胃炎。

(4)视诊　让病牛在较陡的坡路由上向下行走，如果动物表现运动小心，步态紧张，四肢缩于腹下，不敢前进甚至呻吟、咬牙。好走上坡路，怕走下坡路。提示创伤性网胃炎或创伤性网胃心包炎。

2. 诊断意义

在进行上述检查试验时，正常家畜无明显反应，相反，如表现不安、痛苦、呻吟或抗拒并企图卧下时，是网胃疼痛敏感的表现，常为创伤性网胃炎的特征。

(三)瓣胃检查

瓣胃检查在腹腔右侧 7 到 10 肋间，肩关节水平线上下 3 cm 范围内进行。

1. 操作方法

(1)触诊　在右侧瓣胃区内进行强力触诊或以拳轻击(图 5-14)，以观察家畜有无疼痛性反应。对瘦牛可使其左侧卧，于右肋弓下以手伸入进行冲击。

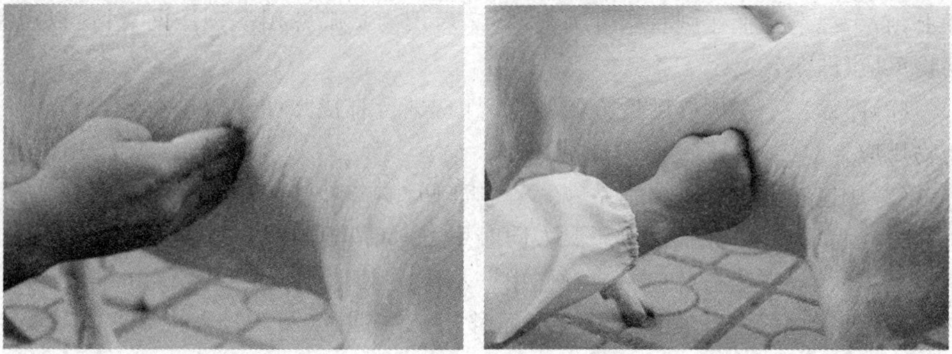

图 5-14　羊瓣胃触诊

(2)听诊　可参照图 5-15 进行瓣胃听诊。在瓣胃区听诊其蠕动音。正常时呈断续细小的捻发音，采食后较明显。主要判定蠕动音是减弱还是消失。

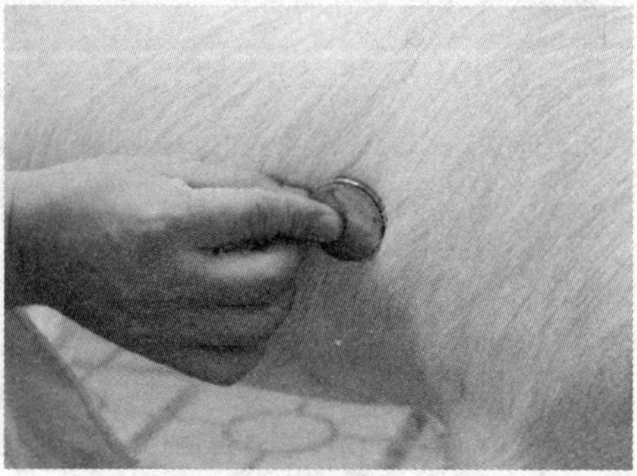

图 5-15　羊瓣胃听诊

2. 诊断意义

如果瓣胃蠕动音减弱甚至消失，见于瓣胃阻塞、各种热性病等；如果触诊敏感、疼痛、抗拒、不安，见于瓣胃创伤性炎症、瓣胃阻塞；如果瓣胃穿刺阻力大，穿刺针停滞不动，可确诊瓣胃阻塞。

(四)真胃检查

位于右腹部第 9 到 11 肋间的肋骨弓区。

1. 检查方法

(1)视诊　助手将动物站立保定，术者站于动物正后方，对比观察皱胃区的突起情况。当右侧腹壁真胃区向外侧突出，左右腹壁显得很不对称时，提示真胃严重阻塞、扩张。

(2)触诊　沿肋弓下进行深部触诊。由于腹壁紧张而厚，常不易得到准确结果。因此，应尽可能将手指插入肋骨弓下方深处，向前下方行强压迫(图 5-16)。在犊牛可使其侧卧进行深部触诊。主要判定是否有疼痛反应。

(3)听诊　在真胃区内(图 5-17)，可听到类似肠音，呈流水声或含漱音的蠕动音。主要判定其强弱和有无蠕动音的变化。

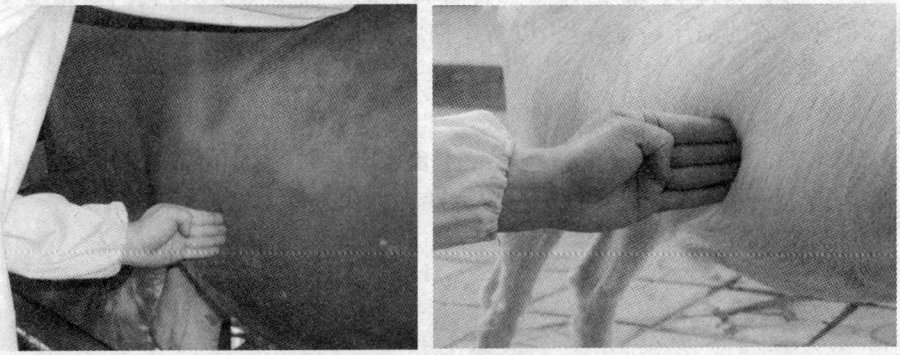

图 5-16　真胃切入触诊

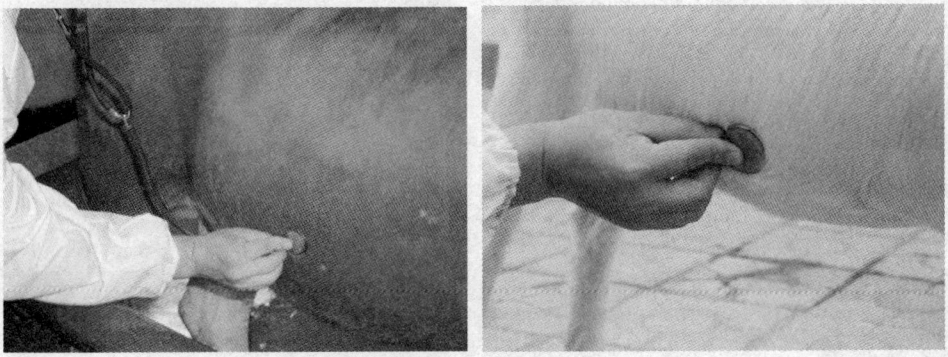

图 5-17　真胃听诊

2. 诊断意义

真胃区向外突出，左右腹壁不对称，听诊蠕动音减弱或消失可见于真胃阻塞；真胃触诊呈敏感反应，见于真胃炎或真胃溃疡；如果出现左腹肋弓区膨大，在此区听诊可听到与瘤胃蠕动音不一致的真胃蠕动音，在左侧最后3肋的上1/3处叩诊或听诊，可听到明显的钢管音，冲击式触诊可听到明显的振荡音，见于真胃左方变位；如果出现右肋骨弓部膨大，冲击式触诊可听到液体振荡音，在右侧肷窝内听诊，同时叩打最后两个肋骨，可听到明显的钢管音，见于真胃右方变位。

【项目小结】

对口腔的检查，要注意口腔外周的变化，口腔黏膜的颜色，口腔气味、温度、湿度，舌苔，牙齿等的变化。饮欲、食欲的改变，排粪状态的异常，粪便的异常等，往往提示消化系统有疾病或其他器官疾病伴有的消化紊乱现象，诊断时要配合其他症状综合判断。消化系统疾病是动物普通病中的一类常见疾病，我们要重点掌握和熟悉消化系统的临床检查方法，以备全面收集资料，便于诊断。

【复习思考题】

1. 口腔检查的内容有哪些？
2. 食管检查的方法有哪些？当发生食管阻塞时，食管检查有哪些特征？
3. 瘤胃、网胃、瓣胃、皱胃的检查方法和临床意义有哪些？

实操项目六　泌尿系统检查

【知识目标】

掌握排尿动作的检查方法。掌握尿液采集方法及导尿管使用方法。学会泌尿器官的临床检查方法。

【技能目标】

观察各种动物的排尿动作，鉴别病畜。掌握各种动物的尿液采集，学会给动物应用导尿管导尿。掌握泌尿器官的临床检查及其应用。

操作一　排 尿 检 查

一、应用范围

用于膀胱炎、尿道炎、肾盂炎、急性肾小球肾炎、尿道结石、尿道狭窄、膀胱麻痹、膀胱括约肌痉挛及腰荐部脊髓损害等疾病的检查。

二、用具材料

临床发病动物等。

三、操作方法

（一）排尿动作的检查

家畜因种类和性别的不同，所采取的排尿姿势也不尽相同。了解各种家畜正常的排尿特点，有助于发现排尿异常。

（二）排尿次数和尿量的检查

排尿次数和尿量多少与肾脏的分泌机能、尿路的状态、饲料的含水量、气温、使役等因素有密切关系。健康状态下，每昼夜排尿次数和尿量，牛为 5～10 次，尿量 6～10 L，最高达 25 L；绵羊和山羊 2～5 次，尿量 0.5～2 L；猪 2～3 次，尿量 2～5 L；马5～8 次，尿量 3～6 L，最高达 10 L。

四、诊断意义

1. 多尿和频尿

多尿是指总排尿量增加，表现排尿次数增多，而每次排尿量并不减少。见于肾小球滤过机能增强，如大量饮水后，一时性尿量增多；肾小管重吸收能力减弱（如慢性肾病）；渗出液吸收过程应用利尿剂；尿崩症、糖尿病等。

频尿表现排尿次数增多，而每次排尿量不多，甚至呈滴状排出，是由于膀胱或尿道黏膜受刺激而兴奋性增强的结果，见于膀胱炎、尿道炎、肾盂炎等。

2. 少尿和无尿

少尿是指总排尿量减少，表现排尿次数减少，排尿量亦减少。无尿亦称排尿停止。少尿和无尿常密切相关。按其病因一般可分为肾前性、肾原性及肾后性少尿或无尿。

(1)肾前性少尿或无尿　由于血浆渗透压增高和外周循环衰竭，肾血流量减少时所致。表现尿量轻度或中度减少，一般不出现完全无尿。见于脱水、休克、心力衰竭和组织内水分潴留等。

(2)肾原性少尿或无尿　由于肾脏泌尿机能高度障碍的结果，多由于肾小球和肾小管的严重病变所致。见于急性肾小球肾炎，各种慢性肾脏病（如慢性肾炎、肾盂肾炎、肾结核、肾结石等）引起的肾功能衰竭。

(3)肾后性少尿或无尿　主要由于尿路阻塞所致。见于肾盂，输尿管或尿道结石，炎性水肿或被血块、脓块阻塞等。

3. 尿潴留

肾脏泌尿机能正常，而膀胱充满尿液不能排出。尿液呈少量点滴状排出或完全不能排出。见于尿路阻塞（如尿道结石、尿道狭窄）、膀胱麻痹、膀胱括约肌痉挛及腰荐部脊髓损害。

4. 排尿失禁

排尿失禁的特点是病畜不取排尿姿势，尿液随意地、不时地排出。见于脊髓疾患、膀胱括约肌麻痹、脑病昏迷和濒死期的病畜。

5. 排尿痛苦

病畜在排尿过程中，有明显的疼痛表现或腹痛姿势，排尿时呻吟、努责、摇尾踢腹、回顾腹部和排尿困难等。不时取排尿姿势，但无尿排出，或呈滴状或呈细流状排出。多见于膀胱炎、尿道炎、尿道结石、生殖道炎症及腹膜炎。

6. 尿淋沥

尿淋沥是指排尿不畅，尿液呈点滴状或细流状排出，此种现象多是排尿失禁、排尿痛苦和神经性排尿障碍的一种表现，有时也见于老龄体衰、胆怯和神经质的动物。

操作二　泌尿器官检查

一、应用范围

用于动物肾脏、膀胱、输尿管、尿道疾病的检查。

二、用具材料

长臂手套、导尿管及猪、鸡、牛、羊、犬、猫等。

三、操作方法

(一)肾脏检查

1. 检查方法

(1)肾脏的位置　肾脏是一对实质性器官，位于脊柱两侧腰下区，右肾一般比左肾稍在前方。

①牛的肾脏具有分叶结构，左肾由系膜悬垂于第 3 到 5 腰椎横突下方，当瘤胃充满时，可完全移向右侧。右肾呈长椭圆形，位于第 12 肋间及第 2 到 3 腰椎横突的下方。

②羊的肾脏表面光滑，不分叶，右肾位于第 1 到 3 腰椎横突的下面，左肾位于第 4 到 6 腰椎横突的下面。

③猪的肾脏左右两肾几乎呈相对位置，均位于第 1 到 4 腰椎横突的下面。

(2)肾脏的检查方法　对大家畜的肾脏一般根据症状表现，采取触诊和叩诊等进行检查，大家畜可行外部触诊和直肠触诊。外部触诊可用双手在腰肾区捏压或用拳捶击，亦可施行叩诊，中、小动物(如绵羊、山羊、犬、猫和兔等)肾脏的触诊检查，可在腰肾区腰椎横突下方用两手手指前后滑动触诊，拇指常置于腰椎横突上方。猪因皮下脂肪厚，腹壁又紧张，故肾脏难于触诊。诊断肾脏疾病最可靠的方法还是尿液检验。

2. 诊断意义

(1)症状观察 临床检查中，当发现排尿异常，排尿困难及尿液的性状发生改变时，应重视泌尿器官，特别是肾脏的检查。如患某些肾脏疾病(急性肾炎、化脓性肾炎等)时，由于肾脏的敏感性增强，肾区疼痛明显，病畜除出现排尿障碍外，常表现腰脊僵硬，弓起(图 6-1)，运步小心，后肢向前移动迟缓。牛有时腰肾区呈膨隆状。猪患肾虫病时，弓背，后躯摇摆。此外，应特别注意肾性水肿，通常多发生于眼睑、肉髯、腹下、阴囊及四肢下部。

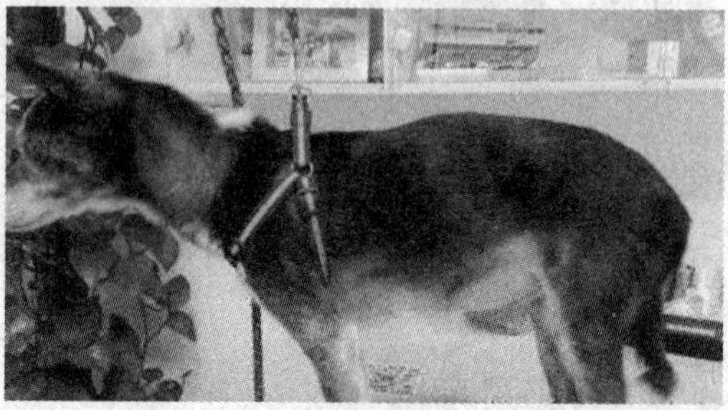

图 6-1 排尿困难病畜表现腰背僵硬、弓起

(2)触诊 观察有无疼痛反应，如表现不安，弓背，摇尾或躲避压迫等，则可能与肾脏敏感性增强有关，多为急性肾炎或有肾损害的可能。直肠内触诊肾脏，可感觉其大小、形状、硬度、敏感性及表面是否光滑等。肾脏正常时，触诊坚实，表面光滑，没有疼痛反应。肾脏表面粗糙不平、增大、坚硬，见于肾硬化、肾肿瘤和肾盂结石等；肾脏体积增大，触诊敏感疼痛，见于急性肾炎、肾盂肾炎等；肾脏体积缩小比较少见，多因肾萎缩或间质性肾炎造成。

(二)肾盂和输尿管检查

肾盂位于肾门之内的肾窦中。输尿管起自肾盂，止于膀胱，是一对细长的管道。肾盂和输尿管检查，大家畜可通过直肠内进行触诊。如触诊肾门，病畜疼痛明显，见于肾盂炎，发现一侧或两侧肾门部肿大，呈现波动，有时还发现输尿管扩张，提示肾盂积水。健康动物的输尿管很细，经直肠检查难于触及。如触到手指粗的索状物，紧张有压痛，见于输尿管炎。在肾盂部或输尿管结石时，可触到坚硬的石块和结石相互摩擦的感觉，肾盂结石比输尿管中的结石稍大，同时病畜呈现疼痛反应。

(三)膀胱检查

1. 检查方法

检查膀胱，大家畜只能行直肠触诊。注意其位置、大小、充满度、紧张度、厚度及敏感性。健康马、牛膀胱内无尿时，触诊呈柔软的梨形体，如拳大。膀胱充满尿液时，壁变薄，紧张而有波动性，呈轮廓明显的球形体，可占据整个骨盆腔。小动物可将手指伸入直肠进行触诊，亦可由腹壁外进行触诊。腹壁外触诊，使动物取仰卧姿势，用一手在腹中线处由前向后触压，也可用两手分别由腹部两侧，逐渐向体中线压迫，以感知膀胱。小动物膀胱充满时，在下腹壁耻骨前缘触到一个有弹性的光滑球形体，过度充满时可达脐部。

2. 诊断意义

膀胱为储尿器官，上接输尿管，下和尿道相连。大家畜的膀胱位于骨盆腔底部，小动物的膀胱比较靠前，位于耻骨联合前方的腹腔底部。

病理情况下，膀胱可能出现下列变化。

(1)膀胱过度充满　特点是膀胱剧烈增大，紧张性显著增高，充满于整个骨盆腔并伸向腹腔后部。多见于膀胱麻痹、膀胱括约肌痉挛、膀胱出口或尿道阻塞。因膀胱麻痹引起的过度充满，按压膀胱时有尿排出，停止压迫则排尿停止；因膀胱括约肌痉挛引起者，导尿管在膀胱颈部伸入困难。

(2)膀胱空虚　因肾功能不全或膀胱破裂造成。膀胱破裂后患畜长期停止排尿，腹腔积尿，下腹膨大，腹腔穿刺排出大量淡黄、微浑浊、有尿臭气味的液体，或为污红色、浑浊的液体，常伴发腹膜炎，有时皮肤散发尿臭味。

(3)膀胱压痛　多见于急性膀胱炎和膀胱结石。膀胱炎时，膀胱多空虚，但可感到膀胱壁增厚。膀胱结石时多伴有尿潴留，但在不太充满的情况下，可触到坚硬的硬块物或沙石样结石。

(四)尿道检查

母畜尿道较短，开口于阴道前庭的下壁，可将手指伸入阴道，在其下壁直接触摸到尿道外口，亦可用开膣器对尿道口进行视诊，还有尿道探诊。母畜常发生炎症变化。

公畜尿道，对其位于骨盆腔内的部分，连同贮精囊和前列腺进行直肠内触诊。对位于坐骨弯曲以下的部分，进行外部触诊。尿道的常见异常变化是尿道结石，多见于公牛、公羊和公猪。此外，还有尿道炎、尿道损伤、尿道狭窄、尿道阻塞等。

【项目小结】

泌尿系统检查，密切结合尿液实验室检测，在临床诊断中主要检查排尿动作、次数、尿量、泌尿器官的临床检查等，要将临床诊断与实验室诊断有机结合起来综合诊断，才能获得较为正确的诊疗结果。

【复习思考题】

1. 排尿动作的检查方法有哪些？

2. 排尿次数与尿量的检查方法有哪些？

3. 泌尿器官的临床诊断方法有哪些？

实操项目七 剖检诊断

【知识目标】

掌握猪、鸡尸体剖检技术。了解尸体剖检的意义。在尸体剖检过程中能对尸体外观做正确的专业术语描述。

【技能目标】

掌握猪、鸡尸体剖检的术式、步骤及临床诊断意义。能做好尸体剖检的准备。掌握常见动物尸体剖检的注意事项。在尸体剖检过程中能对尸体外观做正确的描述。

操作一 鸡的剖检检查

一、应用范围

鸡病的临床诊断。

二、用具材料

解剖剪、解剖盘、消毒液、洗手盆、毛巾、待检禽等。

三、操作方法

(一)外部检查

1. 检查天然孔

注意口(图 7-1)、鼻(图 7-2)、眼(图 7-3)有无异常的分泌物,分泌物的量及性状;注意泄殖腔(图 7-4)周围羽毛有无异常粪便污染,泄殖腔黏膜的变化及内容物的性状等。

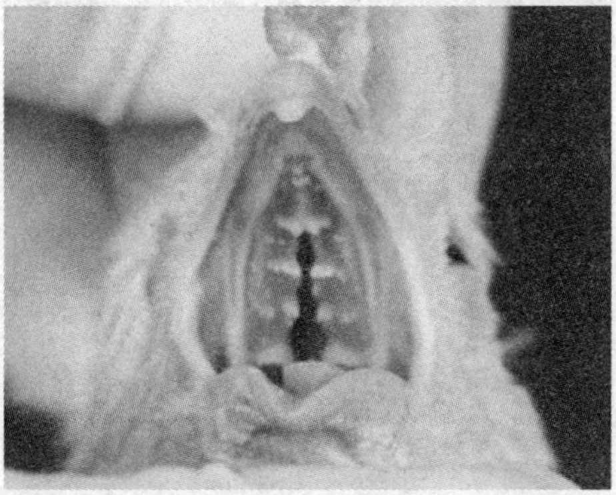

图 7-1 口腔检查

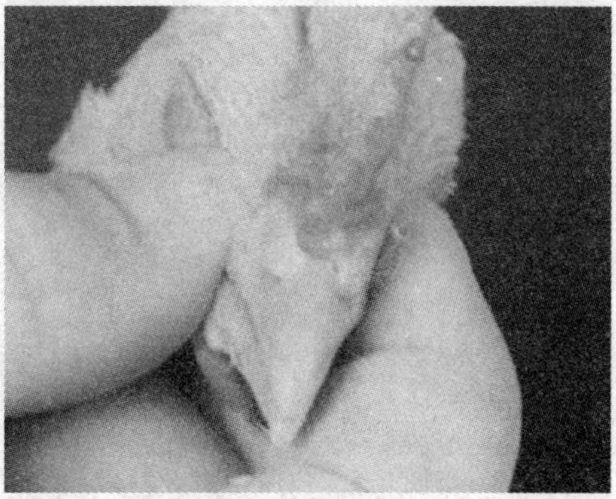

图 7-2 鼻检查

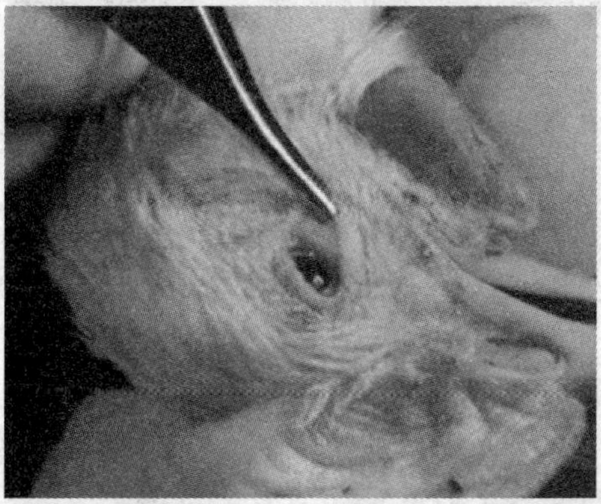

图 7-3 眼检查

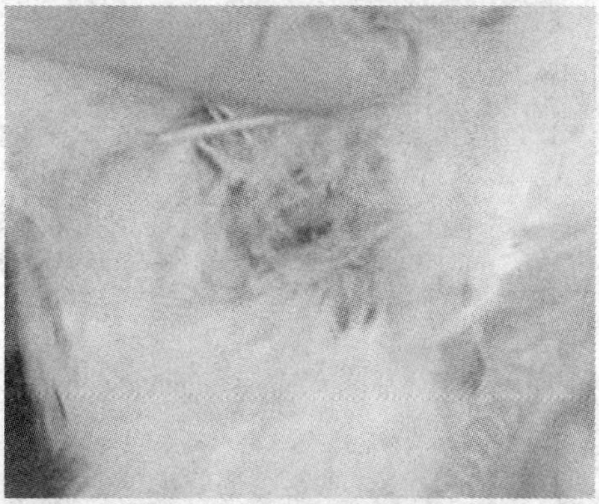

图 7-4 泄殖腔检查

2. 检查皮肤

注意头、冠、肉髯及身体其他部位的皮肤有无痘疹或结痂等(图 7-5 至图 7-8);是否发生腐败;检查家禽的趾爪(图 7-9、图 7-10),注意有无赘生物、外伤、化脓、失水及胫骨有无变软等。

3. 检查羽毛

检查有无外寄生虫,如虱、螨等。

4. 检查各关节及龙骨

注意各关节有无肿胀、变形(图 7-11)以及长骨、龙骨有无变形、弯曲等表现(图 7-12)。

5. 检查病禽的营养状态

触摸感觉病禽胸肌厚薄及龙骨的突显情况,初步判定家禽的营养情况。

图 7-5 皮肤检查

图 7-6 鸡冠黄染

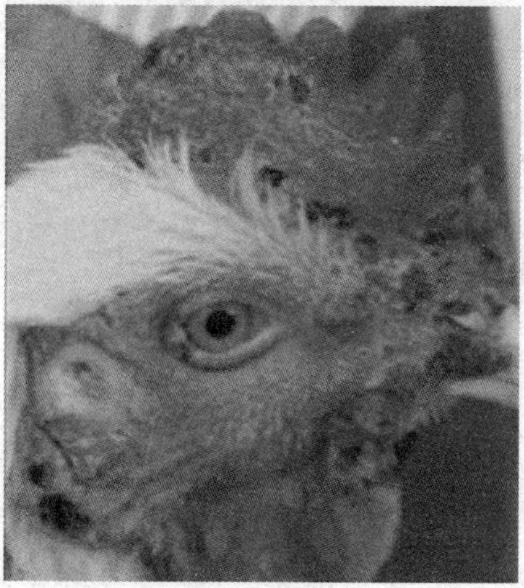

图 7-7 鸡痘

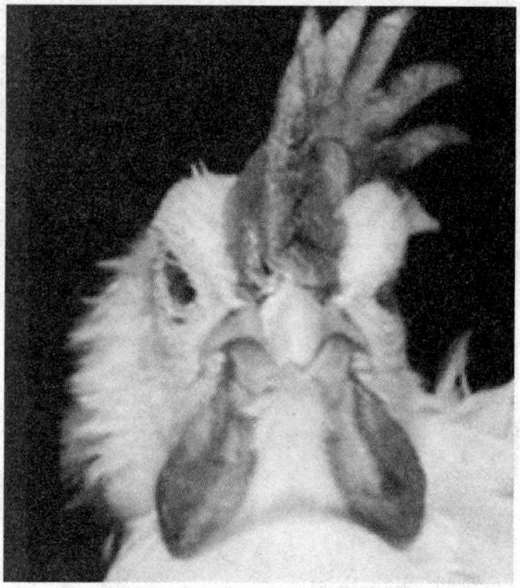

图 7-8 鸡冠肿大出血

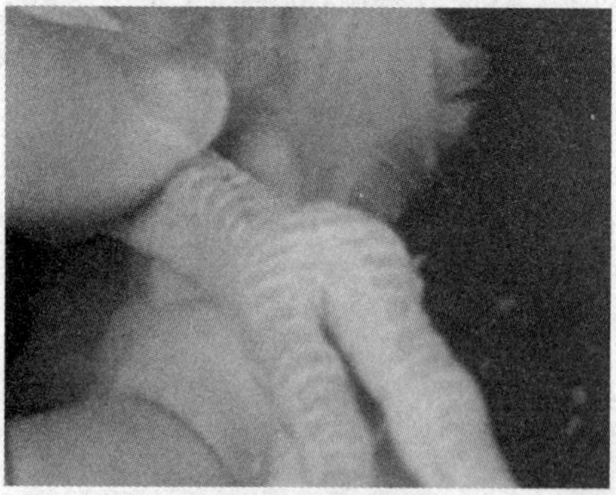

图 7-9 脚爪检查

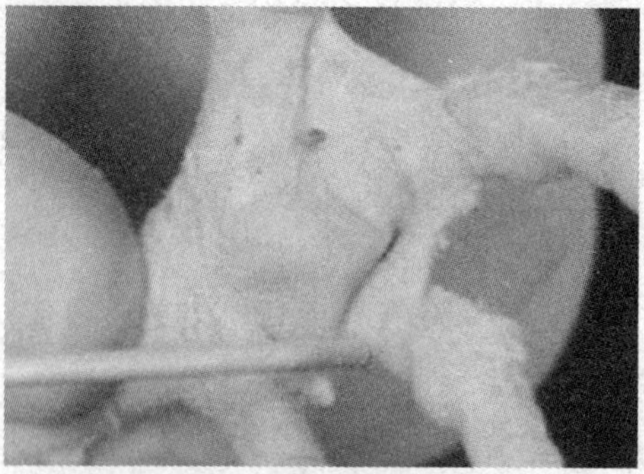

图 7-10 足底检查

图 7-11 检查关节

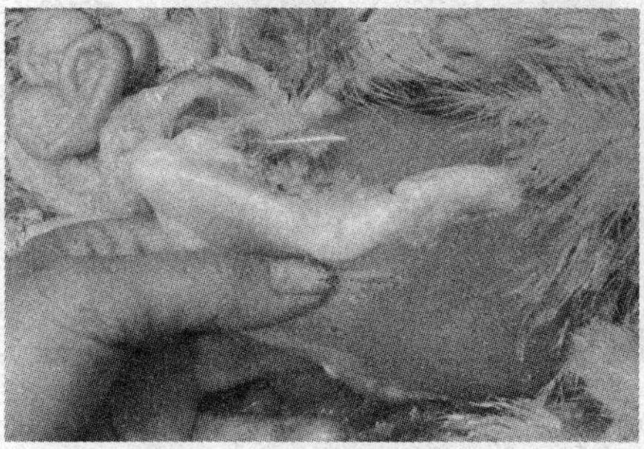

图 7-12 检查龙骨弯曲

(二)处死方法

1. 在寰枕关节处使头与关节断离

这种方法是最好的方法,采用这种方法不必割破皮肤,可防止鸡血液四溅。左手握住鸡的双腿和翼梢,右手抓住鸡头,放在食指与中指之间,拇指抵在头后部,把鸡头向后方与颈部呈直角的方向用力屈折。

2. 注射空气法

用带 18 号针头的注射器,把针头从胸口插入 3.5～4 cm 到心脏,注入 10～25 mL 空气。

3. 颈侧动脉放血

这种方法会影响血液循环障碍的检查。

(三)内部检查

(1)消毒 用消毒水将禽体羽毛浸湿(图 7-13),防止病原扩散及避免羽毛飞扬和粘手而影响操作。

(2)剪开皮肤 用剪刀将股内侧连接腹侧的皮肤剪开,将两大腿向外和下方翻压,直至髋关节脱臼,露出股骨头,使禽体仰卧放置于瓷盆上。

(3)检查胸肌与腹肌 沿大腿与腹侧皮肤切口,剥离皮肤,暴露腿内侧肌群与膝关节。横向剪开腹部皮肤,使切口与上述股侧皮肤切口相连,握住游离皮肤(图 7-14),向前一直剥离到锁骨部,胸部皮肤向头侧掀剥,腹部皮肤向后翻开,暴露并检查胸肌与腹肌,检查皮下组织和胸肌、腹肌、腿部肌肉及坐骨神经的状态(图 7-15)。

图 7-13 消毒水浸泡待检鸡

图 7-14 初步显露胸、腹、腿部皮下组织和肌肉

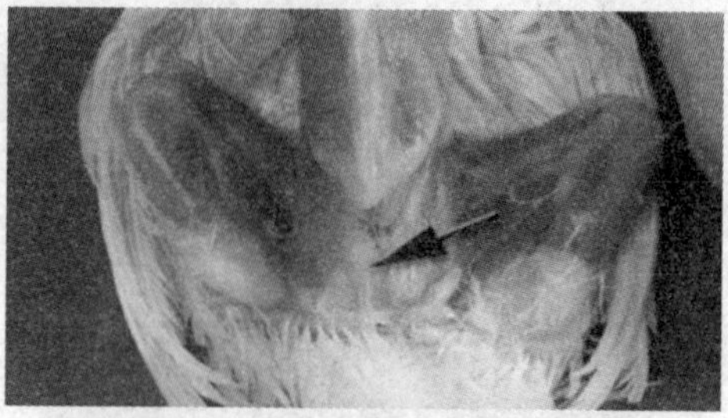

图 7-15 完全显露胸、腹、腿部皮下组织和肌肉

(4)打开胸腔与腹腔 在胸骨突下缘横向剪开腹肌、腹膜(图 7-16),沿切口从两侧自后向前剪断两侧肋骨(图 7-17、图 7-18)、乌喙骨、锁骨(图 7-19),然后握住龙骨突的后缘用力向上前方翻拉,揭开胸骨,便可打开胸腔,再从胸骨后端沿腹中线至泄殖腔纵行切开腹壁肌肉,向两侧拉开肌肉暴露腹腔。

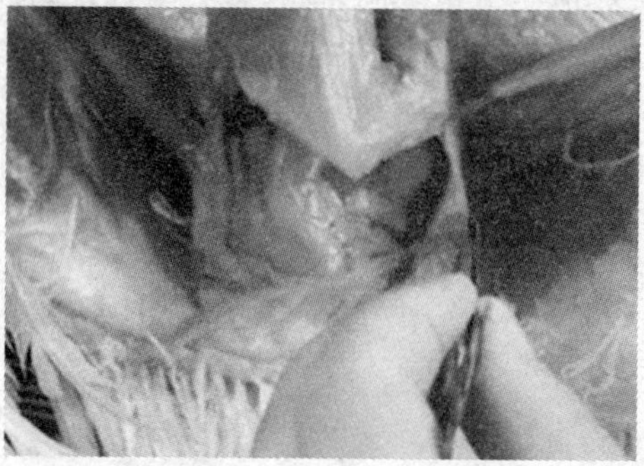

图 7-16 剪开腹壁肌肉

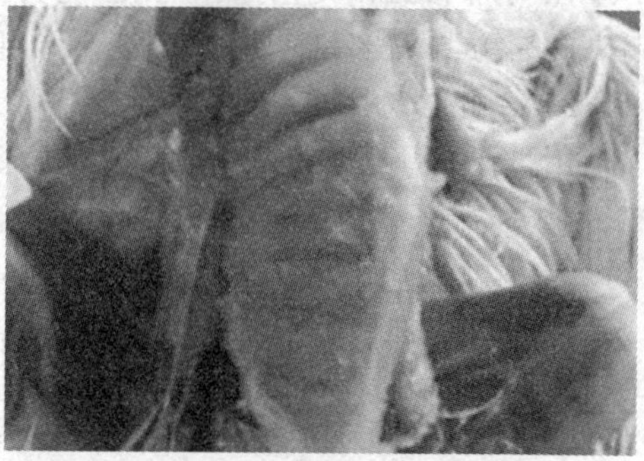

图 7-17 剪开右侧胸壁肋骨

图 7-18 剪开左侧胸壁肋骨

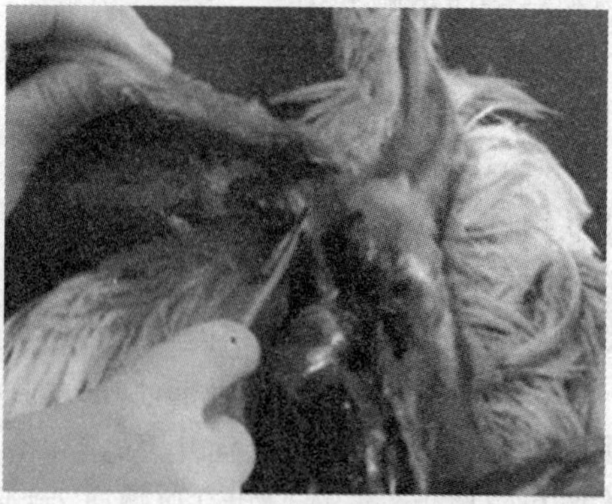

图 7-19 剪断乌喙骨和锁骨

(5)检查器官　剖开体腔后,注意有无积水、渗出物或血液,同时观察各器官位置有无异常(图 7-20)。注意检查各部位的气囊(图 7-21)。气囊由浆膜构成,正常时透明菲薄,有光泽。如发现气囊浑浊、增厚,或表面被覆有渗出物或增生物,均为异常状态。

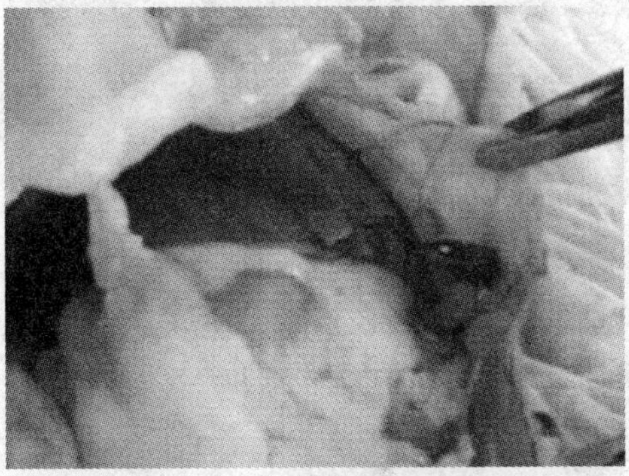

图 7-20　观察各器官位置

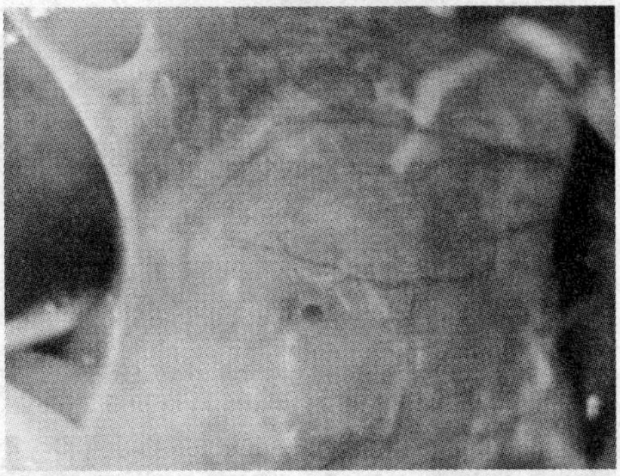

图 7-21　检查气囊

(6)取出内脏器官

①首先把肝脏与其他器官连接的韧带剪断,再将脾脏、胆囊随同肝脏一块摘出(图 7-22、图 7-23)。

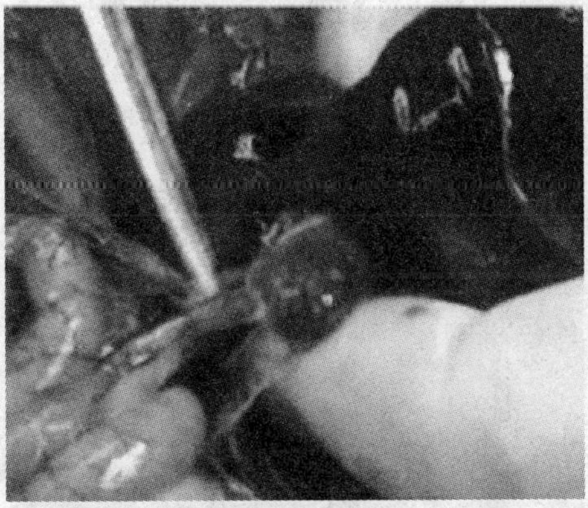

图 7-22　取出肝

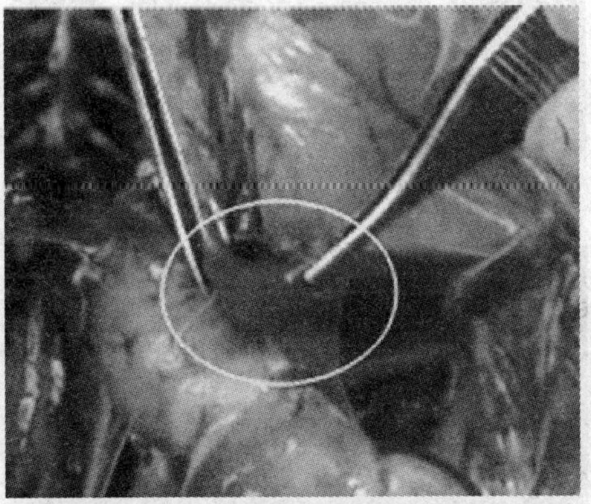

图 7-23　取出脾

②接着,把食道与腺胃交界处剪断,将腺胃、肌胃和肠管及胰腺一同取出体腔,直肠可以不剪断。相关细节和检查见图 7-24 至图 7-30。

③剪开卵巢系膜,将输卵管与泄殖腔连接处剪断,把卵巢和输卵管取出。雄鸡剪断睾丸系膜,取出睾丸。

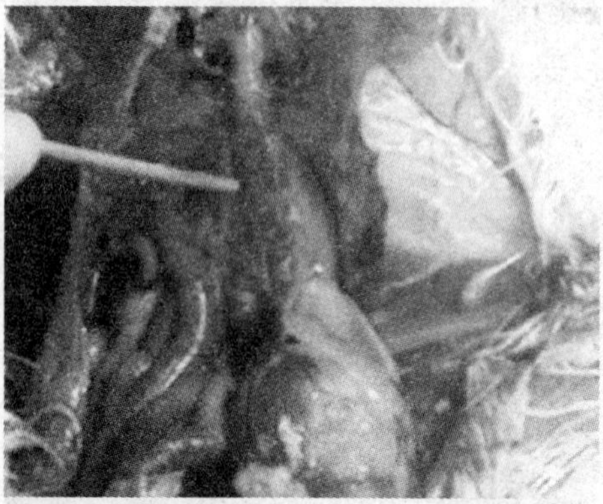

图 7-24 食道与腺胃交界处

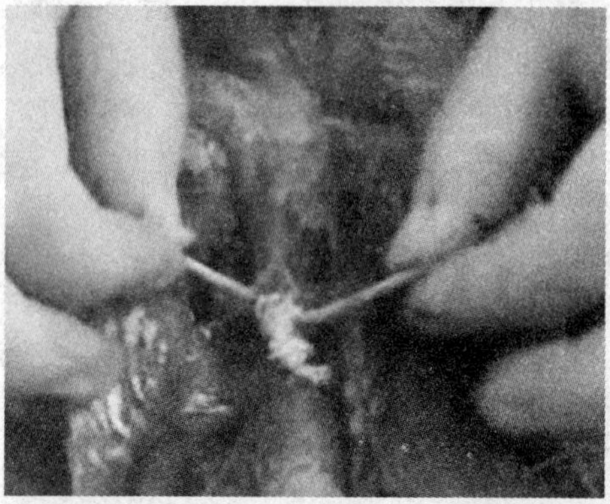

图 7-25 结扎

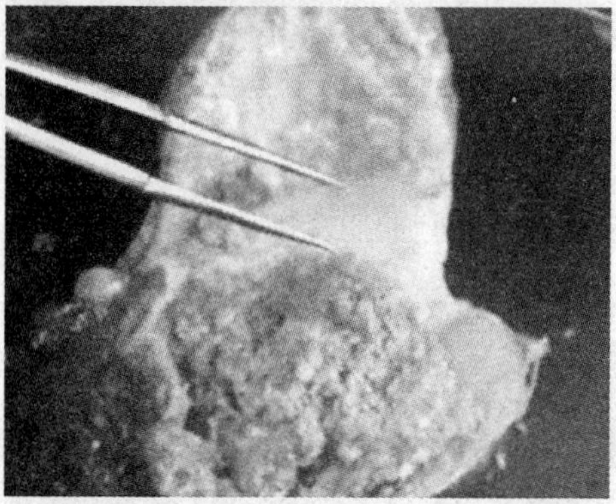

图 7-26 腺胃检查

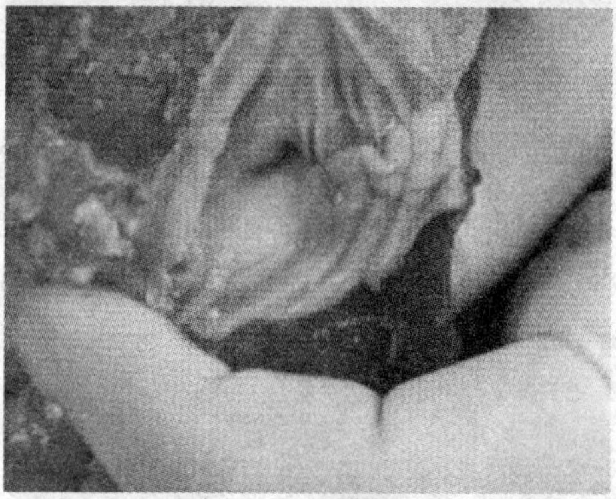

图 7-27 肌胃黏膜检查

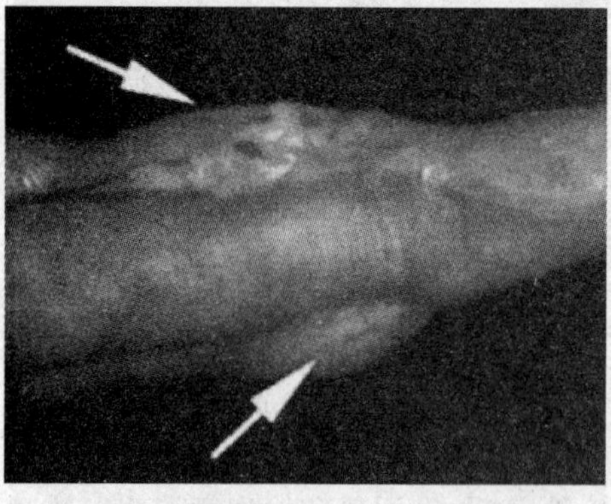

图 7-28 盲肠扁桃体的检查

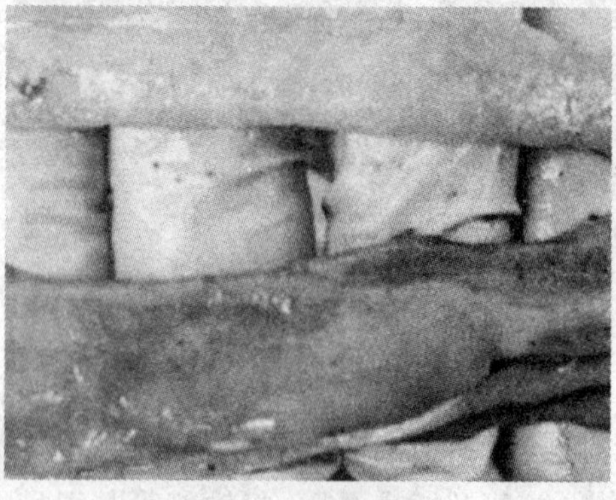

图 7-29 肠道检查

④用器械柄钝性剥离肾脏(图 7-31),从脊椎骨深凹中取出。肾和输尿管一般做原位检查。

⑤剪断心脏的动脉、静脉,取出心脏(图 7-32)。

⑥用刀柄钝性剥离肺脏,将肺脏从肋骨间摘出(图 7-33)。

⑦把直肠拉出腹腔,露出位于泄殖腔背面的圆形法氏囊,剪开与泄殖腔连接处。法氏囊便可摘出,也可原位切开检查(图 7-34)。

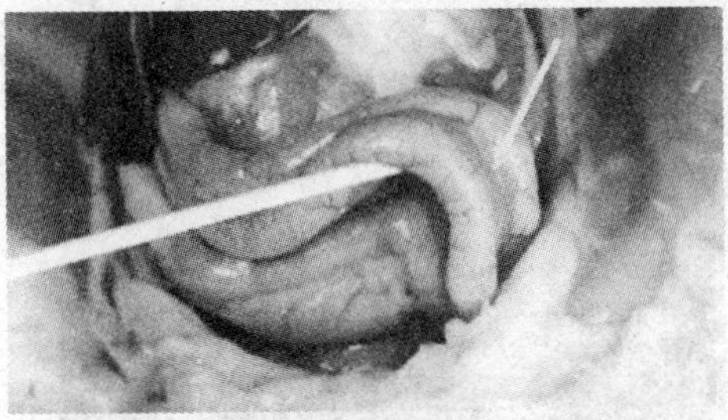

图 7-30 胰腺检查

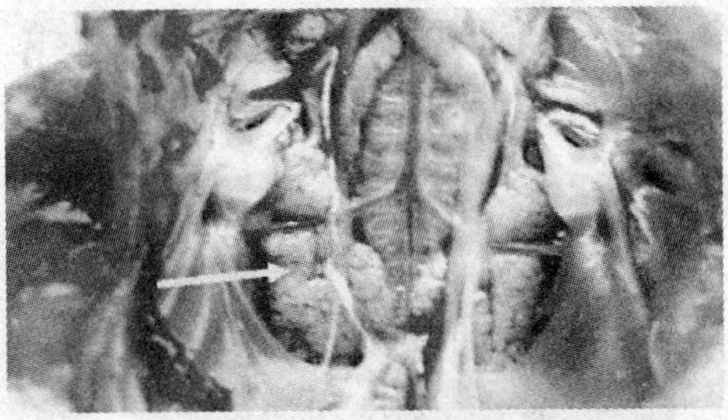

图 7-31 正常肾脏

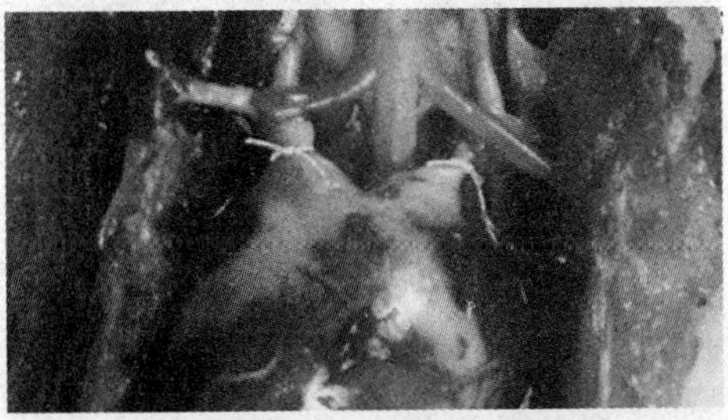

图 7-32 结扎后取出心脏

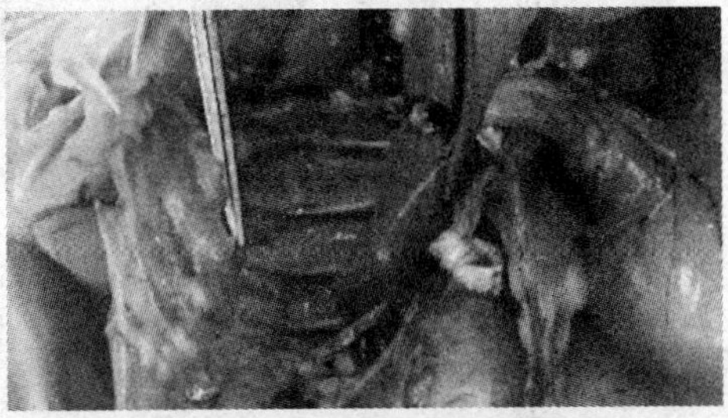

图 7-33 钝性剥离肺脏

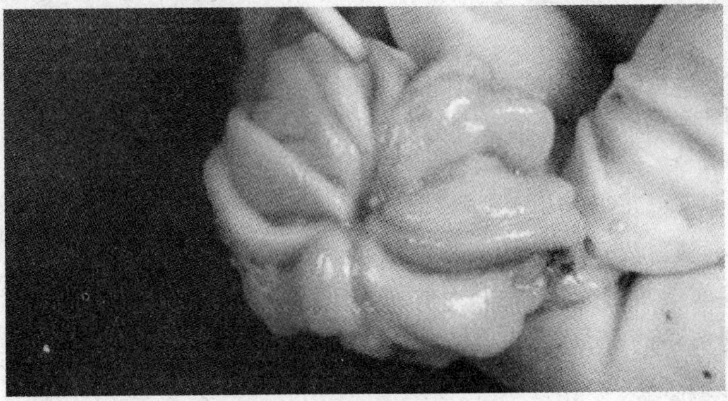

图 7-34 法氏囊黏膜褶

(四)颈部检查

剪开一侧嘴角,检查口腔(图 7-35),注意舌、咽、喉、上腭裂和黏膜病变(图 7-36)。从嘴侧切口向胸部纵行切开颈部皮肤,检查胸腺、食管和气管外观以及两侧迷走神经。纵行切开食管、嗉囊、咽喉和气管(图 7-37),注意内容物性状、气味、色泽和黏膜病变。在眼与鼻孔之间用骨剪横断上喙,检查鼻腔,轻压鼻部,可检查鼻腔有无内容物。暴露眶下窦(切开眼下和嘴角上的皮肤,看到的空腔就是眶下窦)开口前端。用灭菌剪刀沿开口做侧面纵向剪开窦外壁,检查窦内容物,如果需要可做病原培养。

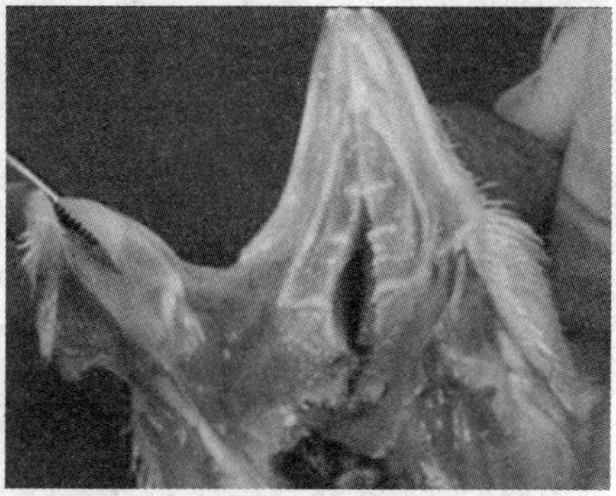

图 7-35 口腔检查

图 7-36 舌、咽、喉、上腭裂和黏膜病变检查

(五)头部检查

1. 眼部检查

主要观察眼的角膜有无异常变化及眼结膜有无出血或溃疡等。

2. 鼻窦部检查

沿额面经鼻孔剪开 1～3 cm 切口,将切口用手分开即可见鼻窦,观察其有无出血或渗出物的特性。

3. 脑部检查

用剪刀将头部皮肤剪开(图 7-38),以尖剪将整个额骨、颅顶骨剪除(图 7-39),暴露大脑和小脑。先观察脑膜血管的状态,脑膜下有无水肿和积液,然后再以钝器轻轻拨离,将前端嗅脑、脑下垂体及视神经交叉等部逐一剪断,将整个大脑和小脑摘出,观察脑实质的变化(图 7-40)。

(六)神经检查

在颈椎的两侧,沿食道两旁可以找到迷走神经。位于大腿两侧,剥离内收肌即可露出坐骨神经。用钝剥离法将脊柱两侧的肾脏摘出，便能显露出腰荐神经丛。将鸡背朝上，剪开肩胛和脊柱之间的皮肤(第1肋骨基部与最后颈椎间)剥离肌肉，即可看到臂神经丛。用骨刀纵切股骨检查骨髓，切开胫骨近端骨髓，检查软骨化骨情况。观察神经干外膜有无水肿、出血及神经干的粗细是否均匀等。

图 7-37 气管检查

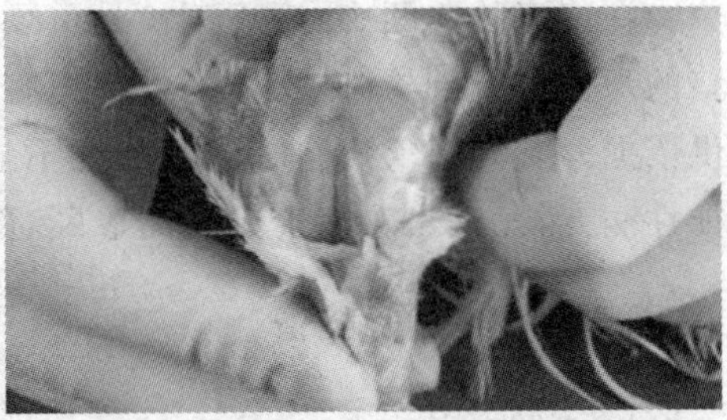

图 7-38 剪开头部皮肤

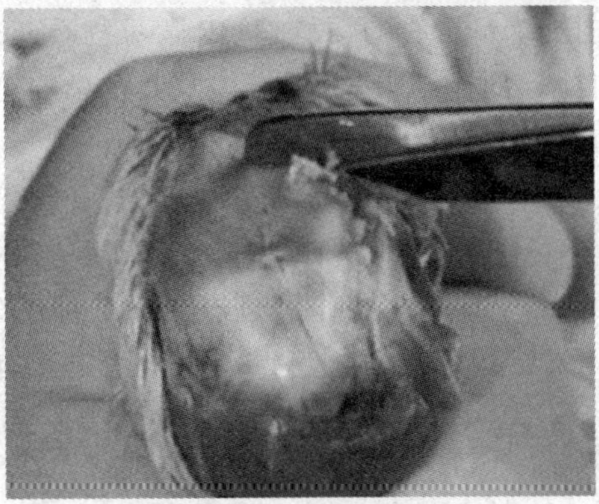

图 7-39 剪除颅顶骨

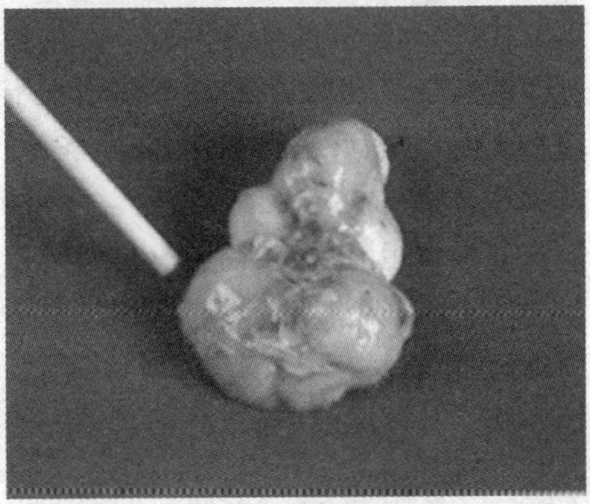

图 7-40 取出脑组织

四、注意事项

①剖检的场地应尽量远离行人、水源、禽舍，并选择易于消毒的地方，避免由于剖检造成病原扩散。

②剖检前后运载病、死禽，应采用密封容器，避免沿途遗漏病禽羽毛、分泌物及排泄物等。准备好需用的器具及消毒药，穿戴好工作服，戴上手套。

③剖检完毕，应将尸体深埋或焚化，或做其他无害化处理。对剖检场地及器械要随手洗净、消毒。剖检者的手洗净后用酒精擦干，有条件时应洗澡更衣。

④剖检的时间越早越好，死后时间过长，不利于观察病变。

⑤在剖检时，要了解死禽的来源、病史、症状、治疗经过及防疫情况。

操作二　猪的剖检检查

在猪病的诊断中，病理剖检是重要的诊断方法之一。通过对病猪或因病死亡猪的尸体进行剖检，观察体内各组织脏器的病理变化，根据其病理变化，为确诊提供依据。有许多疾病在临床上往往不显示任何典型症状，而剖检时却有一定的特征性病变，尤其是对猪传染病的诊断，剖检更是不可缺少的重要诊断方法。

一、剖检前的准备

1. 剖检场地

剖检最好在室内进行，若因条件所限需在室外剖检时，应选择距猪舍、道路和水源较远，地势高的地方剖检。在剖检前先挖 2 m 左右的深坑，坑内撒一些石灰。坑旁铺上垫草或塑料布，将尸体放在上面剖检。剖检结束后，把尸体及其污染物掩埋在坑内，并做好消毒工作，防止病原扩散。

2. 剖检的器械及药品

剖检常用的器械有剥皮刀、解剖刀、大小手术剪、镊子、骨锯、凿子、斧子、量尺、量杯、天平、搪瓷盘、桶、酒精灯、注射器、载玻片、广口瓶、工作服、胶手套、胶靴等。消毒药有 3%来苏儿、0.1%新洁尔灭、百毒杀、易克林及含氯消毒剂等。固定液有 10%福尔马林溶液、95%酒精。

二、操作方法

(一)体表检查

尸体解剖前，先全面了解死猪的生前情况，尤其是比较明显的临床症状，以缩小对所患疾病的考虑范围，使剖检有一定导向性。体表检查先注意品种、性别、年龄、毛色、体重及营养状况，再进行死后征象、天然孔、皮肤和体表淋巴结的检查。

1. 死后征象

猪死后会发生尸冷、尸僵、尸斑、腐败等现象。根据这些现象可以大致判定猪死亡的时间、死亡时的体位等。

2. 天然孔

检查口腔、鼻、眼、耳、肛门、生殖器等有无出血、分泌物、渗出物和排泄物(图 7-41 至图 7-46)，以及可视黏膜的色泽，有无出血、水疱、溃疡、结节、假膜等病变。

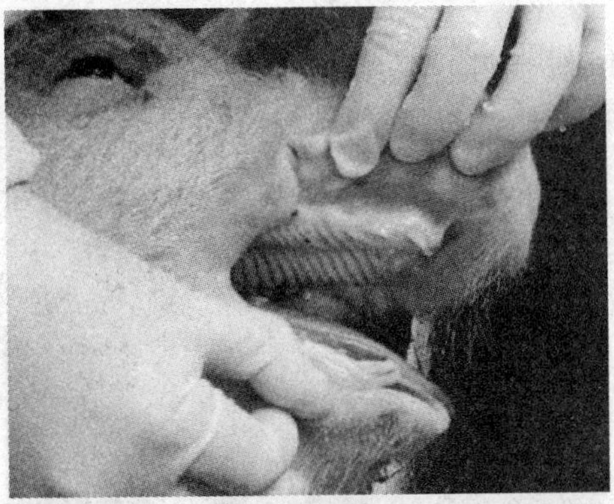

图 7-41 口腔检查

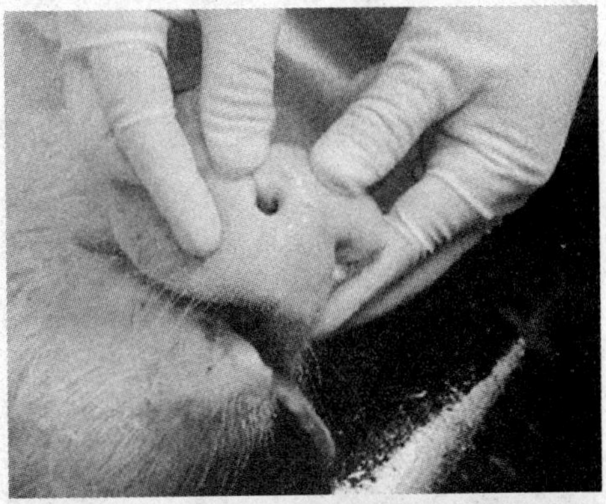

图 7-42 鼻的检查

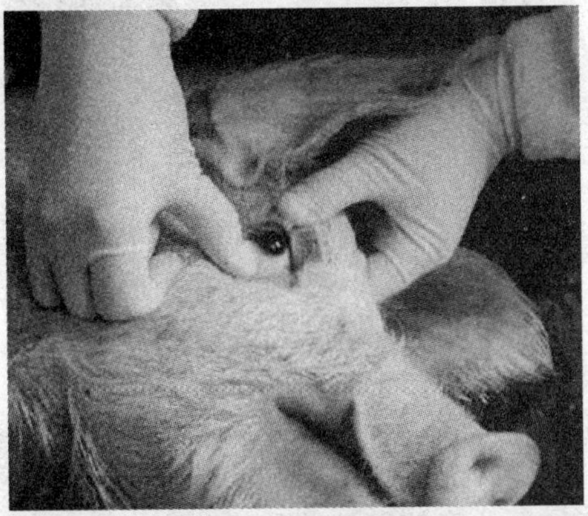

图 7-43 眼的检查

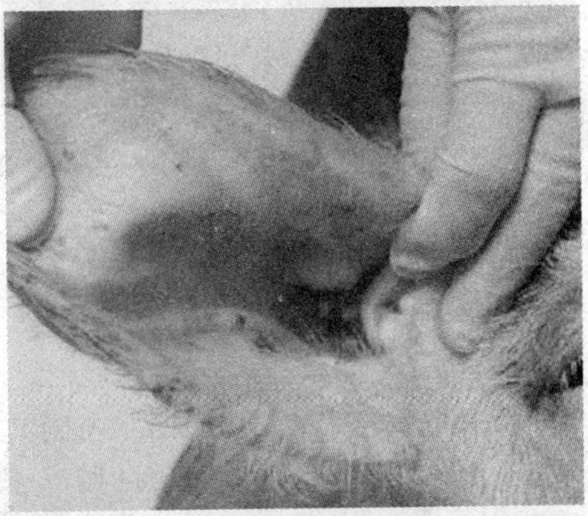

图 7-44 耳的检查

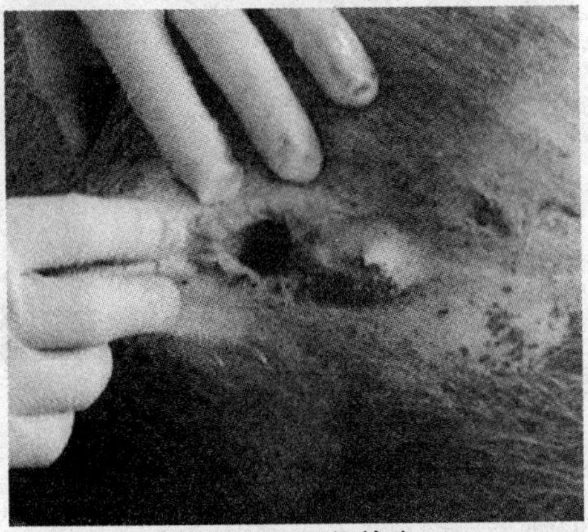

图 7-45 肛门检查

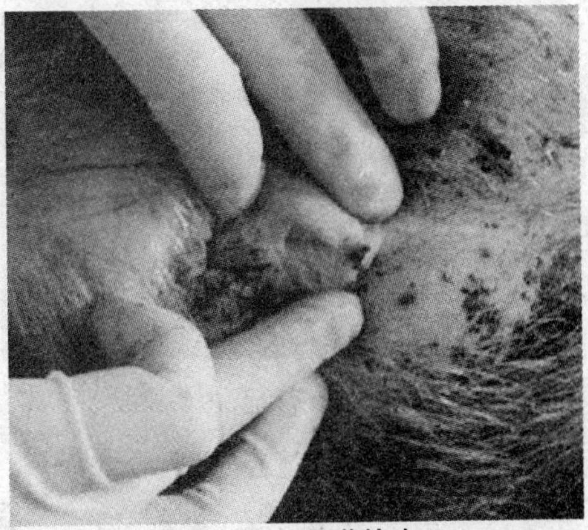

图 7-46 阴道检查

3. 皮肤

检查皮肤的色泽，有无充血、出血、创伤、炎症、溃疡、结节、脓疱、肿瘤、水肿等病变，有无寄生虫和粪便黏着等情况(图 7-47)同时，应注意检查蹄部(图 7-48)。

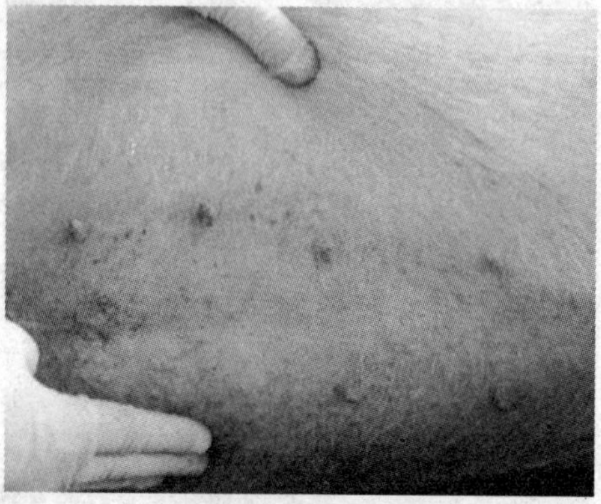

图 7-47 皮肤检查

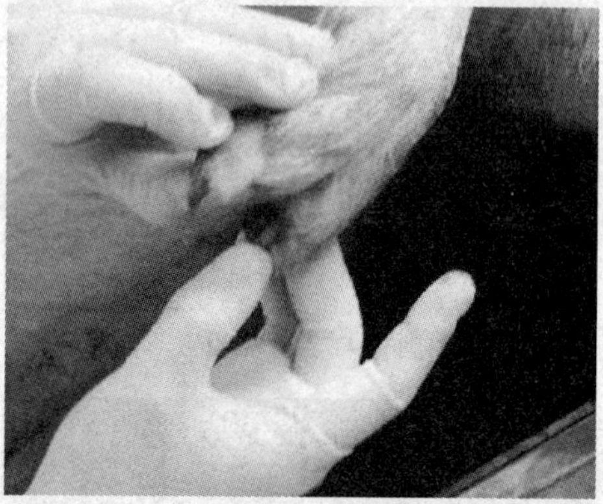

图 7-48 蹄的检查

4. 体表淋巴结

检查淋巴结有无肿大、硬结。

(二)内部检查

采用背位姿势，先切断四肢内侧的所有肌肉和髋关节的圆韧带，使四肢平摊在地上，以抵住躯体，保持不倒(图 7-49)。然后再从颈、胸、腹的正中切开皮肤(图 7-50)，腹侧剥皮，然后再切断四肢内侧肌肉，使尸体保持背位。

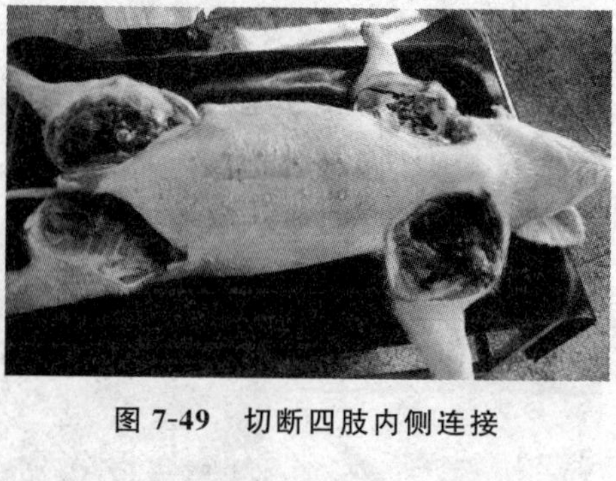

图 7-49 切断四肢内侧连接

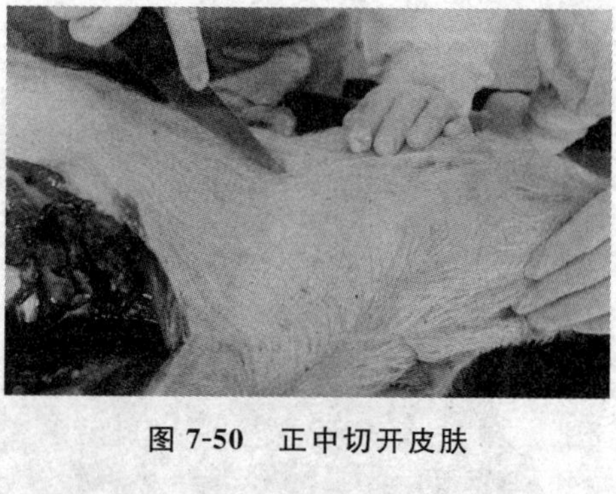

图 7-50 正中切开皮肤

1. 皮下检查

检查皮下有无充血、炎症、出血、瘀血、水肿等病变(图 7-51 和图 7-52)。

2. 腹腔及腹腔脏器的检查

从剑状软骨后方沿腹白线由前向后，切开腹壁(图 7-53)直至耻骨联合前缘，观察腹腔中有无渗出物及其颜色、性状和数量；观察腹膜及腹腔器官浆膜是否光滑(图 7-54 为纤维素性腹膜炎)，肠壁有无粘连，再沿肋骨弓将腹壁两侧切开，使腹腔器官全部暴露。先取出脾脏与网膜，其次为空肠、回肠、大肠、胃和十二指肠等。腹腔中所有内脏器官都应逐一检查。

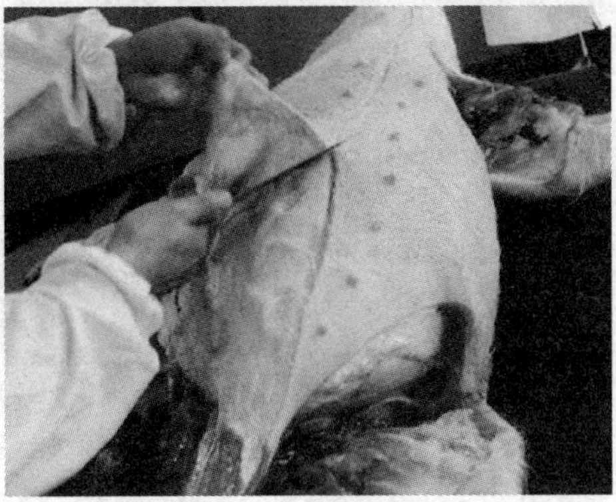

图 7-51 皮下检查

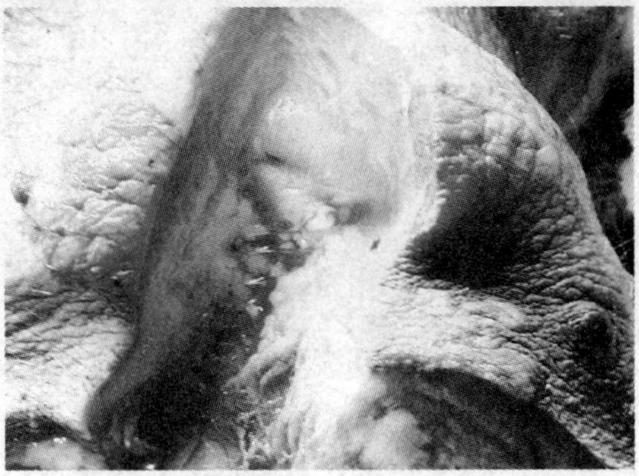

图 7-52 皮下水肿

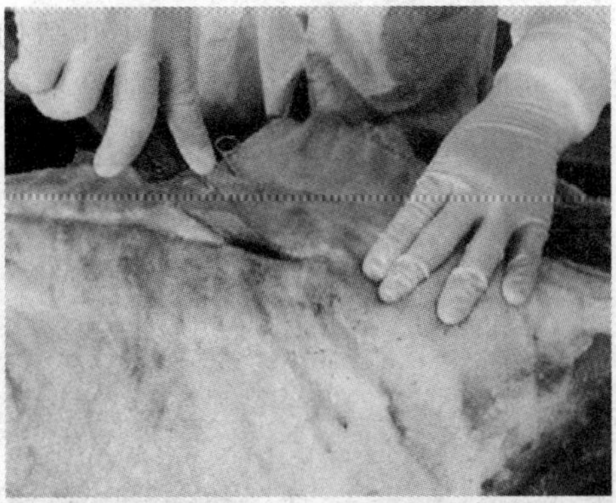

图 7-53 切开腹壁

图 7-54 纤维素性腹膜炎

(1)脾脏 脾脏摘出(图 7-55)后，检查脾门部血管和淋巴结，观察其大小、形态和色泽。观察包膜的紧张度，有无肥厚、梗死、脓肿及瘢痕形成。用手触摸脾的质地(坚硬、柔软、脆弱)，然后做一两个纵切(图 7-56)，检查脾髓、滤泡和脾小梁的状态，看有无结节、坏死、梗死和脓肿等。以刀背刮切面，检查脾髓的质地。患败血症的脾脏，常显著肿大，包膜紧张，质地柔软，暗红色，切面突出，结构模糊，往往流出多量煤焦油样血液。脾脏瘀血时，脾也显著肿大变软，切面有暗红色血液流出。患增生性脾炎时脾稍肿大，质地较实，滤泡常显著增生，其轮廓明显。萎缩的脾脏，包膜肥厚皱缩，脾小梁纹理粗大而明显。

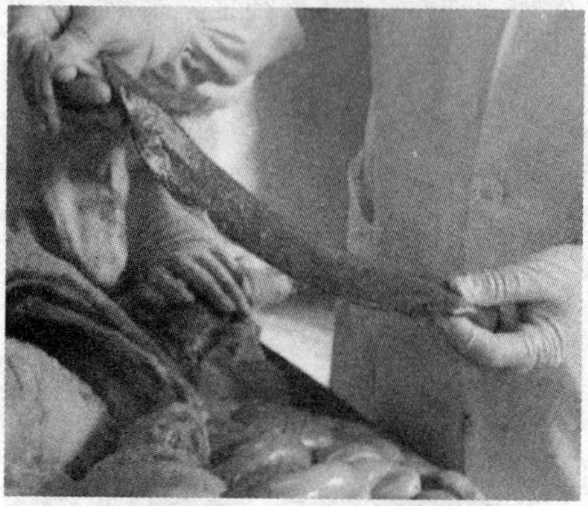

图 7-55 脾脏摘出

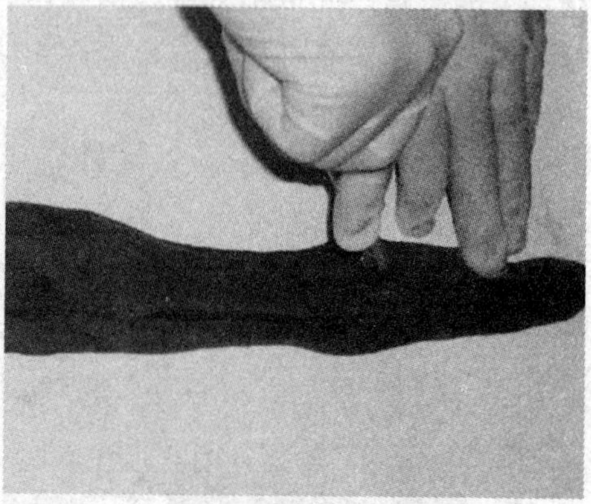

图 7-56 脾脏切开

(2)肝脏 取出肝脏(图 7-57)，先检查肝门部的动脉、静脉、胆管和淋巴结，然后检查肝脏的形态、大小、色泽、包膜性状，有无出血、结节、坏死等，最后切开肝组织(图 7-58)，观察切面的色泽、质地和含血量等情况，切面是否隆突，肝小叶结构是否清晰，有无脓肿、寄生虫性结节和坏死等。同时应注意胆囊的大小，胆汁的性状、数量以及黏膜的变化(图 7-59)。

图 7-57 肝脏摘出

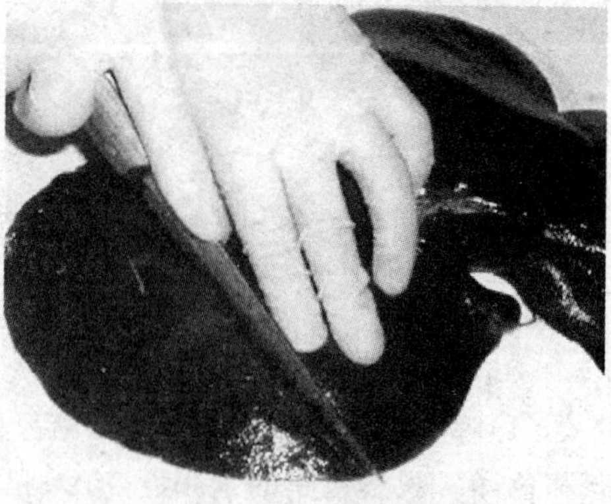

图 7-58 肝脏切开

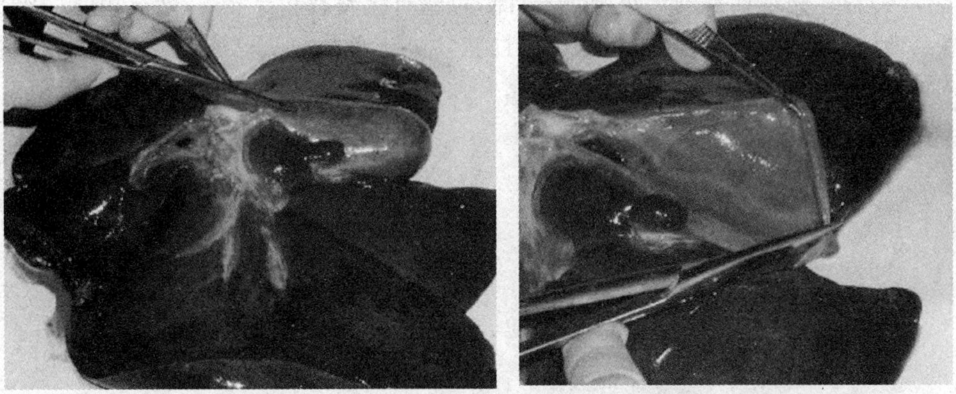

图 7-59 胆囊切开检查

(3)肾脏 取出肾脏(图 7-60),检查肾脏的形态、大小、色泽和韧度。注意包膜的状态,是否光滑透明和容易剥离。包膜剥离后,检查肾表面的色泽,有无出血、充血、瘢痕、梗死等病变。然后沿肾脏的外侧面向肾门部将肾脏纵切为相等的两半(图 7-61),检查皮质和髓质的厚度、色泽、交界部血管状态和组织结构纹理(图 7-62)。最后检查肾盂,注意其容积,有无积尿、积脓、结石等,以及黏膜的性状。

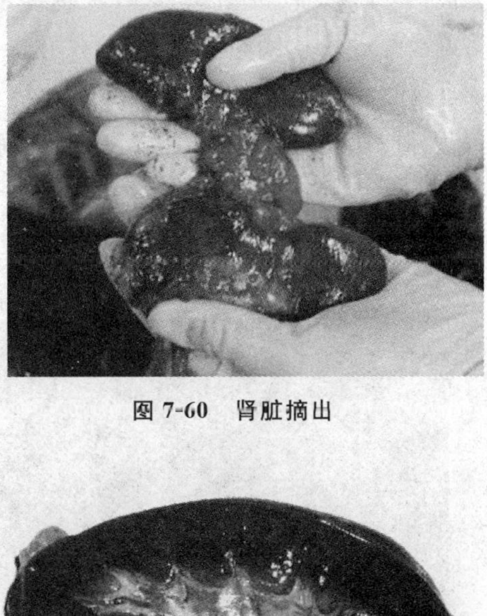

图 7-60 肾脏摘出

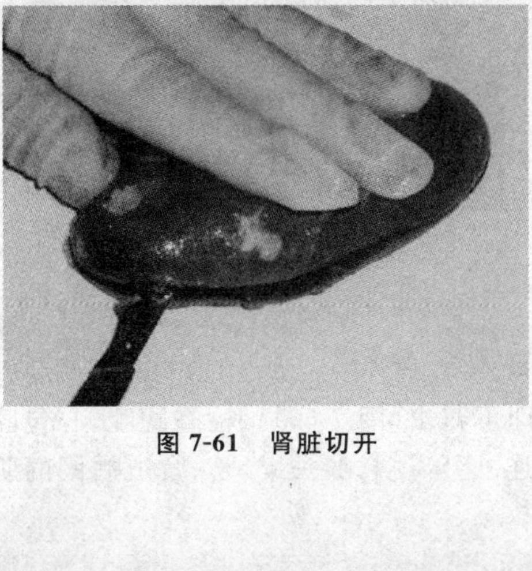

图 7-61 肾脏切开

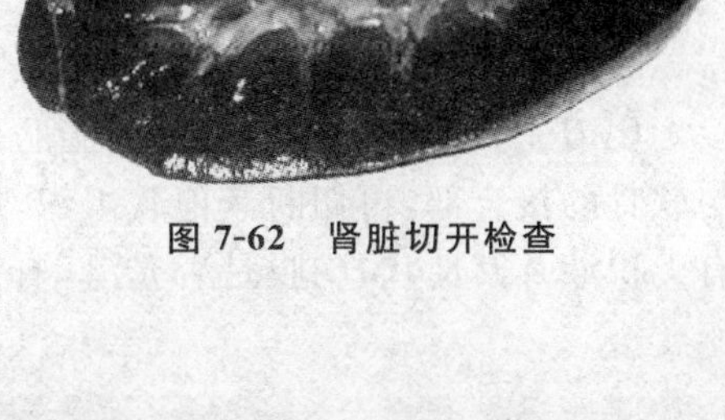

图 7-62 肾脏切开检查

(4)胃 先观察胃的大小,浆膜色泽,胃壁有无破裂和穿孔等,然后由贲门沿大弯至幽门剪开,检查胃内容物的数量、性状、气味、色泽、成分、寄生虫等;最后检查胃黏膜的色泽,注意有无水肿、出血、充血、溃疡、肥厚等病变(图 7-63)。

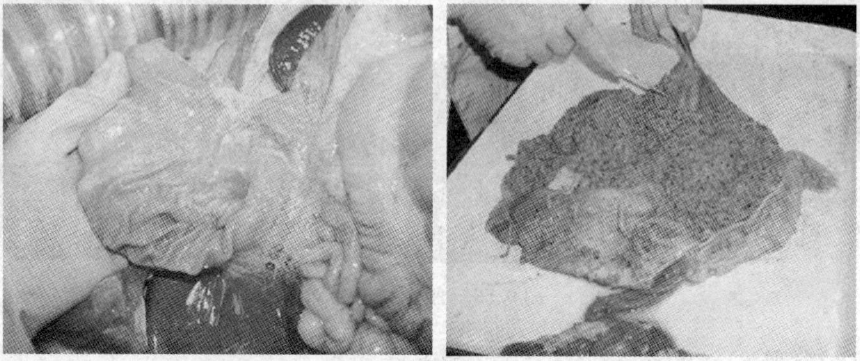

图 7-63 胃切开检查

(5)肠 从十二指肠、空肠、大肠、直肠分段进行检查。先检查肠系膜、淋巴结有无肿大、出血等,再检查肠管浆膜色泽,有无粘连、肿瘤、寄生虫结节等(图 7-64)。最后剪开肠管,检查肠内容物数量、性状、气味,有无血液、异物、寄生虫等;除去肠内容物,检查肠黏膜的性状,注意有无肿胀、发炎、充血、出血、寄生虫和其他病变(图 7-65)。

图 7-64 肠道检查

图 7-65 肠道切开检查

3. 胸腔及其胸腔脏器的检查

用刀先分离胸壁两侧表面的脂肪和肌肉,检查胸腔的压力,用力切断两侧肋骨与软骨的接合部,再切断其他软组织,胸腔即可露出(图 7-66)。检查胸腔、心包腔有无积液及其性状,胸膜是否光滑,有无粘连。分离咽、喉头、气管、食道周围的肌肉和结缔组织，将喉头、气管、食道、心和肺一起采出。

(1)肺脏　先注意其大小、色泽、重量、质地、弹性，有无病灶及表面附着物等(图 7-67)；然后用剪刀将支气管剪开，注意检查支气管黏膜的色泽、表面附着物的数量、黏稠度，最后将整个肺脏纵横切数刀(图 7-68)，观察切面有无病变，切面流出物的数量、色泽变化等。

图 7-66　显露胸腔

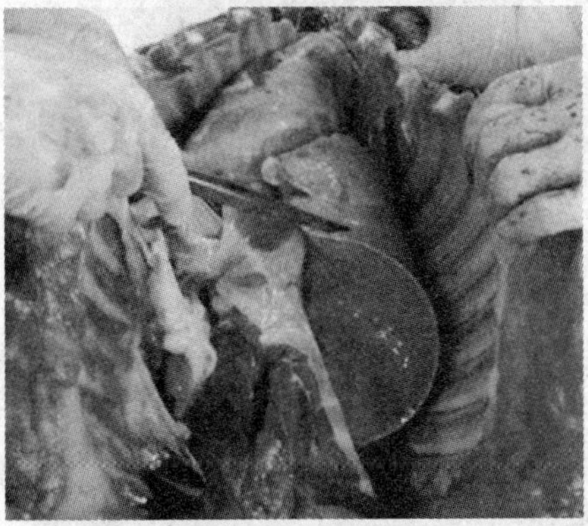
图 7-67　肺脏检查

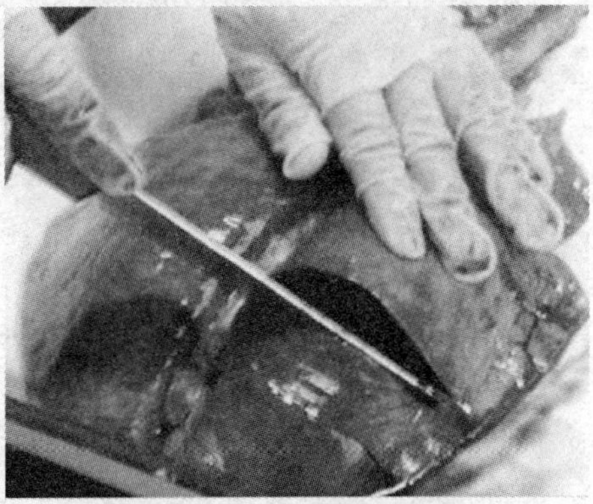
图 7-68　肺脏切开检查

(2)心脏　先检查心脏纵沟、冠状沟的脂肪量和性状，有无出血。然后检查心脏的外形、大小、色泽及心外膜的性状。最后切开心脏检查心腔(图 7-69)。方法是沿左纵沟左侧切口切至肺动脉起始部，沿左纵沟右侧切口切至主动脉起始部，然后将心脏反转过来，沿右纵沟左右两侧做平行切口，切至心尖部与左侧心切口相连接，切口再通过房室口至左心房及右心房。经过上述切线，心脏全部剖开。

检查心脏时，注意检查心脏内血液的含量及性状。检查心内膜的色泽、光滑度、有无出血，各个瓣膜、腱索是否肥厚，有无血栓形成和组织增生或缺损等病变。对心肌的检查，注意各部心肌的厚度、色泽、质地，有无出血、瘢痕、变性和坏死等。

4. 骨盆腔脏器的检查

检查膀胱的外部形态，然后剪开膀胱检查尿量、色泽和膀胱黏膜的变化，注意有无血尿、脓尿、黏膜出血等(图 7-70)。

公、母猪应检查生殖器官。检查睾丸和附睾的外形、大小、质地和色泽，观察切面有无充血、出血、瘢痕、结节、化脓和坏死等。检查卵巢和输卵管时，先注意卵巢外形、大小，卵泡的数量、色泽，有无充血、出血、坏死等病变。观察输卵管浆膜面有无粘连，有无膨大、狭窄、囊肿；然后剪开，注意腔内有无异物或黏液、水肿液，黏膜有无肿胀、出血等病变；检查阴道和子宫时，除观察子宫大小及外部病变外，还要用剪子依次剪开阴道、子宫颈、子宫体，直至左右两侧子宫角，检查内容物的性状及黏膜的病变（图 7-71）。

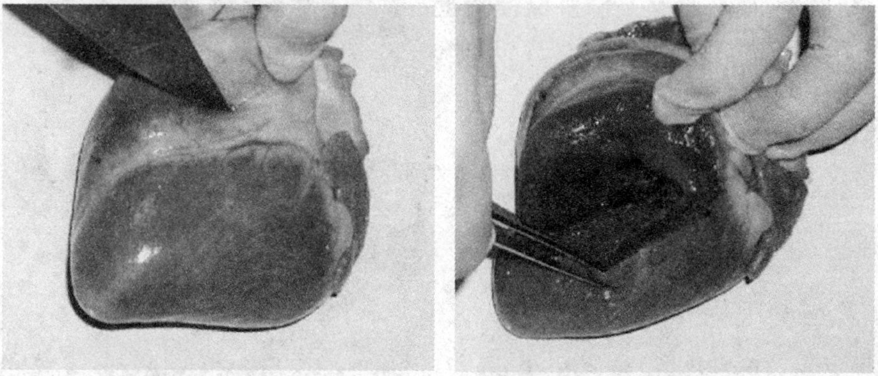

图 7-69　心脏剖开检查

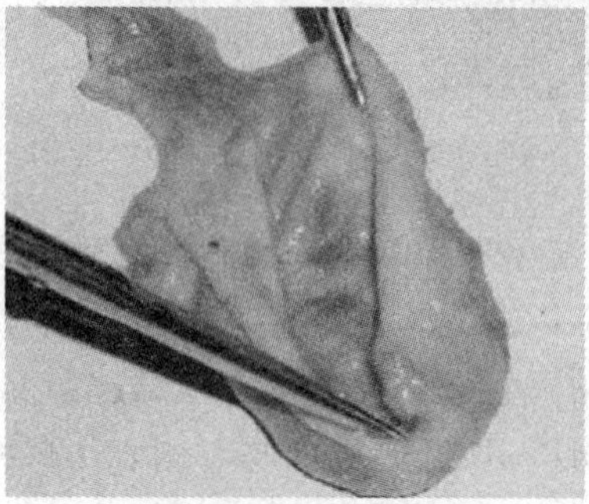

图 7-70　膀胱检查

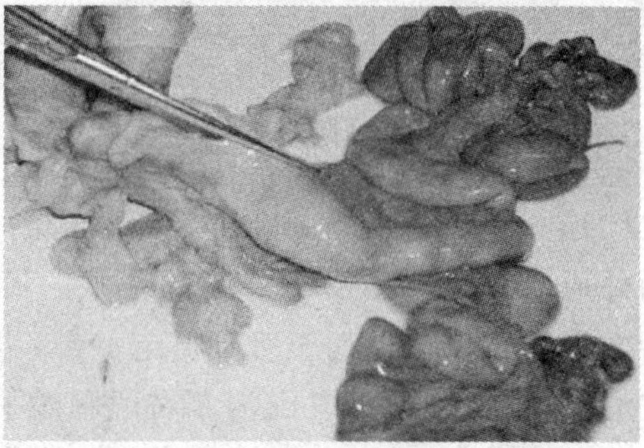

图 7-71　卵巢和输卵管及子宫检查

5. 头颈部检查

检查口腔黏膜、舌、扁桃体、气管、食道、淋巴结等，注意舌上有无水疱、烂斑、增生物（图 7-72），扁桃体有无溃疡等变化，喉头有无出血等（图 7-73）。检查脑时注意脑膜有无充血、出血、炎症等。另外，要特别注意颌下淋巴结、颈浅淋巴结，观察其大小、颜色、硬度，与其周围组织的关系及切面变化。脑的摘出见图 7-74，进一步的切开及检查见图 7-75。

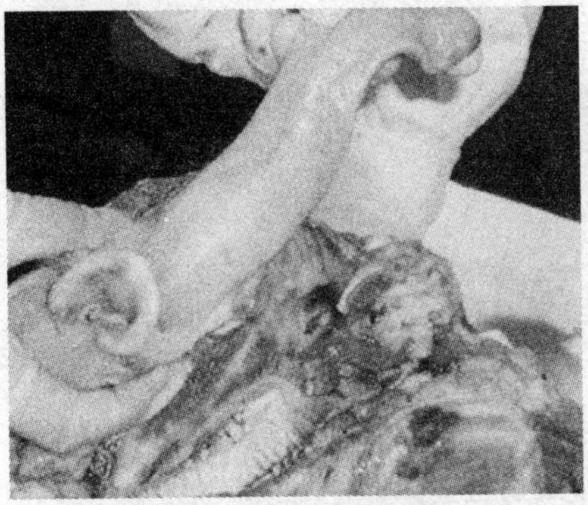

图 7-72 舌的检查

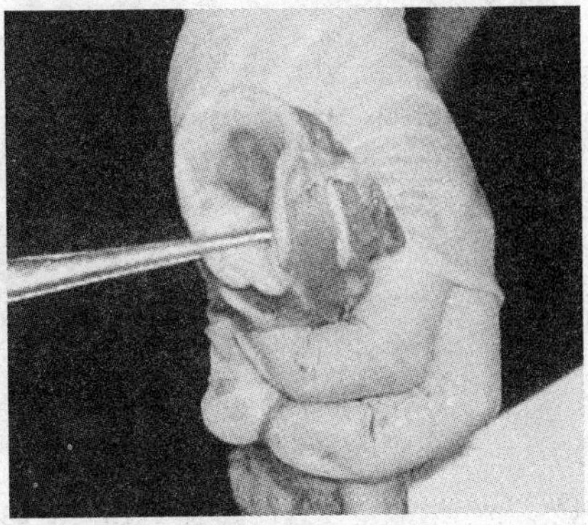

图 7-73 喉的检查

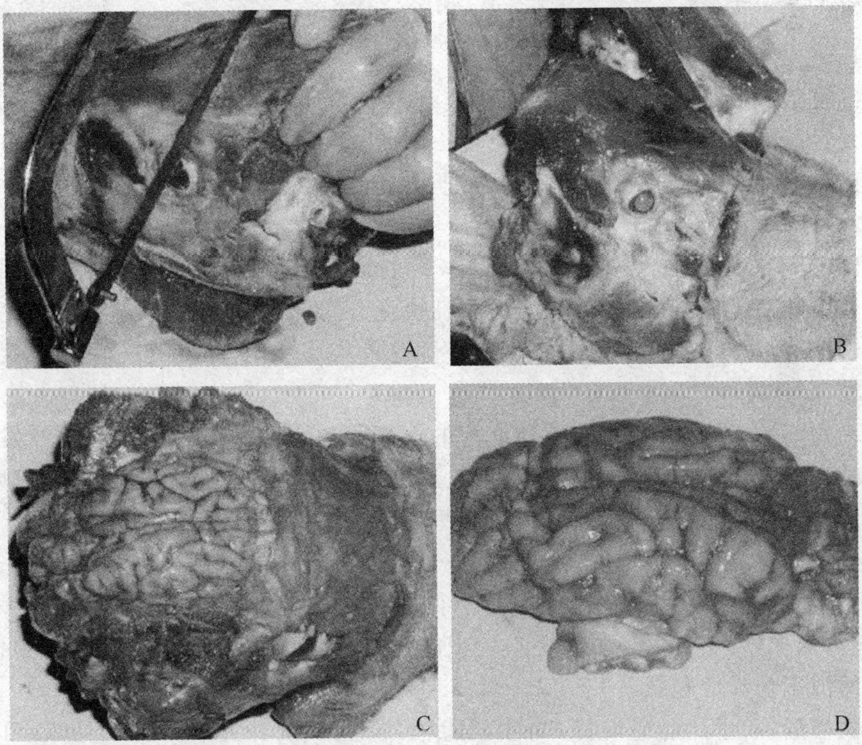

图 7-74 脑的摘出

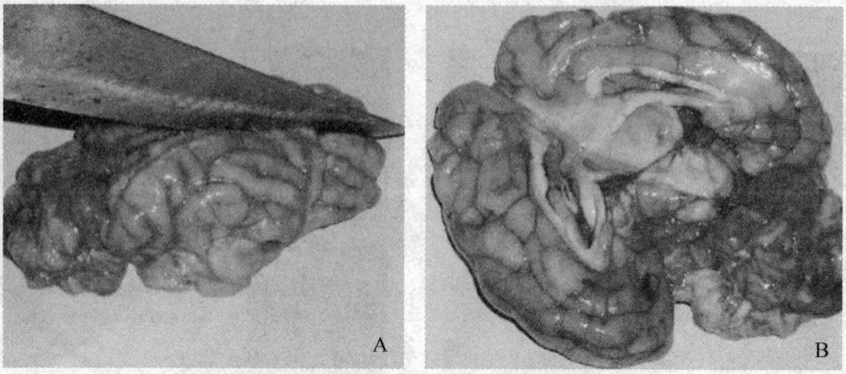

图 7-75 脑的切开(A)与检查(B)

三、注意事项

1. 剖检对象的选择

剖检猪最好是选择临床症状比较典型的病猪或病死猪。有的病猪，特别是最急性死亡的病例，特征性病变尚未出现。因此，为了全面、客观、准确地了解病理变化，可多选择几头疫病流行期间不同时期出现的病猪、死猪进行解剖检查。

2. 剖检时间

剖检应在病猪死后尽早进行，死后时间过长（夏天超过 12 h）的尸体，因发生自溶和腐败而难以判断原有病变，失去剖检意义。剖检最好在白天进行，因为灯光下很难把握病变组织的颜色（如黄疸、变性等）。

3. 正确认识尸体变化

动物死后，受体内存在的酶和细菌的作用，以及外界环境的影响，逐渐发生一系列的死后变化。其中包括尸冷、尸僵、尸斑、血液凝固、溶血、尸体自溶与腐败等。正确地辨认尸体的变化，可以避免把某些死后变化误认为生前的病理变化。

4. 剖检人员的防护

剖检人员，特别是剖检人畜共患传染病猪尸体时，应穿工作服、戴胶皮手套和线手套、工作帽，必要时还要戴上口罩或眼镜，以预防感染。剖检中皮肤被损伤时，应立即消毒伤口并包扎。

剖检后，双手用肥皂洗涤，再用消毒液浸泡、冲洗。为除去腐败臭味，可先用 0.2%高锰酸钾溶液浸洗，再用 2%～3%草酸溶液洗涤褪色，再用清水清洗。

5. 尸体消毒和处理

剖检前应在尸体体表喷洒消毒液，如怀疑患炭疽时，取颌下淋巴结涂片染色检查，确诊患炭疽的尸体禁止剖检。死于传染病的尸体，可采用深埋或焚烧。搬运尸体的工具及尸体污染场地也应认真清理消毒。

6. 注意综合分析诊断

有些疾病特征性病变明显，通过剖检可以确诊，但大多数疾病缺乏特征性病变。另外，原发病的病变常受混合感染、继发感染、药物治疗等诸多因素的影响。在尸体剖检时应正确认识剖检诊断的局限性，结合流行病学、临床症状、病理组织学变化、血清学检验及病原分离鉴定，综合分析诊断。

7. 做好剖检记录，写出剖检报告

尸体剖检记录是尸体剖检报告的重要依据，也是进行综合分析诊断的原始资料。记录的内容要力求完整、详细，能如实地反映尸体的各种病理变化。记录应在剖检当时进行，按剖检顺序记录。记录病变时要客观地描述病变，对无眼观变化的器官，不能记录为"正常"或"无变化"，可用"无眼观可见变化"或"未发现异常"来叙述。

8. 尸体剖检报告内容

病理解剖学诊断是根据剖检发现的病理变化和它们的相互关系，以及其他诊断检查所提供的材料，经过详细地分析而得出的结论。结论是对疾病的诊断或疑似诊断。

【项目小结】

不同动物由于解剖特点不同，尸体剖检的方式也不同，熟悉正常动物病理变化，能发现并鉴别、判断异常病理变化。

【复习思考题】

1. 鸡病理剖检的方法及诊断意义有哪些？

2. 猪病理剖检的方法及注意事项有哪些？

实操项目八　血液常规检查

【知识目标】

具备动物采血技术及血涂片制作技术的能力。了解血常规检查所包含的内容和方法。掌握红细胞、白细胞计数及白细胞分类计数的常用方法。知道血液常规检查的临床诊断意义。

【技能目标】

熟悉血常规检查所包含的内容，通过红细胞计数及红细胞形态观察，确诊贫血类型。掌握白细胞分类计数及白细胞计数的常用方法，确诊炎症类型及判断预后。知道血液常规检查的临床诊断意义。

操作一　血液样本的采集、保存与运送

一、应用范围

各种动物供实验室检查的血液样本的采集、处理、保存和运送。

二、用具材料

采血管、采血针、消毒棉球、止血带、抗凝剂、离心机等。

三、操作方法

(一)采血

1. 鸡的采血技术

(1)翅静脉采血　助手将禽侧卧保定，将禽翅膀展开与地面呈 30°角，露出腋窝部，采血人员在禽腹侧用脚踩住鸡两脚，拔去羽毛，见到翼根静脉和远心端的翼

下静脉，常规消毒后，用左手拇指压迫翼下静脉的近心端，使血管充盈怒张，右手持一次性血样采集针由翼根的肌肉处进针，向翅膀方向即由近心端向远心端斜向刺入翼下静脉(图 8-1)，感到有空虚感无阻力即见回血，立即插入负压管采血。采血后，松左手，拔针头，消毒棉球按压针孔 1 min。

(2)心脏采血　将鸡仰卧保定，针头从 V 形锁骨前端刺入或者在靠近心脏的胸侧壁刺入。采血者手持 7 号采血器垂直刺入 2～3 cm，回抽针芯见有血液回流即可。心脏采血过程中，如果操作不慎，易损伤肺脏，更有慎者，引起大出血死亡。

(3)颈静脉采血　常采用右侧颈静脉取血。左手以食指和中指夹住家禽头部，并使头偏向一侧，无名指、小指和手掌握住躯干，拇指轻压颈椎部以使静脉充血怒张。右手持注射器，针头倾斜 45°，沿血管方向一侧 0.3～0.5 cm 挑破皮肤前行 0.3～0.5 cm 刺入静脉，再与血管平行进针 0.2～0.5 cm 抽取血液。采血完毕后，压迫伤口处止血。

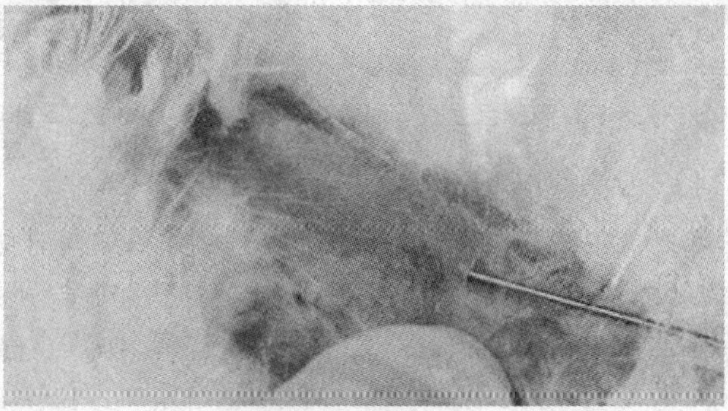

图 8-1　翅静脉采血

2. 猪的采血技术

(1)前腔静脉采血　采血部位在第 1 肋骨与胸骨柄结合处的前方，由于左侧靠近膈神经，易损伤，多用右侧进行采血，针头刺入方向呈近似垂直稍向中央及胸腔倾斜，刺入深度依猪体大小 2～6 cm，针头 7～12 号。站立保定时进针部位在右侧，于耳根至胸骨柄的连线上，距胸骨端 1～3 cm 处，持连接针头的注射器，稍斜向中央刺向第 1 肋骨间胸腔入口处，边刺边抽动注射器活塞，见回血即可采血。仰卧保定时胸骨柄向前突出，并于两侧第 1 肋骨结合处的直前侧方呈两个明显的凹陷窝称为前腔窝，是第 1 肋骨与胸骨柄结合处的前方与气管围成一个三角区域，用手指沿胸骨柄两侧触诊时感觉明显，多在右侧前腔窝内采血(图 8-2)。先固定好两前肢及头部，消毒后术者持连接针头的注射器由右侧沿第 1 肋骨与胸骨结合部前方的前腔窝处刺入，并稍斜刺向中央及胸腔方向，边刺边回血，见回血后即可采血，采血完毕后，用酒精棉球紧压针孔，拔针头。

(2)耳静脉采血　猪站立保定，耳部消毒，助手用手指捏压耳根部静脉管处，使静脉血管充盈怒张，术者用左手拇指和食指把持耳尖，将耳拉直托平，用中指、无名指和小指从耳下面向上托，使采血进针部位稍高，右手持一次性血样采集针沿静脉管使针头与皮肤呈 30°角，向远心端刺入血管，有空虚感无阻力时即进入血管(图 8-3)，发现回血，立即插入负压管采血。采血结束后，先松开握耳根的手，再拔针头，干棉球压迫采血处 1 min，伤口不出血为止。

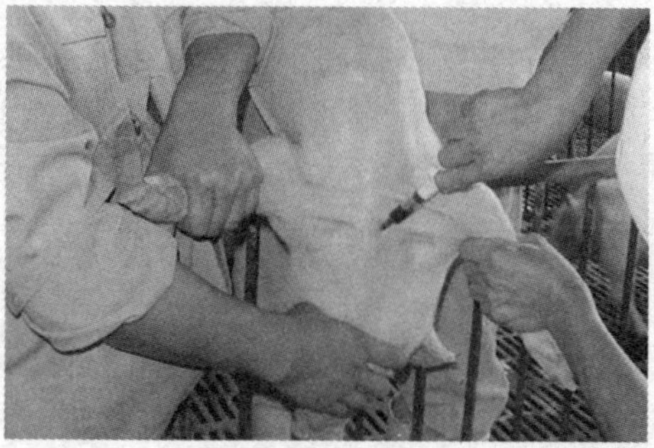

图 8-2　仰卧保定前腔静脉采血

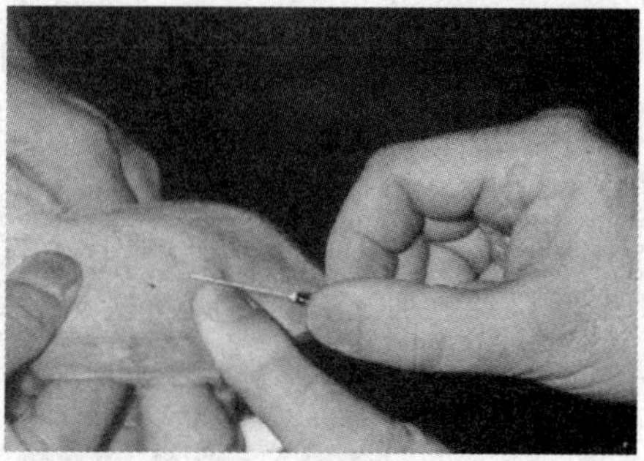

图 8-3　耳静脉采血

3. 牛的采血技术

(1)颈静脉采血　牛站立保定，使头部前伸上仰并稍偏向对侧，剪毛，消毒，用手指压迫静脉沟处，使血管充盈怒张，右手持 16 号针头，对准静脉管，并使针头与皮肤呈 75°角，用腕力迅速将针头扎进皮肤，穿入血管，血液会喷射出来，即可采血，停止采血后先松左手，后拔针头，用消毒棉球压迫采血部位 1 min。

(2)尾静脉采血　牛站立保定，采血人员站于牛的正后方，左手抓住牛尾中段用力抬起，使之与地面平行，右手触摸尾椎前段腹侧凹陷沟，在尾后下方 4～5 cm 处，消毒后持 12 号针头与尾椎纵轴呈垂直方向，靠腕力快进针 0.5～1 cm 后血液即喷射出来。采血后拔针头，用消毒棉球压迫采血部位 1 min。

4. 羊的采血技术

站立保定，使头稍上仰偏向对侧，局部剪毛、消毒，术者左手拇指或食指与中指压迫颈静脉下端，使颈静脉充盈怒张，右手持 12 号针头与皮肤呈 75°角，用腕力将针刺入颈静脉管，血液喷出。采血结束后，松左手，拔针头，用消毒棉球压迫止血 1 min。

5. 犬、猫的采血技术

(1)前肢内头静脉和后肢外侧隐静脉采血　犬侧卧或站立保定，助手从后面握住犬的肘部,使前臂前伸,局部剪毛,碘酒、酒精消毒皮肤。用止血带结扎肘上部,使静脉充盈,采血者左手拇指和食指握紧剪毛区上部,右手用一次性采血针迅速穿刺入静脉,有空虚感即见回血,进入血管后,立即插入负压管采血。采毕后松开止血带,以干棉球按压针孔拔针止血。若仅需少量血液,可以不用采血器抽取,只需用针头直接刺入静脉,待血从针孔自然滴出,放入盛器或制备涂片。后肢外侧隐静脉采血同前肢内头静脉采血。

(2)股动脉采血 将犬卧位保定,伸展后肢向外伸直,暴露腹股沟三角区动脉搏动的部位,剪毛、消毒,左手中指、食指探摸股动脉跳动部位,并固定好血管,右手取连有 5 号半针头的注射器,针头由动脉跳动处直接刺入血管,若刺入动脉一般可见鲜红血液流入注射器,有时还需微微转动一下针头或上下移动一下针头,方见鲜红血液流入。有时可能刺入静脉,必须重新采血。采血完毕,迅速拔出针头,用干药棉压迫止血 2～3 min。

(3)颈静脉采血 犬站立保定,剪去局部被毛,用碘酒、酒精消毒皮肤。将犬颈部拉直,头尽量后仰。用左手拇指压住颈静脉入胸部位的皮肤,使颈静脉怒张,右手取连有 6 号针头的注射器。针头沿血管平行方向向心端刺入血管。由于静脉在皮下易滑动,针刺时除用左手固定好血管外,刺入要准确。采血后压迫止血。

(二)血液样本的处理

1. 血浆的制备

在采血器内加入适量的抗凝剂,采血后,反复颠倒采血器,使抗凝剂与血液充分混匀,静置或经过以 2 000～3 000 r/min 离心 10 min 使血细胞下沉后,上清液即为血浆。将血浆置于标记有日期、采集时间、动物名称和病历号的试管内。立即操作或合理冷藏、冷冻样品。

2. 血清的制备

采集血液样本,并将其置于不含抗凝剂的试管内,室温下自然凝集 20～30 min 后,轻轻地用木棉棒沿着试管壁分离血凝块,密封试管,以 2 000～3 000 r/min 的转速离心 10 min,用毛细移液管将血清移出,上清液即为血清,将血清置于标记有日期、采集时间、动物名称和病历号的试管内,立即操作、合理冷藏或冷冻样品。如离心后有轻微的溶血,用牙签将血凝块挑出,将混有红细胞碎片的血清再次离心,用干净吸管收集血清于干燥的指型管中,贴上标签备用。如血清溶血严重,应剔出样品。

3. 全血的制备

全血制备与血浆制备基本相同。供全血分析时,抗凝剂选用会直接影响化验结果,选用抗凝剂的原则:主要用于血液 pH 和血液电解质测定的应选用肝素,主要用于血液促凝时间测定的应选用柠檬酸钠，主要用于血液有形成分检查的全血应选用 EDTA，草酸盐不能用作血小板计数和尿素、血氨、非蛋白氮等含氮物质的检测。

(三)血液样本的保存与运送

血液样品不能及时进行检验，必须做适当的处理，防止其成分发生大的变化。通常分离到的血清与血浆样品保存于密闭试管中，存放于 4℃冰箱内或冷冻。全血样品应保存于 4℃冰箱内，检验时，样品必须达到室温，达到室温之后颠倒数次，使血液充分混匀后，方可用于检验。如果样品能在 24 h 内送往实验室，可保存于 4℃环境的保温箱内，如果 24 h 内不能抵达或有些样品送往外地实验室时，样品必须冷冻处理后，并在低温下运送。运送途中防止样品泄漏，密闭封装并加冰袋运送。同时要填写详细的样品记录。

四、注意事项

1. 规定动物的采血时间

有些血液化学成分有明显的昼夜波动，对采血动物，应在禁食 12 h 后采血，这样可以将食物对血液各种成分浓度的影响减少到最低程度。在刚进完食动物身上采取的血液样品，往往出现血糖、甘油三酯增高，无机磷降低，麝香草酚浊度增加。进食富含脂肪的饲料，常导致血清混浊而干扰很多项目的生化检测。

2. 血液样品来源一致

动脉血和静脉血的化学成分略有差异，整个试验期间，采取的血液样品必须一致。

3. 防止分解

血液内某些化学成分，离体后由于氧化酶或细菌的作用，容易分解，致使其含量有所改变。所以，为了防止血液内某些化学成分的分解，血液样品被采集后应立即按规定处理，及时检测或加入适当的保存剂按规定保存。

4. 防止气体逸散

血液暴露于空气中后，二氧化碳迅速逸出，并吸收氧气提高血氧饱和度，进而引起血浆成分的改变。

5. 防止污染

采血器及样品容器都必须经化学处理并用重蒸馏水冲洗，防止铜、铁等金属离子和污染物影响检测结果。并且在做蛋白结合碘测定时，禁用碘酊消毒采血部位。

6. 防止溶血

如采血器材不清洁，扎针不顺，损伤组织过多，抽血速度过快，血液注入容器时未取下针头或用力推出产生大量的气泡，运送过程振荡，可以引起溶血。溶血会影响许多检测项目的结果。

引起溶血原因是强力振荡、离心速度过快、温度过低或者过高、加入与血液环境不等渗液体、放置时间过长等，这些都是引起红细胞破裂的因素。

7. 妥善止血

采血完毕后，用棉球在针孔部位按压 1 min，以压迫止血，不要按揉针孔，以免造成皮下血肿，若出现局部瘀血，24 h 后用毛巾热敷，促进吸收。

8. 防止注入空气

抽血时只能往外抽，不能向静脉内推，以免注入空气形成气栓。

操作二 红细胞计数

一、应用范围

用于各种贫血和失血、溶血、红细胞生成障碍等的临床诊断，各种原因引起的血液浓缩，比如腹泻、呕吐等因素导致脱水的临床诊断，还有就是血液疾病和健康指标诊断。

二、用具材料

红细胞计数板、计数器、显微镜、血盖片、小试管、5 mL 吸管、吸(洗)耳球、红细胞吸管、脱脂棉、擦镜纸及全血细胞分析仪等。

三、操作方法

1. 血液的稀释

用生理盐水作为稀释液，血液做 200 倍稀释。步骤为：用 5 mL 吸管吸取红细胞稀释液 4.0 mL，放于试管内，再用血红蛋白吸管吸取供检血样 20 μL，用脱脂棉球拭去管尖外壁附着的血液；将血红蛋白吸管插入装有稀释液的试管底部，缓缓放出血液，然后吸取上清液，反复冲洗沾在试管内壁上的血液数次，立即振摇试管 1～2 min，使血液与红细胞稀释液充分混匀。这样供检验血液就被稀释了 200 倍。

2. 寻找计数室

将血盖片紧密盖于血细胞计数板上，然后平放于显微镜载物台上，用低倍镜暗视野寻找计数室(图 8-4)。

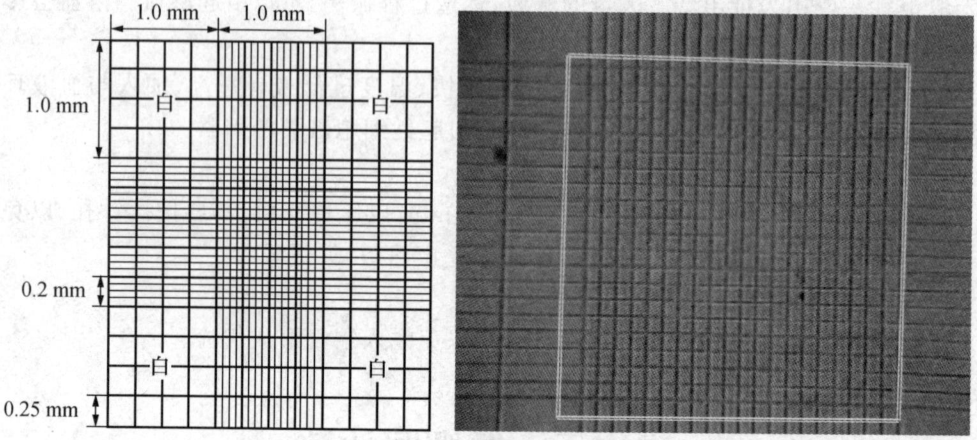

图 8-4 血细胞计数室

3. 充液

将配好的稀释血样用吸管吸取 1 滴充在计数板与血盖片之间(图 8-5),并静置 1～2 min,等待红细胞全部下沉方可计数。

图 8-5 充液

4. 镜检计数

在高倍镜下计数,计红细胞计数室中的四角的及中央的总共 5 个中方格的红细胞数。分别按照一定的顺序及压线的原则。5 个中方格分别用 x_1、x_2、x_3、x_4、x_5表示。总数用 N 表示。

5. 计算

每立方毫米血液中所含的红细胞总数用“R”表示。

$$R=(n_1+n_2+n_3+n_4+n_5)\times5\times10\times\text{血液稀释倍数}$$

式中:n_1～n_5 为 5 个中方格的红细胞数。5 表示红细胞室的面积为 1 mm^2,计数室有 25 个中方格,而计数时只数 5 个中方格的数目,故算出 1 mm^2 的红细胞数,则要乘以 5。10 表示计数室的深度为 0.1 mm,要算出 1 mm 的红细胞数,则要乘以 10。

四、红细胞形态观察

(一)显微镜下各种血细胞

各种血细胞包括红细胞、嗜酸性粒细胞、嗜碱性粒细胞、中性粒细胞、淋巴细胞、单核细胞和血小板，详见图 8-6。

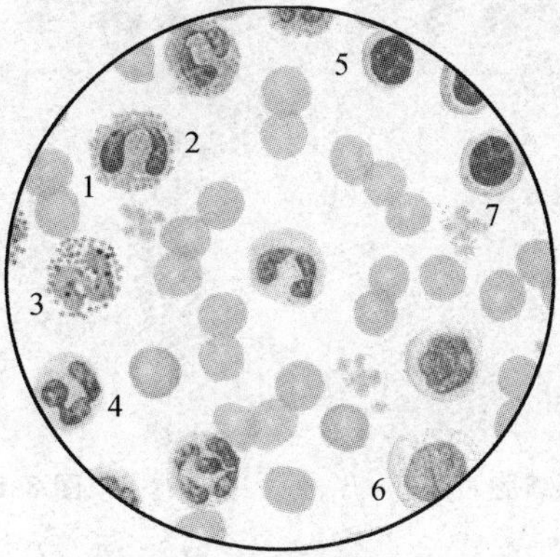

图 8-6　血细胞

1. 红细胞　2. 嗜酸性粒细胞　3. 嗜碱性粒细胞　4. 中性粒细胞
5. 淋巴细胞　6. 单核细胞　7. 血小板

(二)病理性红细胞

1. 海因茨小体

海因茨小体为红细胞内变性珠蛋白的包涵体。海因茨小体(图 8-7、图 8-8)的形成是由于氧化等因素对血红蛋白造成的损害而变性形成的细胞内包涵体，沉积于细胞膜上并对其造成损害，受损红细胞易被脾脏的巨噬细胞吞噬。

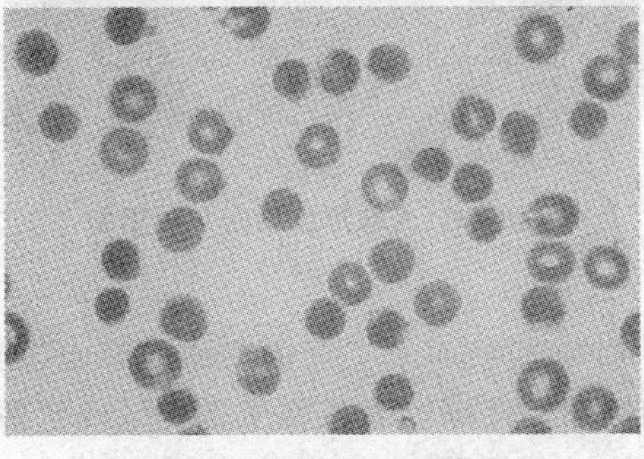

图 8-7　犬海因茨小体(洋葱中毒)

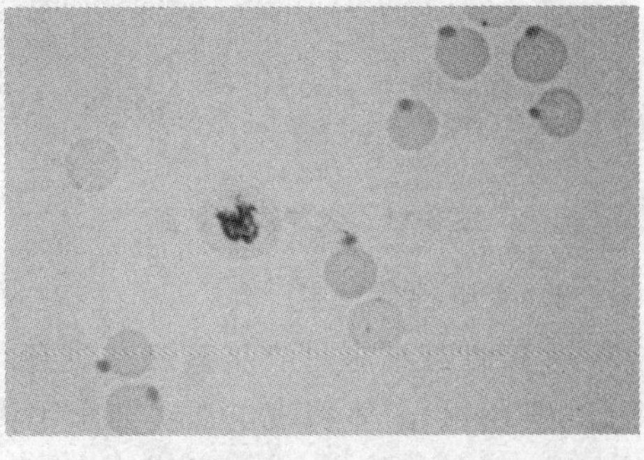

图 8-8　猫的海因茨小体和网织红细胞

2. 网织红细胞

网织红细胞是介于晚幼红细胞和成熟红细胞之间尚未完全成熟的红细胞(图8-9、图8-10)。网织红细胞是晚幼红细胞脱核后,在完全成熟之前的过渡型红细胞。由于细胞质中尚存核糖体、核糖核酸等嗜碱性物质,染色后,细胞质中可见蓝绿或蓝色的网状结构。

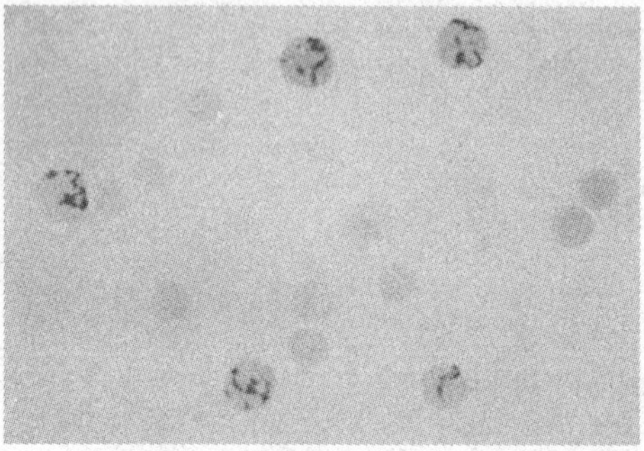

图8-9 犬网织红细胞

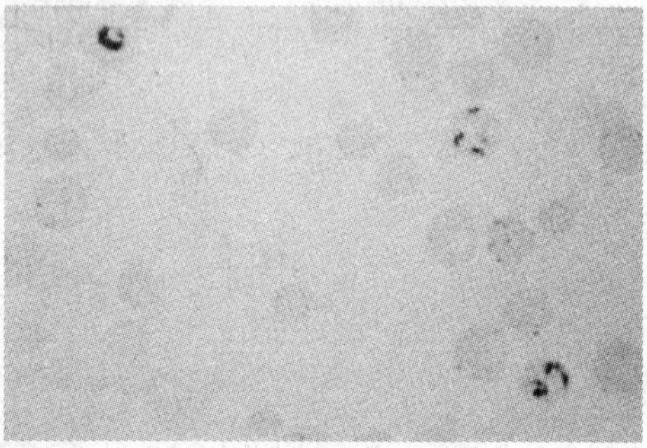

图8-10 猫网织红细胞

3. 球形红细胞

红细胞直径缩短,厚度增加,细胞中心区的血红蛋白比周围多,呈小球形状,故称为球形红细胞(图8-11、图8-12)。常见于遗传性红细胞增多症、自身免疫性溶血性贫血、异常血红蛋白病。

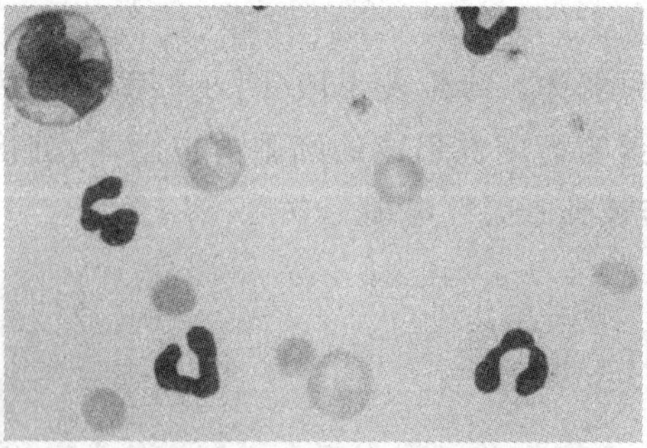

图8-11 犬球形红细胞

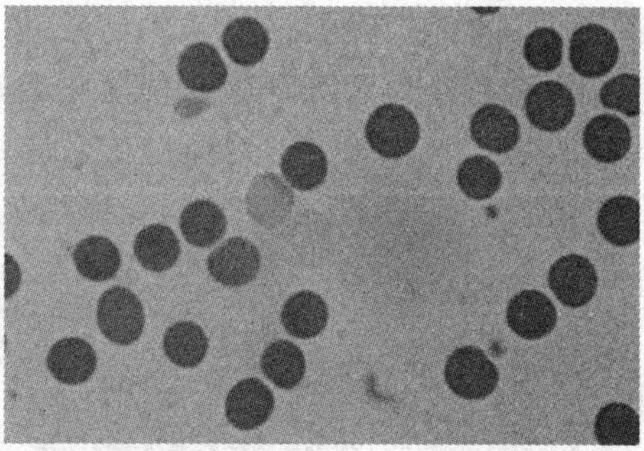

图8-12 犬球形红细胞与影细胞

4. 多染性红细胞

多染性红细胞呈淡灰蓝或灰红色,是一种刚脱核而未完全成熟的红细胞(图8-13、图8-14)。体积较正常红细胞稍大,细胞质中嗜碱性着色物质是少量残留的核糖体、线粒体等成分。其增多反映骨髓造血功能活跃,红细胞系增生旺盛,见于各种增生性贫血。

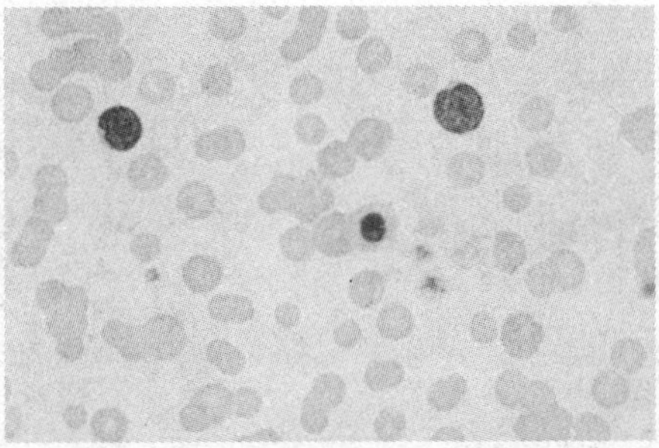

图 8-13 猫有核红细胞及多染性红细胞

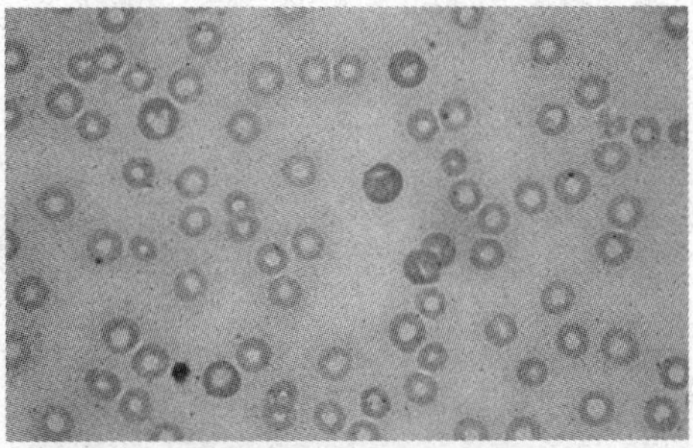

图 8-14 多染性红细胞

5. 裂红细胞

裂红细胞指红细胞碎片，包括盔形红细胞等（图 8-15），多见于弥散性血管内凝血、微血管病性溶血性贫血和心源性溶血性贫血等红细胞破碎综合征；其他常见于化学中毒、肾功能衰竭、血栓性血小板减少性紫癜。

6. 缗钱状红细胞

红细胞串状叠连，呈缗钱状排列（图 8-16），故称为缗钱状红细胞。见于高球蛋白血症、高纤维蛋白血症。

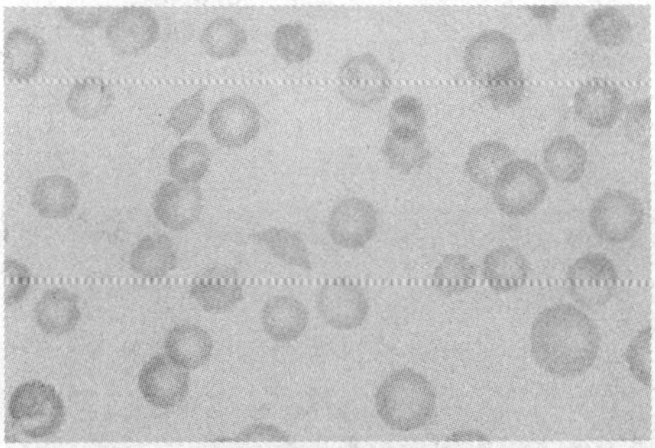

图 8-15 裂红细胞

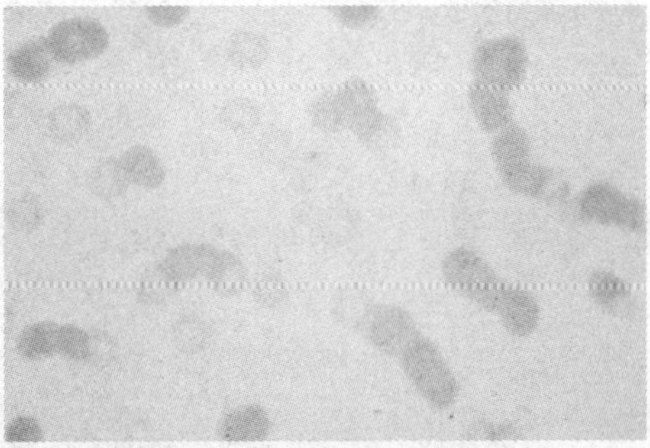

图 8-16 缗钱状红细胞

7. 自身凝集

正常情况下，红细胞是均匀分布在血液里的，某些情况下，可使均匀分布的悬浮在血液中的红细胞凝集成团，即红细胞凝集（图 8-17、图 8-18）。

8. 血液寄生虫

血液寄生虫寄生时血液中有可能见到寄生虫（图 8-19、图 8-20）。

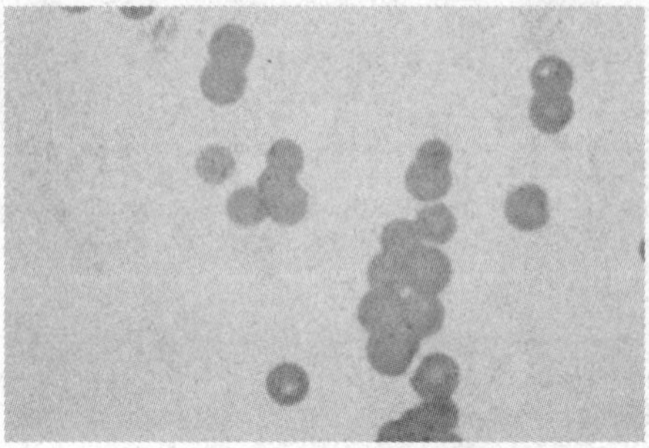

图 8-17　犬红细胞自身凝集反应

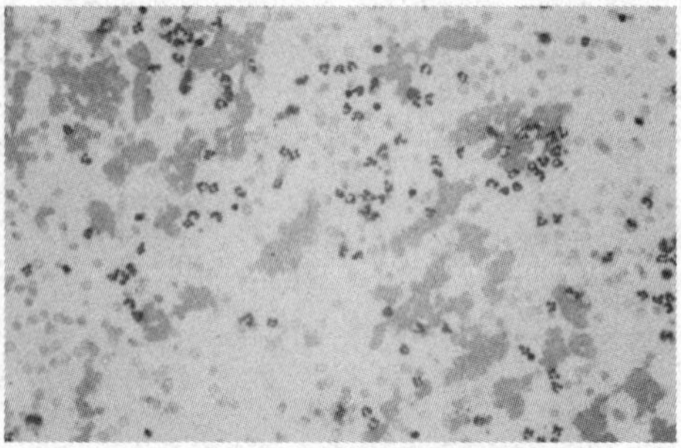

图 8-18　犬红细胞自身凝集反应并伴有大量白细胞

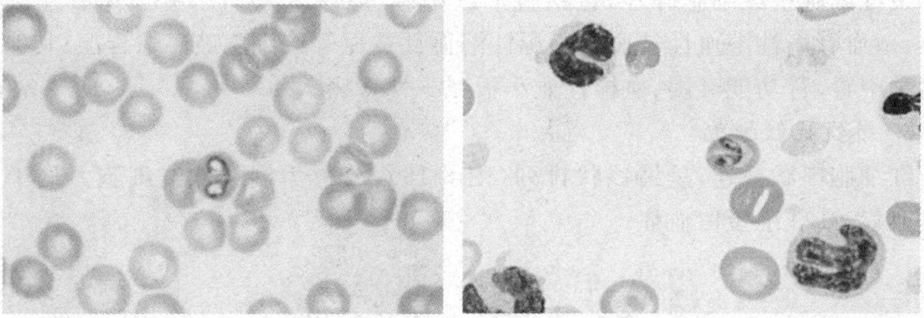

图 8-19　犬巴贝斯焦虫

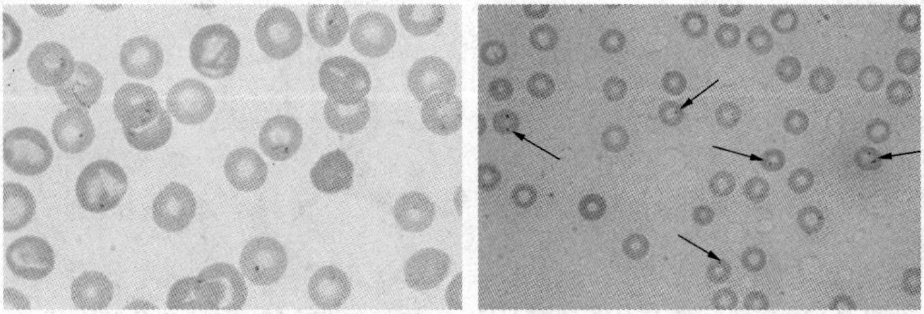

图 8-20　吉氏巴贝斯焦虫

五、红细胞计数的临床意义

1. 红细胞增多

红细胞和血红蛋白含量增多，绝大多数为相对增多，见于各种原因引起的血液浓缩，如腹泻、呕吐、大出汗、胸膜炎等或者是某种因素导致的脱水等。

2. 红细胞减少

红细胞和血红蛋白含量降低，主要是由于红细胞损失过多或生成不足所致，见于各种贫血、失血、溶血、红细胞生成障碍等。

六、注意事项

①所用的器材必须是清洁干燥的。

②吸取液体的量一定要准确，过多或过少都会影其结果。

③在计数时，认真看清楚红细胞的个数，不要把杂质和红细胞相混淆，否则就会影响结果。

④充液时要将稀释液摇匀，量不可过多也不能太少，不能有气泡。

⑤5个中方格一定要找准确，特别是中间的中方格的确定。

⑥使用显微镜一定要规范，将其平放。

⑦寻找计数室时光圈要尽量关小，不要关死，否则在高倍镜下就看不到计数室。

操作三　白细胞计数

一、应用范围

①用于细菌感染后炎症的诊断，白细胞数明显增多可见于猪丹毒、猪肺疫、结核病、肺炎、胸膜炎、腹膜炎疾病等。另外还用于白血病的诊断。

②用于某些病毒性传染病的诊断，如猪瘟、流感等传染病，还有某些重度疾病的后期；长期应用某些药物后体内白细胞数减少。

二、用具材料

1%～3%冰醋酸或1%盐酸、蒸馏水、酒精、乙醚及动物血液等。显微镜、计数板、计数器、血盖片、小试管、0.5 mL吸管、吸耳球、擦镜纸等。

三、操作方法

1. 血液稀释

取清洁、干燥小试管1支，用1 mL吸管准确吸取白细胞稀释液0.38 mL，放入试管中。用沙利氏吸管吸取供检血液 20 μL，加入试管内，混匀。

2. 寻找计数室

将计数板盖上血盖片平放在显微镜的载物台上，在低倍镜下，暗视野下寻找计数室，将镜头调到白细胞计数室中，位置在四角的 4 个大方格中的任何 1 个。

3. 冲液

将配好的稀释液用吸管吸取 1 滴充在计数板与血盖片之间，并静置 1～2 min 再计数。

4. 镜检计数

用低倍镜计数，计 4 个角上的 4 个大方格(共有 16×4＝64 个中方格)的白细胞数，按顺序全部数完。

5. 计算

$$白细胞数(个/mm^3)=N/4\times10\times20=N\times50 或白细胞数(个/L)$$
$$=N/4\times10\times20\times10^6$$

式中：N 为 4 个大方格内的白细胞总数，$N/4$ 为 1 个大方格内的白细胞数，20 为稀释倍数，10 为血盖片与计数板的实际高度是 0.1 mm，乘 10 后则为 1 mm。

四、白细胞计数临床意义

1. 白细胞增多

可见于多数细菌性感染和炎症，如猪丹毒、猪肺疫、结核病、肺炎、胸膜炎、腹膜炎等。白血病时以白细胞的显著增多为特征。

2. 白细胞减少

主要见于某些病毒性传染病，如猪瘟、流感等；某些重度疾病的后期；长期应用某些药物等。

五、注意事项

①在计数时，不要把杂质和白细胞相混淆，否则就会影响结果。比如把尘埃异物与白细胞混淆。须知白细胞在低倍镜下呈圆形，淡紫色，边缘清楚，其大小、形状、颜色、光泽较为规则一致，而其他异物却无此特点。必要时可用高倍镜观察有无细胞结构，加以区别。

②4 个大方格的白细胞数之间的误差不能超过 20％。

操作四　白细胞分类计数

一、应用范围

用于疾病的诊断、预后及疗效观察，对于白细胞计数方面意义很大。比如各种急性感染性疾病、急性炎症及重症烧伤、创伤等，临床检验可见嗜中性粒细胞增多；对于病毒性疾病、药物中毒及各种疾病的重危期，临床检验可见嗜中性粒细胞减少；对某些寄生虫病、过敏性疾病，临床检验可见嗜酸粒细胞增多；对某些疾病的重症期，如败血症，临床检验可见嗜酸粒细胞减少；对某些慢性传染病、淋巴性白血病、急性传染的恢复期等，临床检验可见淋巴细胞增多；当嗜中性粒细胞绝对值增多时，伴随减少的常常是淋巴细胞，说明机体与病原处于斗争阶段，此后淋巴细胞由少逐渐增多，往往是预后良好的指征。

二、用具材料

瑞氏染色液、缓冲液、蒸馏水、香柏油、载玻片、脱脂棉、玻璃铅笔、吸水纸、染色缸及染色架、试管架、显微镜、擦镜纸、分类计数器等。

三、操作方法

1. 血涂片的制备

(1)制备方法　用左手的拇指与中指夹持一张载玻片，先以细玻棒取血 1 滴(最好是未加抗凝剂的新鲜血)置于载玻片的一端，然后右手持另一张边缘平滑的推片(最好此载玻片稍窄或磨去两角)，倾斜 30°～45°角，由血滴的前方向后接触血滴，待血液扩散成线状后，立即以均等的速度轻而平稳地向前推进涂抹，直至血液推尽，形成血膜。

(2)注意事项　涂片时，血滴越大，角度越大，推片速度越快，则血膜越厚，反之则血膜越薄。白细胞分类计数的血片宜稍厚，进行红细胞形态及血原虫检查的血片宜稍薄。一张良好的血片，要求厚薄适宜，血液分布均匀，边缘整齐，能明显分出头、体、尾 3 部分，两侧留有空隙(以写明畜别、编号、日期)。血膜分布不匀，主要是由于推片不齐，用力不匀，玻片不洁所致。推好的血片可在空气中挥动，使其迅速干燥，以防细胞皱缩变形，并尽快固定染色。

2. 血涂片染色

(1)瑞氏染色法　血膜干后,用玻璃铅笔在血膜两端划线,以防染液外溢。将血片平置于染色架上,滴加瑞氏染液,并计其滴数,以盖满血膜为宜。1～2 min后,再滴加等量的磷酸盐缓冲液,轻摇玻片或吹气,使之混匀。5～10 min后,用蒸馏水直接冲洗,切勿先倾去染液再冲洗,否则沉淀物附于血膜上而不易除去,干燥后可供镜检。

(2)姬氏染色法　将血片用甲醇数滴固定3～5 min后,再直立于盛有姬氏应用液的染色缸中,经染色30～60 min,取出血片,用蒸馏水冲洗,干燥后即可镜检。

(3)瑞-姬氏复合染色法　姬氏染色对细胞核及血原虫效果较好,对细胞质及颗粒的染色则不如瑞氏染色法。采用复合染色,如掌握得法,可兼取二者的长处。用瑞氏染液染色1～2 min,再用姬氏应用液复染8～10 min即可。

3. 镜检计数

①先用低倍镜全面观察血涂片上细胞分布情况及染色质量,找到图像。

②然后选择染色良好、细胞分布均匀的部分,用油镜进行分类。

③由于比重大的细胞(粒细胞、单核细胞等)多分布在血涂片的边缘和尾部,比重小的细胞(如小淋巴细胞等)则多分布在血涂片的头部和中间。为减少这种细胞分布的固有误差并避免重复计数,血涂片必须按一定方向曲折移动而分类计数,并且分类计数的白细胞总数至少要达100个(如果计数200～300个白细胞,当然其百分率更为准确)。记录时,可用白细胞分类计数器,或设计一个表格,用画“正”字的方法加以记录。

四、白细胞形态观察

1. 中性粒细胞

中性粒细胞是数量最多的白细胞,核杆状或分2～5叶(图8-21)。核左移,1～2叶核增多;核右移,4～5叶核增多。胞质粉红色,有颗粒。

2. 嗜碱性粒细胞

嗜碱性粒细胞是数量最少的白细胞(图8-22)。直径12～15 μm,核2叶或S形或不规则形,颗粒大小、形态不规则,蓝紫色。

3. 嗜酸性粒细胞

嗜酸性粒细胞直径10～12 μm,核多为2叶(图8-23)。

4. 单核细胞

单核细胞是体积最大的白细胞,直径14～20 μm。形态:核卵圆形或肾形,常有折叠,染色质疏松,胞质灰蓝色,含嗜天青颗粒(图8-24)。

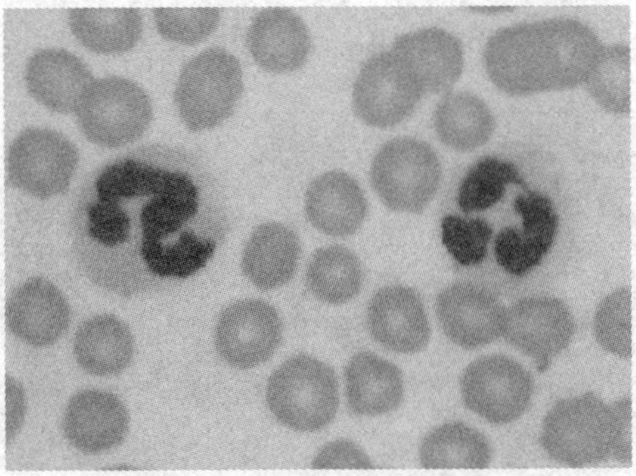

图 8-21 中性粒细胞

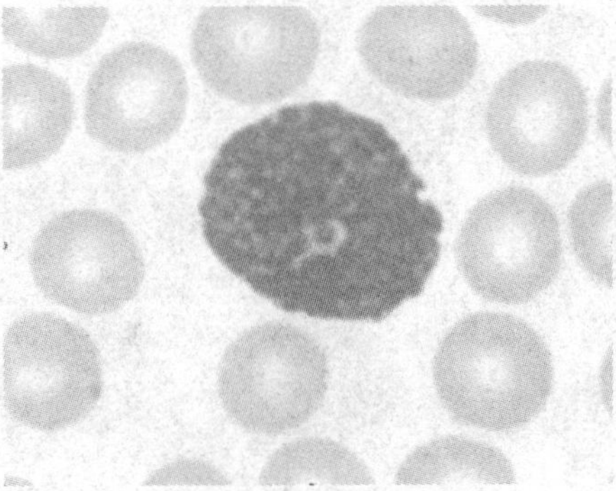

图 8-22 嗜碱性粒细胞

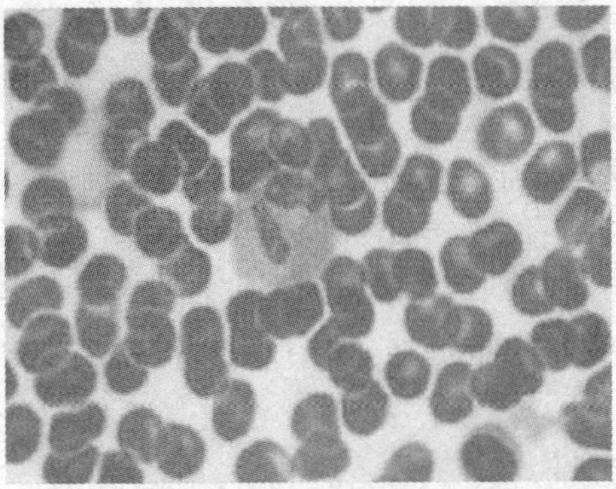

图 8-23 嗜酸性粒细胞

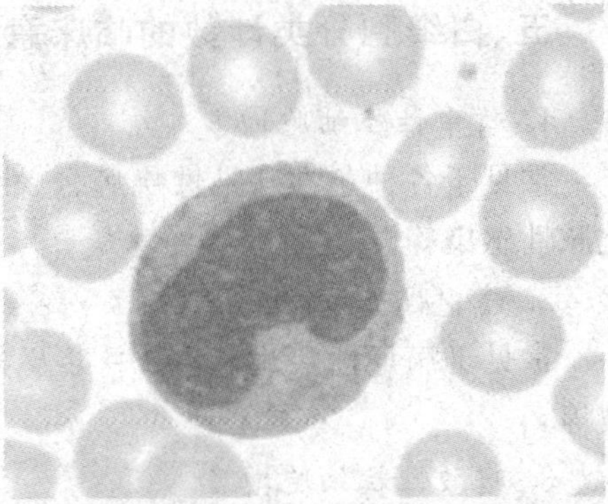

图 8-24 单核细胞

5. 淋巴细胞(图 8-25)

淋巴细胞的形态特征:小淋巴细胞,直径 6～8 μm,胞质少,强嗜碱性,核圆有侧凹,染色质块状着色深。中淋巴细胞,直径 9～12 μm,胞质较多,含少量嗜天青颗粒,核染色质较疏松,着色略浅。大淋巴细胞,直径 13～20 μm,主要存在于组织中。

6. 血小板

除红细胞、白细胞外,哺乳动物血液中还有血小板,见图 8-26。血小板形态:直径 2～4 μm,双凸扁盘状,无核,极易变形,中央颗粒区蓝紫色,周边透明区浅蓝色。

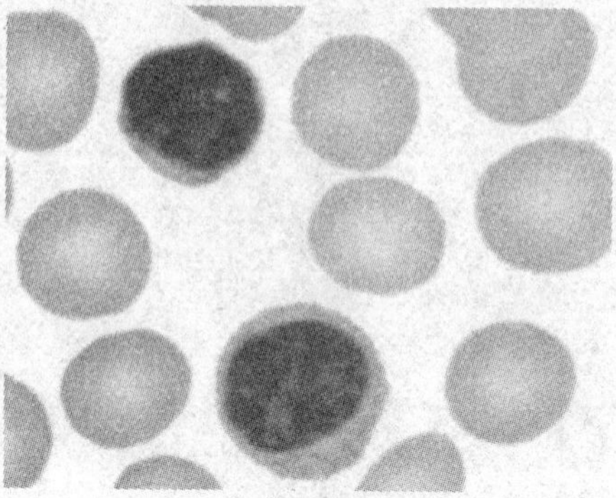

图 8-25 淋巴细胞

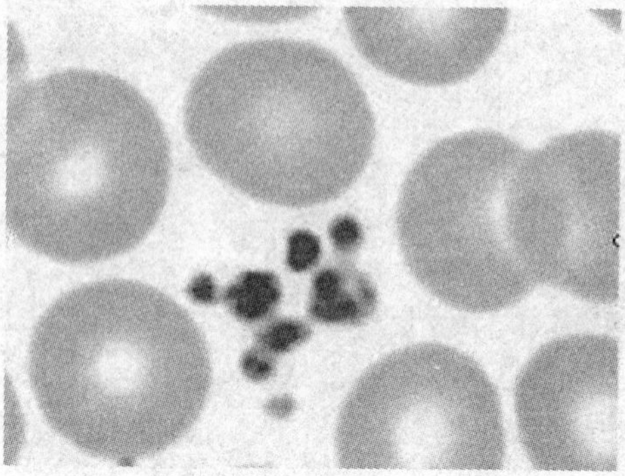

图 8-26 血小板

五、白细胞分类计数的临床意义

1. 嗜中性粒细胞增多

常见于各种急性感染性疾病、急性炎症及重症烧伤、创伤等，如猪肺疫、肺炎及化脓性感染等。

2. 嗜中性粒细胞减少

常见于病毒性疾病、药物中毒及各种疾病的重危期，如中毒性休克、胃肠破裂等。

3. 嗜酸性粒细胞增多

见于某些寄生虫病、过敏性疾病（荨麻疹等）以及湿疹、疥癣等皮肤病。

4. 嗜酸性粒细胞减少

见于某些疾病的重症期，如败血症，也可见于应用皮质类固醇药物。嗜酸性粒细胞长时间消失，表示预后不良，但消失后又重新出现，则说明病情好转。

5. 淋巴细胞增多

见于某些慢性传染病、淋巴性白血病；急性传染病的恢复期、某些病毒性疾病及血孢子虫病等。

6. 淋巴细胞减少

当嗜中性粒细胞绝对值增多时，伴随减少的常常是淋巴细胞。说明机体与病原处于斗争阶段，此后淋巴细胞由少逐渐增多，往往是预后良好的指征。

六、注意事项

①推制血片时用力要均匀，血膜薄厚要一致，血推片制作后有头尾。

②推片的边缘要平整光滑，否则血膜边缘不均匀且不整齐。

③画线是起到防止染色液外溢的作用，对染色效果没有影响。

④滴加瑞氏染液的量要适当。

【项目小结】

采血时，采血者要做好自身防护工作，采血设备需经消毒干燥。要做好采血记录，在送样过程中，血样不可剧烈摇晃以免溶血，血样送至实验室后要立即分离血清，不能立即分离的需及时冷藏。为防血样产生溶血现象而影响检测结果，在采血时应缓缓抽吸，以防血样产生气泡；有气泡的血样，要在采血现场及时排出才能存放。采出血后立即将血注入离心管内，注入时针头沿着倾斜内壁缓缓注入，然后盖上盖子。制作良好的涂片厚薄适宜，血膜分布均匀，呈粉红色。在厚薄适宜部位镜下观察，先用低倍镜观察全片，了解涂片染色，细胞分布情况，再用油镜观察。

【复习思考题】

1. 各种动物采血的方法有哪些？
2. 姬氏染色的步骤、瑞氏染色的步骤是什么？
3. 红细胞计数的方法与红细胞的识别有哪些？
4. 白细胞计数与白细胞分类计数的方法有哪些？
5. 血细胞计数的临床意义是什么？

实操项目九 尿常规检查

【知识目标】

掌握尿液理化性状检查的内容及方法,明确尿液理化性质检查的诊断意义。

【技能目标】

尿液的物理性状检查,尿液的化学性状检查和尿沉渣检验。

操作一 采集尿液

一、应用范围

适用于泌尿系统疾病检查的尿液采集。

二、用具材料

导尿管、穿刺针等。

三、操作方法

(一)收集自然排尿

1. 方法

用于主人对动物采集尿液。公犬排尿频繁,但排尿时间较短,主人外出遛狗的比较容易采集到,母犬不易采集。猫可以换成水晶猫砂,将猫砂放在一个易于收集尿液的盒子里,采集尿液。

2. 注意事项

自然排尿采尿时,中段尿液是最好的,因为开始的尿流会机械性地把尿道口和阴道或阴茎和包皮中的污物冲洗出来,尿液容易被尿道或生殖道的环境污染。

从笼子或地上采到的尿样较差，但如果考虑了污染因素，还是十分有效的。但是污染物与细胞、细菌有关时，必须用另一种采尿方法来证明尿样的异常。自然排尿是评价血尿时选择的采尿方法，因为其他的方法会在采尿时导致出血而增加红细胞的量。

(二)压迫膀胱

1. 方法

采用压迫膀胱的方法促使其排尿。

2. 注意事项

如果泌尿系统存在外伤，压迫膀胱时会使尿液样品中的红细胞和白细胞人为增加。如果动物发生尿道阻塞、膀胱最近有大的外伤或做过膀胱切开术，不能用压迫膀胱的方法来采尿。过大的压力会使膀胱破裂，而膀胱自身有病时则更容易破裂。强行压迫膀胱采尿会引起尿液从膀胱逆流回输尿管，增加逆行感染的危险。在评价用该方法采得的尿液时，必须考虑尿道口、阴道或阴茎和包皮的污染情况。

(三)导尿

1. 方法

用输尿管导尿。

2. 注意事项

导尿要在无菌的条件下进行。雌性的尿道口可以直接看到，导尿可借助阴道反射镜、耳镜或喉镜进行操作。

3. 优点

可以避免阴道、阴茎包皮和会阴大部分污染物的污染。

4. 缺点

在导尿时把细菌带入膀胱，可能造成健康犬猫的下泌尿道发生逆行感染。存在尿道感染的病例易造成医源性细菌感染。送导尿管时用力过大可能导致患病的尿道或膀胱破裂。操作错误也可导致正常的尿道和膀胱破裂。导尿时，存在的伤口会使样品中的红细胞、白细胞、尿道和膀胱上皮细胞增加。

(四)膀胱穿刺

1. 方法

动物常采用背侧躺卧保定，烦躁的动物需要镇静。固定住充盈的膀胱，用22号针头穿刺，针头朝向骨盆入口方向，尽量多的抽出膀胱内的尿液，随着尿液的减少膀胱的位置会向尾侧缩小，针的角度也要随之变动。

2. 优点

膀胱穿刺可以避免尿道口、阴道、阴茎包皮和会阴污染物的污染。可以使尿样中的非尿道污染减少到最小。

3. 缺点

近期进行过膀胱切开术和严重的膀胱外伤，不能采用穿刺方法采集尿样。针孔造成的外伤可能引起医源性的血尿和膀胱穿刺部位尿液进入腹腔。

4. 注意事项

最好在早上采尿样，因为这是一天中尿样浓度最高的时候。要用干净的且没有化学污染的容器采集。采集到的尿样应该尽快分析，如果不能在 30 min 内分析尿样，应冷藏保存。

操作二　尿液的物理性状检查

一、应用范围

主要检查内容包括尿色、透明度、气味、相对密度等。通过视觉、嗅觉以及借助密度计等仪器测量确定物理性状，以判定机体疾病状况。

二、用具材料

洁净小烧杯、滴管、尿密度计等。

三、操作方法

(一)识别尿色

将被检验尿液适量盛放在洁净的小烧杯中，一个是正常尿液，一个是被检尿液，通过视觉检验确定其物理性状。

1. 正常颜色

动物的正常尿色为淡黄色、黄色到深黄色，颜色的变化是由尿液中胆红素的浓度和尿量决定的，马尿呈黄色，牛尿呈淡黄色，猪尿呈水样无色，犬尿呈鲜黄色。

2. 异常颜色

(1)无色或淡黄色　一般为比重低的稀薄尿液，见于动物大量饮水、肾病末期、尿崩症、肾上腺皮质功能亢进、子宫积脓、过量饮水和一些伴有糖尿的疾病。

(2)暗黄色或褐黄色　一般为比重高的浓缩尿液，见于饮水减少或脱水、急性肾炎、热性疾病、胆红素尿(带黄色泡沫)和尿胆素原尿。

(3)红色、葡萄酒色或褐色　常见于血尿、血红蛋白尿、肌红蛋白尿、卟啉尿或药物尿。血尿一般为红色云雾状,离心后上清液清亮,沉渣为红细胞。排尿开始即排红色尿,多为尿道下部或生殖道出血;排尿结束前排红色尿,多为膀胱出血。血红蛋白尿和肌红蛋白尿为半透明的红褐色,离心后无红细胞沉淀,长期储存可变成褐色或褐黑色。卟啉尿为红色、粉红褐色到红褐色,服用大黄、芦荟、刚果红、硫化二苯胺等,尿液变为红色。

(4)绿色尿　常见于用美蓝防腐的尿、胆绿色素尿和吖啶黄素尿。

(5)乳白色尿　常见于尿中含有乳糜、脓细胞、大量磷酸盐和尿酸盐时。

(二)识别透明度与黏稠度

检查透明度时,将尿液置于小烧杯中对着光线检查;检查黏稠度时,可用滴管吸取尿液,以观察有无絮状、丝状物存在。

1. 动物正常尿液

新鲜尿液呈清亮状态,放置时间稍长有结晶盐形成沉淀而变得浑浊。但正常马属动物的新鲜尿液中,因含有大量碳酸钙结晶和黏液,故浑浊不透明。而牛、羊、猪及肉食动物尿液呈透明状、不浑浊、无沉淀。对有些犬、猫而言,云雾状尿液可能是正常的。

2. 不正常尿液

浑浊度增加或新鲜尿液呈浑浊不透明者(马属动物除外),均为异常现象。马属动物的新鲜尿液变得清亮,见于精料过多、过劳、纤维性骨营养不良等。马属动物以外的动物,如果新鲜尿液变得浑浊,是由于尿中含有矿物质结晶、细胞、血液、黏液、细菌、管型和精子等,提示肾脏疾病和尿道疾病。有时也不一定是病理性浑浊,可用显微镜检验尿沉渣而予以鉴别。

对于犬、猫尿液云雾状或模糊的外观异常,见于过多的红细胞、白细胞、上皮细胞、细菌或真菌、精子、前列腺液、黏液、结晶。尿液絮状的外观,见于白细胞聚集、上皮细胞聚集、小结石或沙粒等。

(三)识别气味

将适量的被检验尿液盛放在洁净的小烧杯中,一个是正常尿液,一个是被检尿液,通过嗅觉检验确定其物理性状。

1. 正常气味

尿液的气味源自挥发性脂肪酸。尿液放置时间长了,由于细菌脲酶作用而使尿素分解生成氨,具有刺鼻的氨味。

2. 不正常气味

膀胱炎或尿道阻塞，当膀胱潴留时，尿液可具有强烈的刺鼻氨味；膀胱和尿道有化脓性炎症、溃疡或坏死时，尿液可有腐败的臭味；酮病、糖尿病时，尿液带有丙酮气味。常见奶牛病情严重的时候，呼气、尿液和乳汁中有烂苹果的气味。

(四)测定尿密度

尿密度为单位容积尿液中含固体物质的多少，健康动物每天排出固体物质比较恒定，因此，尿量对密度影响较大，一般是尿量大时其密度小，尿量小时其密度大。尿密度检验有检验其渗透压和比重两种方法，尿渗透压检验用渗透压计，尿比重检验用尿比重计或临床兽用折射仪(图 9-1)。

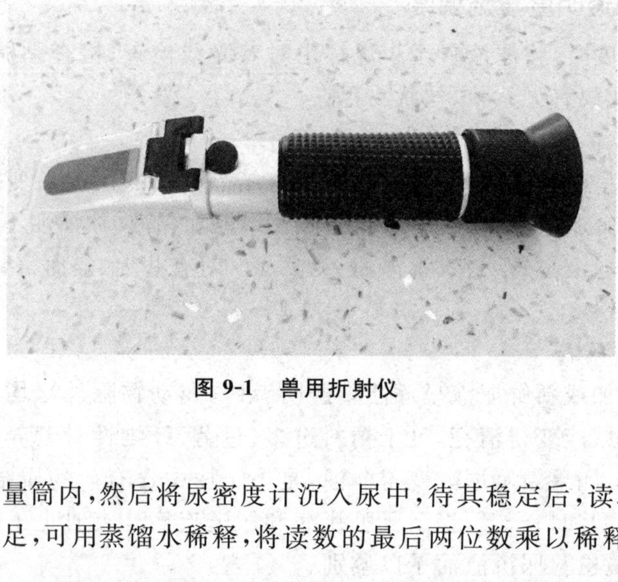

图 9-1 兽用折射仪

1. 方法

将尿盛放于量筒内，然后将尿密度计沉入尿中，待其稳定后，读取尿密度计的读数。如尿量不足，可用蒸馏水稀释，将读数的最后两位数乘以稀释倍数，即得原尿的密度。

2. 正常值

马的尿密度为 1.025～1.055，牛的 1.025～1.050，羊的 1.015～1.065，猪的 1.018～1.022，犬的 1.020～1.050。

3. 临床意义

(1)尿密度增高 见于动物饮水过少，出汗过多；也可见于热性病、便秘、重度胃肠炎急性胃扩张、中暑、腹膜炎及急性肾炎等。

(2)尿密度降低 见于大量采食多汁饲料和青饲料，大量饮水；也可见于肾机能不全、间质性肾炎、肾盂及神经性多尿病等。比重(相对体积质量，临床上多称比重)大于 1.025(犬大于 1.030，猫大于 1.035)，就表明肾脏浓缩能力正常。具有正常浓缩尿液能力的动物，排出的尿液比重比肾小球滤液比重(1.008～1.012)高。动物机体脱水超过体重3%时，就会引起抗利尿激素的释放，使尿液变浓缩。尿比重持续低于1.012时，表示存在有弥漫性肾病、尿崩症或肾脏对ADH不能产生反应。尿比重持续低于1.008时，表示有2/3以上的肾单位丧失尿浓缩作用。新生动物，肾脏都缺乏足够的尿液浓缩能力。

操作三 尿沉渣检查

一、应用范围

泌尿系统的尿液检查。

二、用具材料

离心管、滴管、载玻片、盖玻片、0.4%碘溶液、显微镜、离心机。

三、操作方法

取新鲜无污染的尿液10～15 mL，放入离心管，以1 500～2 000 r/min转速离心5 min，弃去上清液，剩少量尿液，然后混合，用吸管吸少量放在载玻片上，盖上盖玻片，在显微镜较暗视野下观察。开始先用低倍镜观察管型和其他尿沉渣中有形成分的全貌，然后换成高倍镜来辨认细胞、结晶等其他成分。连续观察10～15个低倍或高倍视野，以求出平均每个视野所见某 成分的数量，如透明管型1～2个/低倍视野(LPF)，白细胞2～3个/高倍视野(HPF)等。通常无需染色，即可进行尿沉渣检验。如果需要染色，有多种染色液可供选用。一般染色用S-M染色液，欲染细胞成分可用瑞氏染色液，欲染脂肪可用苏丹Ⅲ，欲染细菌可用革兰染色液。S-M染色法为0.2 mL尿沉渣加入1滴染液，混合后吸到载玻片上，用盖玻片覆盖，3 min后镜检。此时，红细胞染成淡紫色，多形核白细胞核染成橙红色，透明管型染成粉红色或淡紫色，细胞管型染成深紫色。

四、临床意义

(一)上皮细胞

(1)鳞状(扁平)上皮细胞 个体最大，不规则，边缘有棱角，细胞核小。它来自尿道、阴道和包皮上皮。在排出的和导出的尿的高倍视野中，含有少量的鳞状上皮细胞是正常的。

发情时尿中鳞状上皮细胞会大幅度增加。这种细胞的出现一般无诊断意义。

(2)移行上皮细胞　大小界于鳞状上皮细胞和肾上皮细胞之间,形状有圆形、纺锤形和尾形,常见几个细胞集聚在一起,尤其是在人工导尿的尿沉渣中。有时正常的犬、猫尿液的每个高倍视野中可见到这种细胞。它来自近端尿道、膀胱、输尿管和肾盂上皮。尿沉渣中这类上皮增多,可见于肾盂肾炎,也可见于机械性的摩擦(尿石病或导尿)、肿瘤或化学刺激(用环磷酰胺治疗)。

(3)肾(小圆)上皮细胞　个体小而圆,比白细胞稍大,常因变性使其结构不清楚,难与白细胞相区别。它来自肾小管上皮。肾上皮细胞在尿沉渣中增多,临床上见于急性肾炎。

(二)红细胞

尿沉渣中红细胞呈圆形,橘黄色,有轻度折光,内部无任何结构。在浓缩尿中常发生皱缩,在稀薄尿中(比重小于 1.008)细胞质溶解,变成影细胞。在正常的犬、猫尿液中可见少量的红细胞。

当评价红细胞增多时,一定要考虑采尿时引起外伤的程度。大约的正常范围:排出的尿中每个高倍视野中平均有 0～8 个红细胞,导出的尿中每个高倍视野中平均有 0～5 个红细胞,穿刺的尿中每个高倍视野中平均有 0～3 个红细胞,而受伤时的值一般超过 50 个。在高倍视野下尿沉渣中红细胞数量达 4～5 个/HPF,表明泌尿道有出血,出血可能为炎性或外伤性的。

(三)白细胞

尿沉渣中白细胞呈圆形,核分叶,细胞质内有颗粒,比肾上皮细胞小。白细胞在陈旧尿中变性,在低渗尿或碱性尿中溶解或轮廓不清楚。像红细胞一样,正常的犬、猫尿液中存在有少量的白细胞。正常范围:排出的尿中每个高倍视野中平均有 0～8 个白细胞,导出的尿中每个高倍视野中平均有 0～5 个白细胞,穿刺的尿中每个高倍视野中平均有 0～3 个血细胞。

在高倍视野下尿沉渣中白细胞多于 5～8/HPF,表明泌尿生殖道有炎症。尿中白细胞增多常伴有细菌尿,但细菌尿不一定伴有脓尿。只有在脓尿时,尿沉渣中才能发现脓细胞。

(四)管型

管型是尿中黏蛋白和血浆蛋白在远曲小管的酸性条件下形成的伸长管状物。管型在碱性尿液中将被溶解。远曲小管形成的管型可间断性地排入尿中,同一病畜的尿沉渣检验,有时可看到管型,有时则看不到,因此,即使尿沉渣中未发现管型，也不能排除肾脏疾病。在严重的慢性肾病时，可检出多种管型。正常犬、猫尿液中仅有少量的管型。在低倍视野中平均有 0～2 个透明管型，平均有 0～1 个颗粒管型，没有其他类型的管型。管型有下列几种。

1. 透明管型

透明管型是一种无色均质半透明管型(图 9-2)，在视野很暗时也很难看清楚。其绝大部分由黏蛋白组成。在正常动物尿中可出现，但多见于动物过劳时或肾脏存在中等程度刺激时的尿液沉渣中。

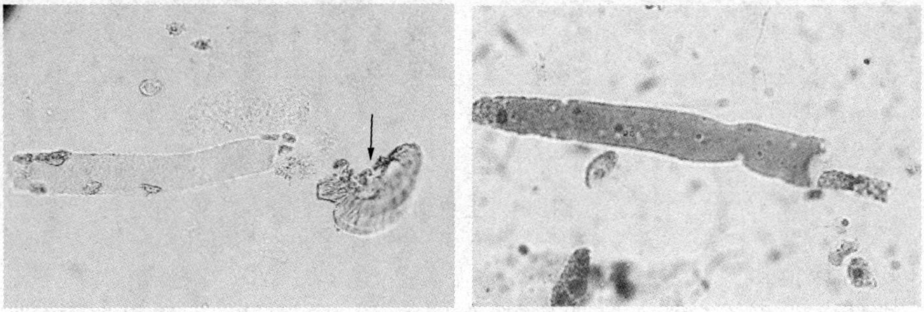

图 9-2　透明管型

在发热、剧烈运动和用利尿药治疗(人)时，即使肾脏正常也可以出现。在这些情况下，透明管型的出现是暂时性的。

2. 颗粒管型

颗粒管型分粗颗粒管型和细颗粒管型，由黏蛋白、血浆蛋白和破碎的肾小管上皮细胞颗粒组成，是最常见的一种管型(图 9-3)。管型中的颗粒可能是来源于肾小球疾病中的血清蛋白或肾小管变性的细胞破裂产物。在多数情况下，过量的颗粒管型意味着肾小管变性加速，但也可能是肾小球损伤。此类管型多见于肾炎和肾病。

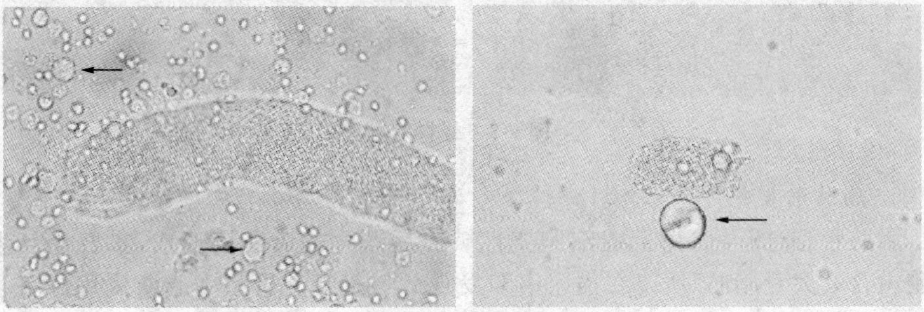

图 9-3　颗粒管型

3. 上皮细胞管型

上皮细胞管型(图 9-4)类似透明管型,但管型内含有成列的肾小管上皮细胞,可能和其他细胞形成混合管型,意味着有严重的肾小管细胞损伤。这类管型见于急性肾炎和肾病。

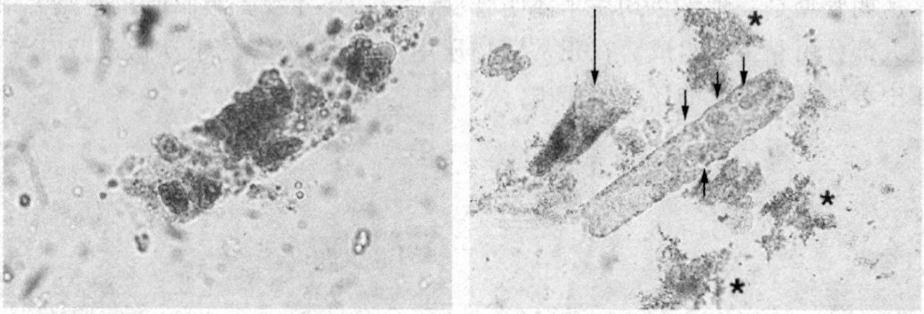

图 9-4 上皮细胞管型

4. 蜡样管型

蜡样管型(图 9-5)类似透明管型,无颗粒,一般短而粗,有折光性,两端不整齐,有折断状分节,它从变质细胞和颗粒管型演化而来,是颗粒管型变性的最后阶段。大多数与慢性肾脏疾病有关,可见于能引起肾内细胞管型或颗粒管型形成增加的所有疾病。

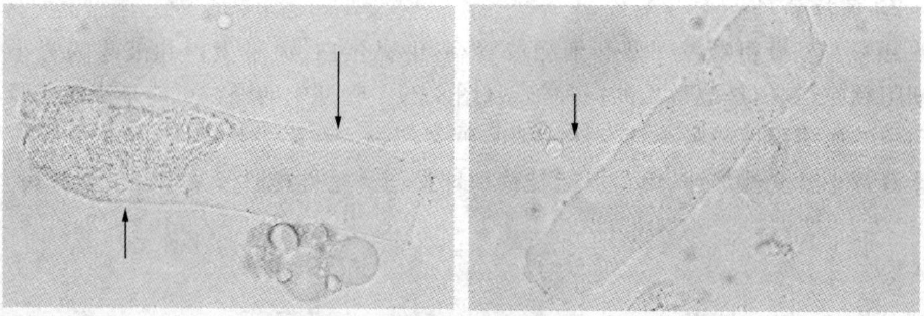

图 9-5 蜡样管型

5. 脂肪管型

脂肪管型(图 9-6)由上皮细胞变性破碎后产生的脂肪滴形成,猫肾小管上皮细胞内含有大量脂肪,所以在猫尿中多发现此类管型。管型中脂肪滴用苏丹Ⅲ染色,呈枯黄色至红色。这类管型见于肾病和慢性肾小管病变。

6. 红细胞管型

管型内含有红细胞,见于肾脏出血或炎症。在犬、猫的尿样中不常见。急性间质性肾炎时,很少发现有单纯的红细胞管型,但可以和其他细胞混合在一起。

7. 白细胞管型

管型内含有白细胞,也可能和其他的细胞形成混合管型,见于肾炎、肾化脓和肾盂肾炎,肾盂肾炎时最常见。

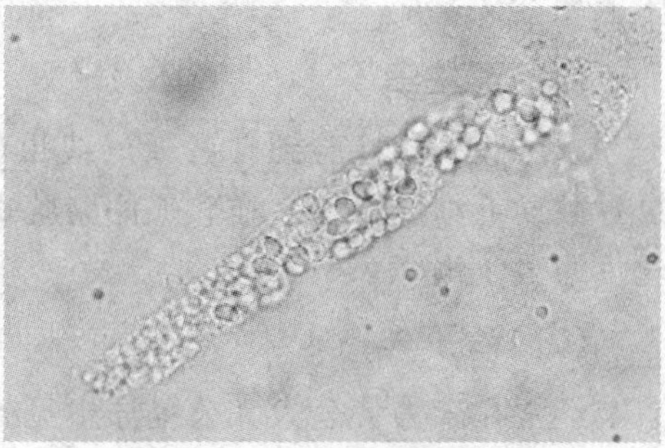

图 9-6　脂肪管型

8. 类柱状管型

外观与透明管型相似,但两端或一端尖细,其临床意义类似透明管型。

(五)黏液

黏液为均质物质,常呈细长、弯曲、缠绕的线状,在视野背景调暗时才能看到,黏附在其他物体上时看得更清楚。马肾盂和近端输尿管有黏液分泌腺,因此马尿中有黏液是正常现象,其他动物尿中有黏液,表明尿道受刺激或生殖道分泌物混入了尿液。

(六)脂肪滴

脂肪滴是一种折光性强、大小不一的物质,由于它总浮在表面,镜检时总不能和其他沉渣在一个焦点上同时见到。用苏丹Ⅲ可染成橘黄色至红色。正常猫尿中含有脂肪滴,其他动物尿中则不含有,如有发现,要么由于人工导尿所致,要么存在甲状腺机能降低、糖尿病等。

(七)微生物

1. 细菌

尿中单个或成串的杆菌,一般可以辨认;单个球菌类似于微小结晶或碎片,在尿中呈布朗运动(液体分子运动),即使在高倍显微镜下也无法辨认,但成串的球菌容易辨认。尿沉渣进行瑞氏或革兰染色时,细菌较容易辨认。如果尿样收集适当,正常尿液中无细菌。如果在膀胱穿刺或无菌导尿的尿样中发现含有大量的细菌,尤其在尿沉渣中同时还含有大量白细胞和红细胞,可诊断为膀胱炎和肾盂肾炎。采集排尿中段尿样含有大量细菌时,除膀胱炎和肾盂肾炎外,还表明有尿道炎、子宫炎、阴道炎或前列腺炎。

2. 真菌

尿沉渣中有时可看到分节的真菌菌丝或出芽的酵母菌,这是尿污染造成的,临床上无意义。

(八)寄生虫

尿沉渣中能检验到有齿冠尾线虫(猪肾虫)、膨结线虫(犬和狼大型肾脏寄生虫)、皱襞毛细线虫(犬、猫和狐的膀胱寄生虫)等寄生虫的虫卵,有时可检测到犬恶丝虫的微丝蚴。

(九)精子

经常在未去势公犬和公猫尿中见到,容易辨认,但无任何临床意义。

(十)结晶物

尿中结晶物的形成与尿 pH、结晶物的溶解性和浓度有关。正常酸性尿中含有尿酸、无定形尿酸盐,有时还含有草酸钙和马尿酸;正常碱性尿中含有磷酸铵镁(三价磷酸盐)、无定型磷酸盐、碳酸钙(多见于马尿中),有时还含有尿酸铵。一般尿中出现的结晶物很少有临床意义,有些结晶物的出现具有一定临床意义。

1. 在碱性尿中易形成结晶物

(1)鸟粪石结晶(图 9-7) 可能是正常的或与尿石的生成有关。

(2)无定型的磷酸盐(图 9-8) 可能是正常的或与尿石的生成有关。

(3)磷酸钙(图 9-9)和碳酸钙(图 9-10) 与尿石生成有关。

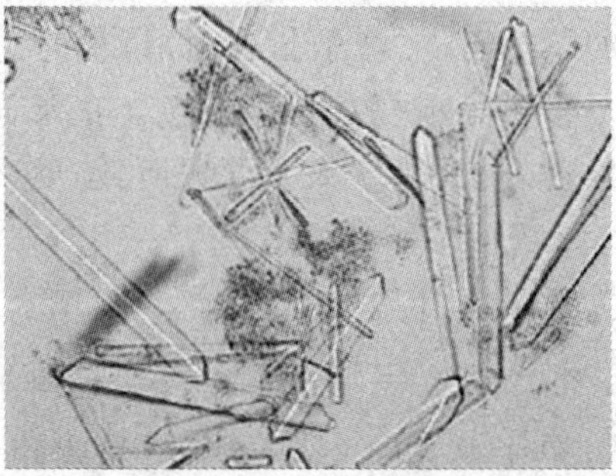

图 9-7 鸟粪石结晶

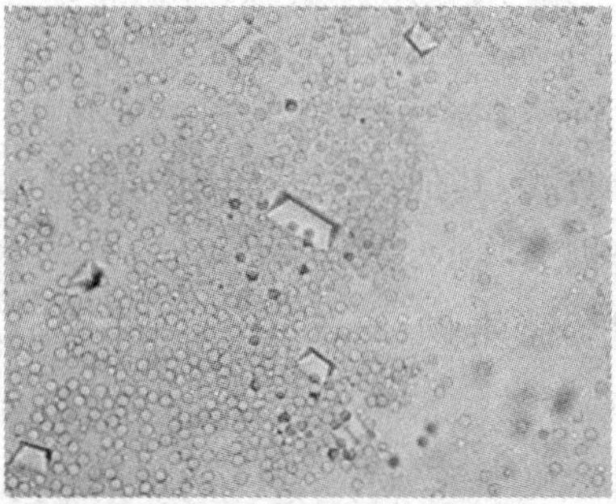

图 9-8 磷酸铵镁结晶

2. 在酸性尿中易形成结晶物

(1)尿酸盐(图 9-11) 与尿石症或代谢缺陷有关。

(2)胱氨酸盐(图 9-12) 与尿石症或代谢缺陷有关。

(3)草酸钙(图 9-13) 典型的类型,可能是正常的或与尿石的生成有关。也可能为长时间摄入酸化食物或乙烯乙二醇中毒。

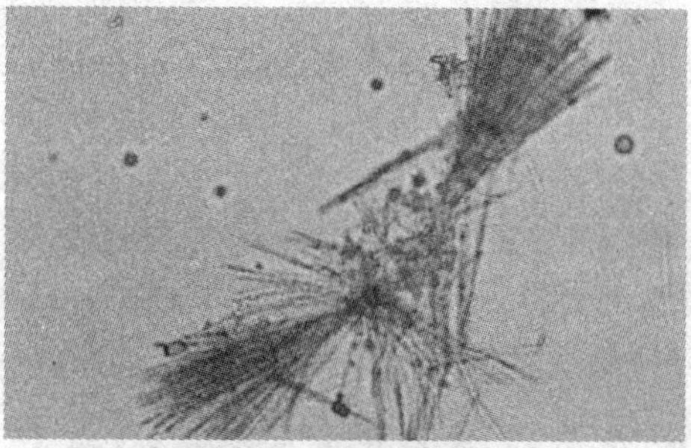

图 9-9 磷酸钙结晶

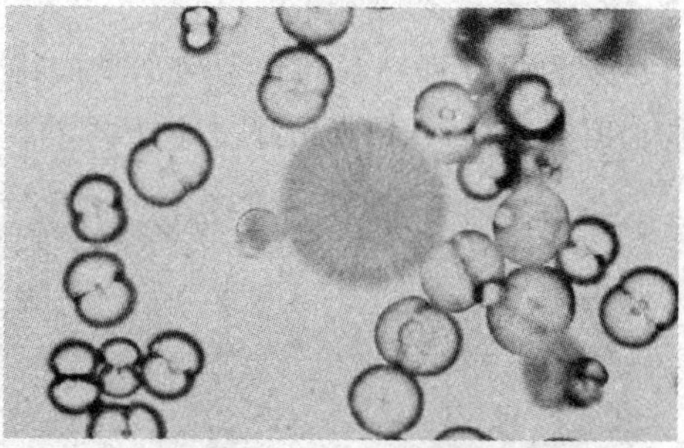

图 9-10 碳酸钙结晶

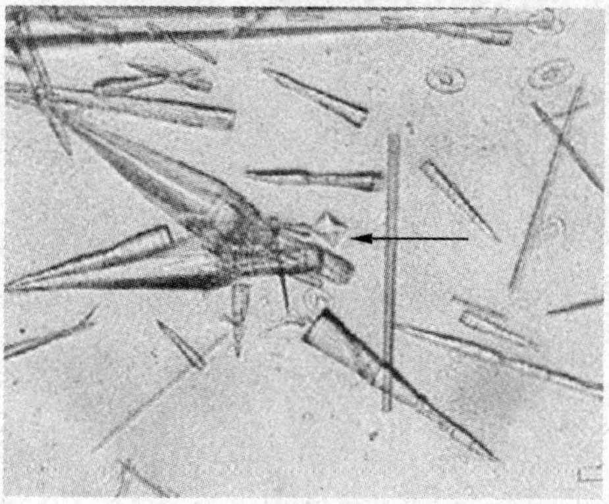

图 9-11 非定型尿酸盐结晶

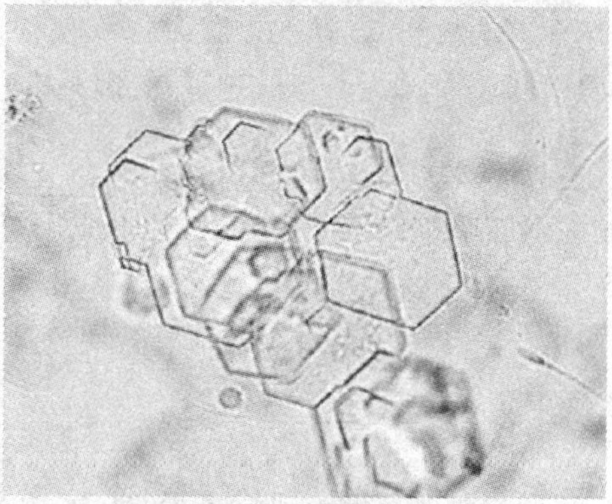

图 9-12 胱氨酸盐结晶

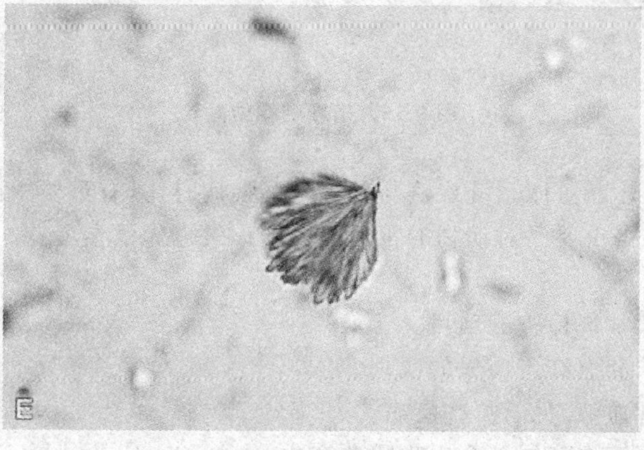

图 9-13 草酸钙结晶

3. 胆红素结晶(图 9-14)

犬的胆红素结晶可能是正常的,特别是母犬,但也可能意味着肝脏疾病或溶血。但猫的胆红素结晶都是不正常的。

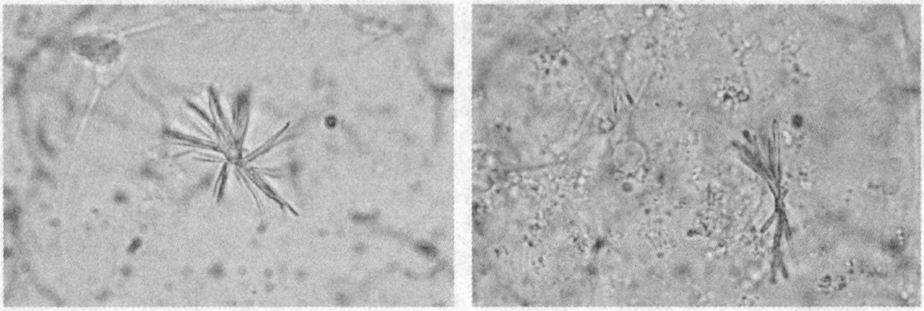

图 9-14 胆红素结晶

4. 磺胺嘧啶结晶

磺胺嘧啶结晶(图 9-15)见于应用过量磺胺嘧啶药物治疗。

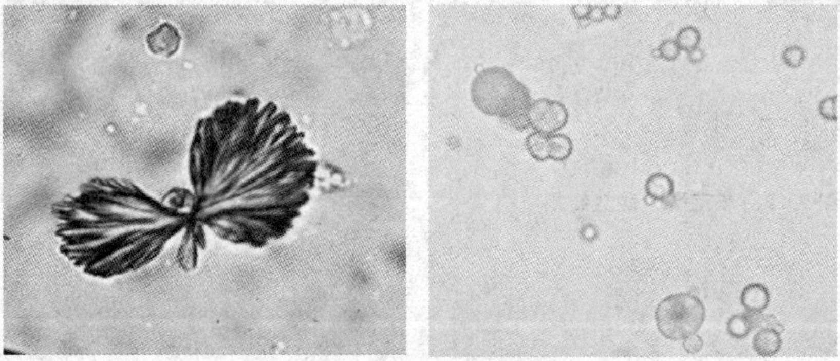

图 9-15 磺胺嘧啶结晶

【项目小结】

尿液检验在诊断泌尿系统疾病与其他一些疾病时,具有重要的诊断意义,尤其对泌尿系统更显得重要。对动物的预后与验证疗效也提供参考。

【复习思考题】

1. 简述尿液常规检查的项目。
2. 简述血尿和血红蛋白尿的区别。
3. 尿中出现血液,见于哪些疾病?
4. 新生仔畜溶血病尿液会出现哪些变化?
5. 尿常规检查应检查哪些内容?

实操项目十　粪便常规检查

【知识目标】

掌握粪便潜血检验的意义，掌握粪便虫卵检验的方法。

【技能目标】

临床粪便潜血的检验，粪便中虫卵的检验。

粪便检查是兽医临床上了解消化系统病理变化的一种辅助方法。正常粪便由消化后未被吸收的食物残渣、消化道分泌物、大量细菌、无机盐和水分等组成。

操作一　粪便中细胞成分观察

一、应用范围

了解消化道及与消化道相通的肝、胆、胰等器官有无炎症、出血、寄生虫感染等疾病以及了解胰腺和肝胆系统的消化与吸收功能状况。临床上粪便的一般性检查只能粗略推断病因。

二、用具材料

显微镜、载玻片、盖玻片、粪便病料、生理盐水等。

三、操作方法

由粪便的不同部分采取少许粪块，置于载玻片上，加少量生理盐水，用牙签混合并涂成薄层，涂片后覆以盖玻片镜检，仔细寻找细胞、寄生虫卵、细菌、原虫，并观察各种食物残渣以了解消化吸收功能。

四、临床意义

1. 白细胞

白细胞主要是中性粒细胞，正常粪便中不见或偶见。肠道炎症时增多。结肠炎症时如细菌性痢疾，可见大量白细胞、脓细胞、小吞噬细胞。过敏性肠炎、肠道寄生虫病（如钩虫病）时，粪便中可见较多嗜酸性粒细胞。

2. 红细胞

正常粪便中无红细胞，肠道下端炎症或出血时可出现，如痢疾、溃疡性结肠炎。

3. 吞噬细胞

吞噬细胞直径为中性粒细胞的 3 倍以上，圆形、卵圆形或不规则形，核型多不规则，细胞质常含有吞噬颗粒及细胞碎屑，见于细菌性痢疾和直肠炎症时。

4. 肠黏膜上皮细胞

肠黏膜上皮细胞为柱状上皮细胞，呈卵圆形或短柱状，两端圆钝。正常粪便中不易见到。结肠炎症时，上皮细胞增多常夹杂于白细胞之间，伪膜性肠炎时粪便的黏膜小块中多见，胶冻样分泌物中大量存在。

5. 肿瘤细胞（癌细胞）

消化道发生肿瘤时，可能发现成堆的癌细胞。

6. 淀粉颗粒

淀粉颗粒为大小不等的圆形或椭圆形呈特殊轮状结构的颗粒，滴加碘液后染成蓝色。见于腹泻、慢性胰腺炎、胰腺功能不全等。

7. 脂肪小滴

健康动物粪便很少见到脂肪小滴，粪便中脂肪含量增多表示脂肪吸收不全，常见于肠炎、肝脏及胰腺疾病等。镜检见大小不一、圆形、折光性强的脂肪小滴。

8. 肌肉纤维

肉食动物粪便中可见少许淡黄色条状、片状的横纹肌纤维片（图 10-1），但在一张盖玻片下不应多于 10 个。肠蠕动亢进、腹泻、胰腺外分泌功能减退时增多。

9. 植物纤维及未完全消化的饲料

植物纤维及未完全消化的饲料见图 10-2。

10. 异常致病菌

肠道杆菌属于革兰阴性杆菌，常寄居在肠道内，随粪便排出，广泛分布于水、土壤或腐物中。肠道杆菌种类繁多，大多数是肠道的正常菌群，但当宿主免疫力降低或细菌移位至肠外部位时，可成为条件致病菌而引起疾病，可引起轻微症状、化脓性肠炎，严重时可引起死亡。

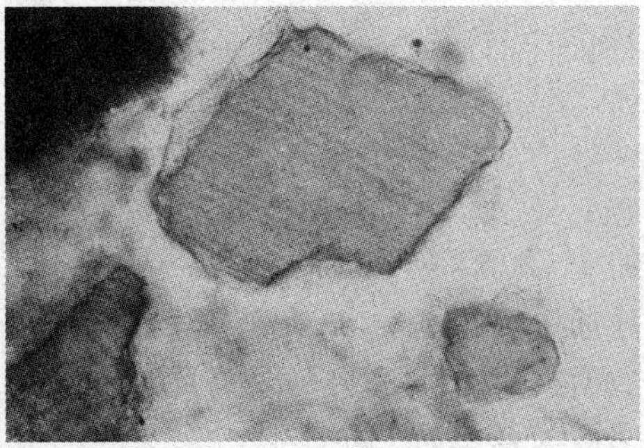

图 10-1 动物粪便中的肌肉纤维

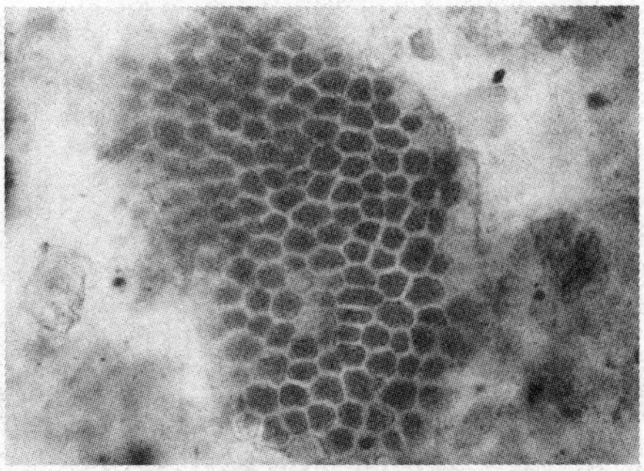

图 10-2 植物纤维及未完全消化的饲料

11. 真菌

真菌属于肠道致病菌，正常情况下肠道中不存在，可引起腹泻、肠黏膜脱落等。常见的有链格胞霉、白色念球菌、酵母菌及其他真菌。在龙猫、兔子等啮齿类动物粪便中发现属于正常，因草食动物靠肠道菌来消化食物。

12. 寄生虫

常见的寄生虫有蛔虫、绦虫、吸虫、线虫、钩虫、球虫、滴虫成虫及其虫卵等。

操作二 粪便内虫卵的检查

一、应用范围

了解消化道及与消化道相通的肝、胆、胰等器官有无炎症、出血、寄生虫感染等疾病，了解胰腺和肝胆系统的消化与吸收功能状况。临床上粪便的一般性检查只能粗略推断病因。

二、用具材料

50％甘油生理盐水、镊子或牙签、铁架台、漏斗、盖玻片、载玻片、显微镜、饱和盐水、双层纱布或棉花、干净的容器、200 mL 烧杯数个、纱布或 40 目的铜丝筛、铂耳或直径 0.5～1 cm 的铁丝圈、离心机、搅拌棒。

三、操作方法

(一)直接涂片检查

1. 检查方法

①取一片洁净的载玻片,在玻片中央滴加1~2滴50%甘油生理盐水。

②然后用镊子或牙签挑取少量粪便,与甘油生理盐水混匀,夹去较大的或过多的粪渣,涂布均匀,使玻片上留有一层均匀的粪液,其浓度的要求是将此玻片放于报纸上,能通过粪便液膜模糊地辨认其下的字迹为合适。

③在粪膜上覆以盖玻片,置低倍显微镜下检查。检查时,应顺序地查遍盖玻片下的所有部分。如发现虫卵,再换高倍镜仔细观察。

2. 注意事项

①如无甘油生理盐水时可以用常水代替。

②适用于检查各种蠕虫的虫卵、球虫卵囊等,但检出率较低。

③当畜禽体内寄生虫数量不多而粪便中虫卵少时,有时不能查出虫卵。

(二)集卵法检查

1. 沉淀法

(1)自然沉淀法

①取粪便5~10 g置于烧杯中,加清水100 mL以上,搅匀成粪汁。

②通过40~60目铜筛或两层纱布过滤,滤液收集于另一烧杯中,静置沉淀20~40 min,倒去上层液,保留沉渣。

③加水混匀,再静止沉淀,如此反复操作直到上层液体透明澄清后,倒去上层液,用滴管或吸管吸取沉渣滴于载玻片上,加盖玻片做成涂片镜检。

(2)离心沉淀法

①取粪便1~2 g,放在干净的小烧杯中,约加10倍的水,充分混匀成悬浮液。

②通过40~60目铜筛或两层纱布过滤,滤液收集于另一干净的离心管中,放入离心机内。可以用自然沉淀法处理过的滤液倒入离心管中。

③放入离心机内,以2 500~3 000 r/min的转速离心沉淀3~5 min,取出后倾去上层液,再加水搅合,离心沉淀,如此反复操作,直到上层液透明为止,最后倒掉上清液,取沉渣制片镜检。

制片厚度要求同直接涂片法。此法适用于检查吸虫卵。

(3)注意事项

①虫卵比水重,可自然沉于水底,便于集中检查和提高检出率。

②主要用于吸虫卵和棘头虫卵的检查，也可用于其他寄生虫卵和球虫卵囊等的检查。

2. 饱和盐水漂浮集卵法

(1)配制饱和盐水溶液 先将水煮开，然后加入食盐搅拌，使之溶解，边搅拌边加食盐，直加至食盐不再溶解而生成沉淀为止，再以双层纱布或棉花过滤至另一干净的容器内，待凉后即可使用。一般是在 1 000 mL 沸水中加食盐 380 g，比重约 1.18。

(2)蘸取法

①取 5～10 g 粪便，置于 100 mL 烧杯中，加入少量饱和盐水搅拌混匀。

②然后继续加入 10～20 倍的饱和盐水，用玻棒搅匀。

③通过 60 目细网铜丝筛或两层纱布过滤，将滤液置于试管内，滤液静置 30 min左右，比饱和盐水比重轻的虫卵，大多浮于液体表面。

④用铂耳或直径 0.5～1.0 cm 的金属圈平着接触滤液表面，提起后将粘于金属圈上的液膜抖落于载玻片上，如此多次蘸取不同部位的液面后，加盖玻片镜检。

(3)玻片法 取粪便 1 g，加饱和食盐水 10 mL，混匀，筛滤，滤液注入直径 1.5～2 cm的平口试管或青霉素瓶中，补加饱和盐水溶液使试管充满，然后用滴管补加粪液，滴至液面凸出管口为止，管口覆以清洁盖玻片，并使液体和盖玻片完全接触，其间不留气泡，静置 30～40 min，平移此盖玻片于事先放有 1 滴甘油水的载玻片上镜检。

(4)注意事项

①本法检出率高，在实际中应用比较多。

②利用比虫卵比重大的溶液作为检查用的漂浮液，使寄生虫的虫卵、球虫卵囊等浮聚于液体表面，取表膜液制片镜检，以提高检出率。

③该法适用于检查粪便中的线虫卵、绦虫卵和球虫卵囊。

以上漂浮法和沉淀法，均使液体静置待其自然下沉或上浮。也可将以上粪液置于离心管中，在离心机内离心，借助离心力以加快其沉淀或上浮过程。

3. 锦纶筛兜集卵

取粪便 5～10 g，加水搅匀，先通过 260 μm(40 目)的铜丝筛过滤；滤下液再通过 58 μm(260 目)锦纶筛兜过滤，并在锦纶筛兜中继续加水冲洗，直到洗出液体清澈为止；然后取兜内粪渣涂片检查。此法适用于宽度大于 60 μm 的虫卵。

(三)幼虫检查

1. 检查方法

在固定于漏斗架上的漏斗下端接一根 10～15 cm 长的胶皮管，其下端用止水夹固定。取 10～20 g 粪便放在漏斗里的金属网筛上，沿漏斗边缘缓缓加入 40℃左右的温水，直到把粪便淹没为止，静置 0.5～3 h，幼虫从粪便中游出，沉于底部。小心打开止水夹，使底部的液体流入离心管内，离心沉淀 1 min，吸去离心管内的上层液，把底部的沉淀物摇匀，用滴管移至载玻片上，或全部倒入小平皿内，用放大镜或在低倍显微镜下检查有无活动的幼虫。检查时需计数发现的幼虫数目，用以估计动物受侵袭的程度。

2. 注意事项

适用于随粪排出的幼虫或粪便培养物、器官组织及土壤、饲料中的幼虫的检查。

3. 虫卵的识别

图 10-3 至图 10-12 是各种常见寄生虫的虫卵。

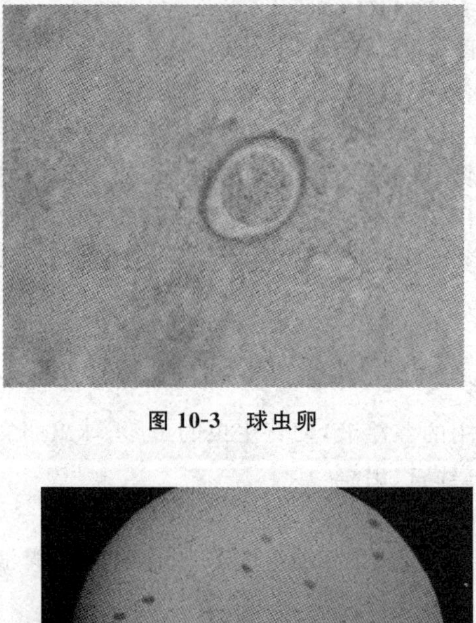

图 10-3　球虫卵

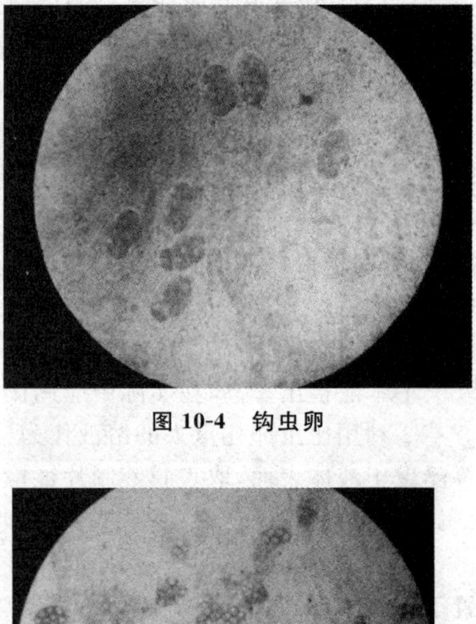

图 10-4　钩虫卵

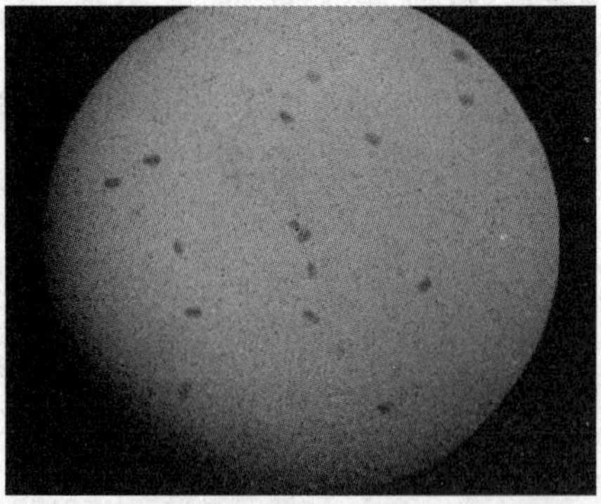

图 10-5　虫卵(饱和盐水漂浮集卵法)

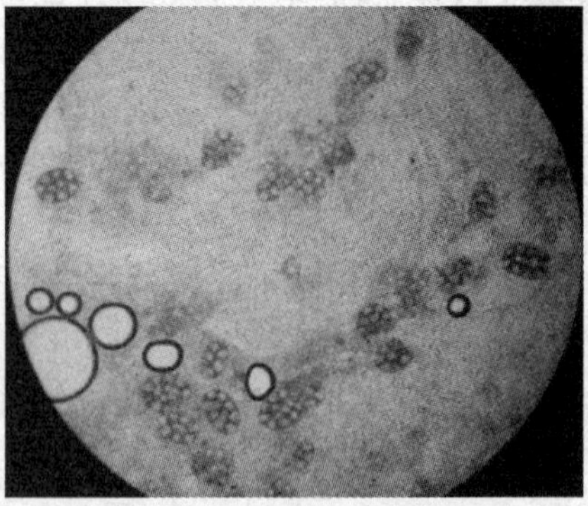

图 10-6　绦虫卵(一)

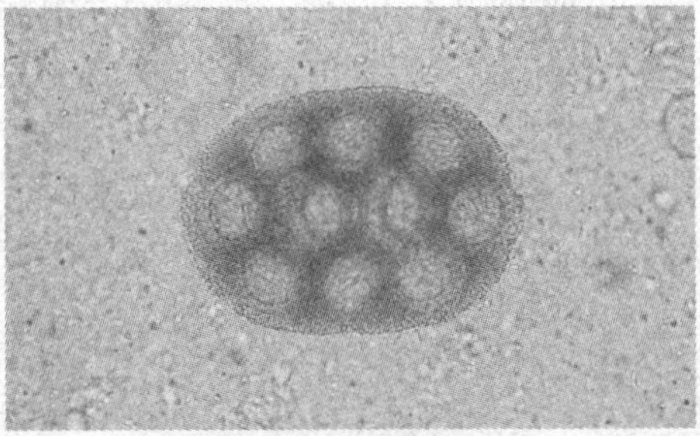

图 10-7　绦虫卵(二)

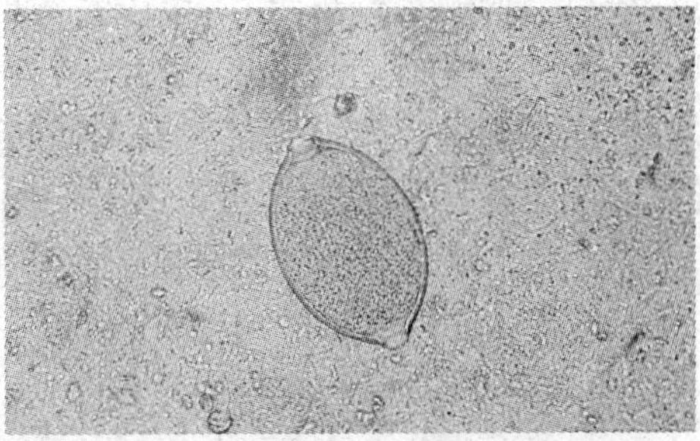

图 10-8　滴虫卵

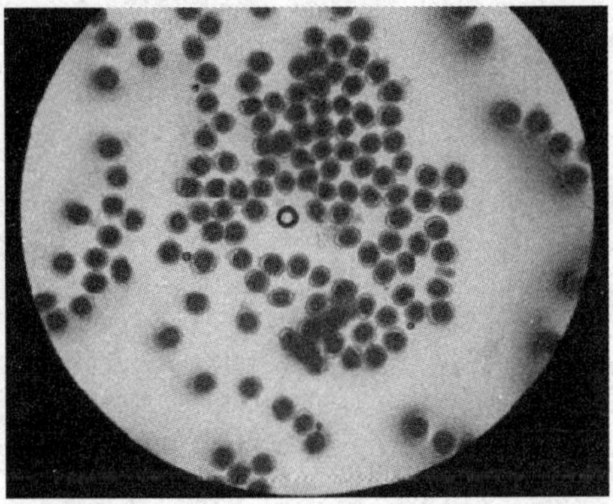

图 10-9　蛔虫卵

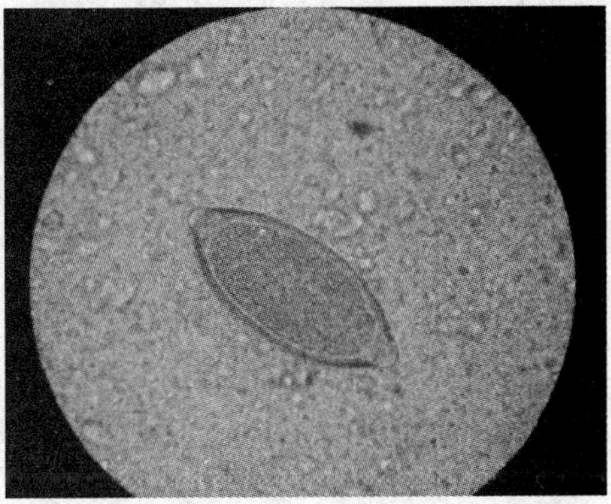

图 10-10　鞭虫卵

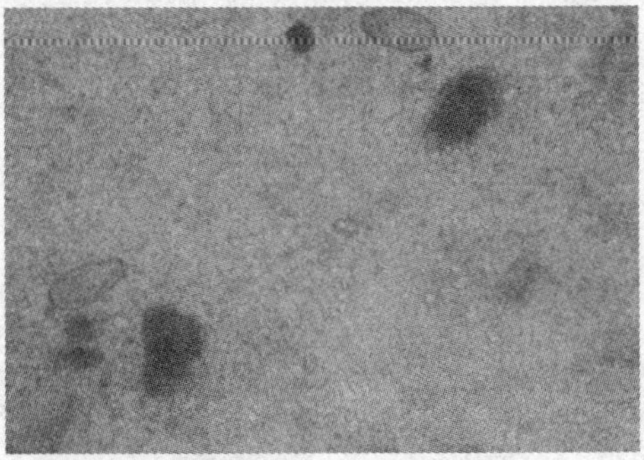

图 10-11　猫吸虫卵

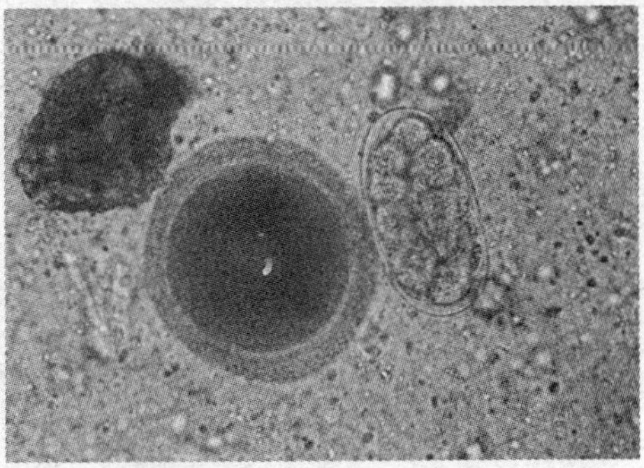

图 10-12　蛔虫卵与钩虫卵

【项目小结】

粪便检查是寄生虫病诊断的基本、常用的检查方法。多种寄生虫(如吸虫、绦虫、线虫、棘头虫、球虫等）寄生于畜禽的消化系统或呼吸系统，某一发育阶段的病原体，常随畜禽的粪便排出，因此，检查粪便发现有寄生虫的虫卵、幼虫、虫体或虫体断片，可确诊畜禽消化系统（包括肝脏）、呼吸系统和泌尿生殖系统的寄生虫病。

【复习思考题】

1. 简述漂浮法和沉淀法检查虫卵的方法。
2. 可以进行简单的虫卵识别。
3. 简述粪便检查的临床诊断意义。

实操项目十一　皮肤螨虫检测

【知识目标】

掌握螨虫及病料的采集方法。了解螨虫的一般形态特点，掌握螨虫及病料的采集方法及一般诊断方法。

【技能目标】

皮肤螨虫病的病料采集，病料检测方法及虫体识别。

一、用具材料

显微镜、剪毛剪、载玻片、盖玻片、刀片、酒精灯、氢氧化钾溶液、离心机等。

二、病料的采集

刮取病变部与健康部的交界处皮屑，刮取皮屑时，先剪毛，然后用外科刀片，将刀刃与皮肤表面垂直，稍用力刮取，下接一培养皿或试管，直到皮肤轻微出血(此点对寄生于皮内的疥螨尤为重要)。寄生于犬身上的蠕形螨则可用力挤压病变部，挤出“脓液”在载玻片上推匀，供镜检。

三、操作方法

(一)检查活螨

(1)直接检查法　将刮下的干燥皮屑，放于培养皿内或黑底纸上，在日光下暴晒，或炉火等给以40～50℃的加温，经30～40 min后，用肉眼观察，在培养皿下衬以黑色背景，可见白色的虫体在黑色背景上移动。本法适用于检查痒螨。

(2)显微镜检查法　将刮取的皮屑或刀刃上蘸有的皮屑置于滴有植物油的载玻片上，混匀，盖上盖玻片，镜检是否有活动的螨。也可将新鲜皮屑置载玻片中央，滴加少量(10%～15%)氢氧化钾溶液，加盖玻片，用手轻按盖玻片，使被检材料在两玻片间扩散成均匀的薄层，先用低倍镜观察，发现虫体后，换油镜检查。这种浓度的氢氧化钾溶液在40～50 min内不影响虫体的构造和活力，如果是活螨就可以在虫体的足和后肢条基部，以及更远的部位沿虫体边缘看到淋巴样的内容物在互相沟通的腔中迅速地移动。死亡的虫体则没有这种现象。本法适用于判定治疗的杀虫效果，发现螨虫是否死亡。

(3)温水检查法　将皮屑浸入40～45℃温水中，置恒温箱中，活的螨在温热的作用下，从皮屑中爬出，集成团，沉于水底，1～2 h后，将浸过的皮屑取出，将液体中沉淀连同少量液体倾入表面玻璃上，放于解剖镜下观察。

(4)培养皿内加温法　将刮取的干燥的皮屑放于培养皿内，不要加油，加盖后，将培养皿平放于盛有40～45℃的温水的杯上，经10～15 min后将培养皿翻转，则虫体与少量皮屑黏附于皿底上，而大量皮屑和少量虫体则倒在皿盖上。取皿底检查，如将皿盖继续放在温水杯上，15 min后可再反复进行以上操作，本法收集的虫体，可制作玻片标本。

(二)检查死螨

(1)煤油浸泡检查　将皮屑置于载玻片中央，滴上数滴煤油，加盖玻片，搓动上面的盖玻片，使皮屑破碎，如煤油不够时，可沿盖玻片边缘缝隙补充滴入。用解剖显微镜或低倍显微镜检查，因螨体内有不溶于煤油的液体组织存在，可见到轮廓明显的螨。

(2)虫体沉淀法　将刮取的皮屑放于试管中，加5～10 mL的5%～10%氢氧化钠(钾)溶液后，浸泡2 h，或者煮沸数分钟，应根据氢氧化钠(钾)浓度适当掌握煮沸的时间，处理过度时，虫体可能遭到不同程度的溶解。然后待其自然沉淀或以2 000 r/min离心沉淀5 min，取沉淀物镜检可发现成虫、稚虫、幼虫、卵。

四、识别虫体

图11-1至图11-6为几种常见的螨。

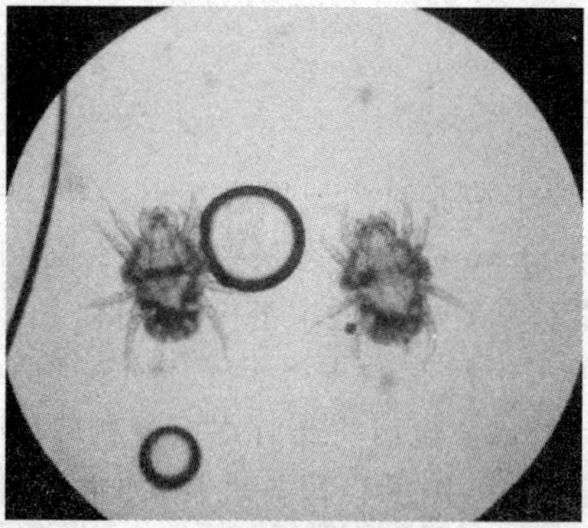

图11-1　姬螯螨

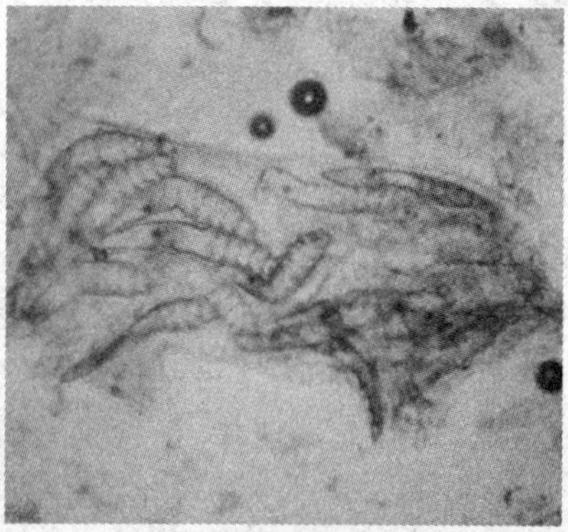

图11-2　蠕形螨

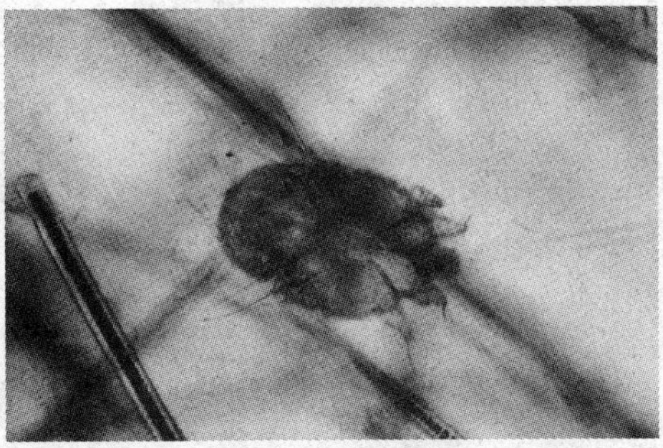

图 11-3　犬疥螨

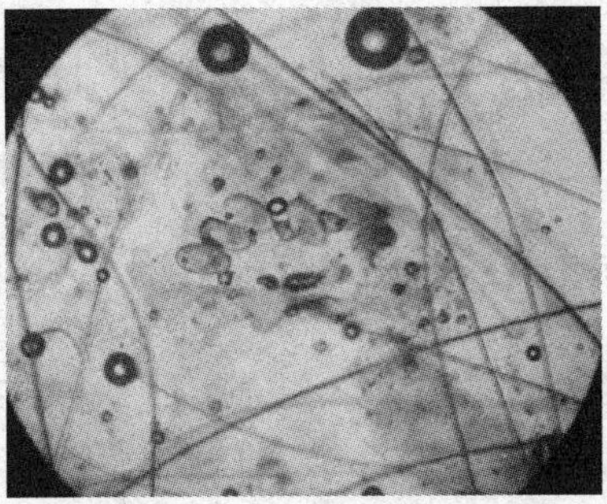

图 11-4　犬疥螨卵

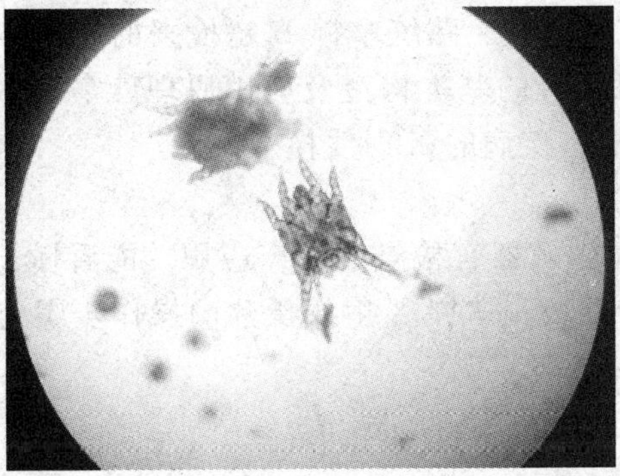

图 11-5　犬耳螨

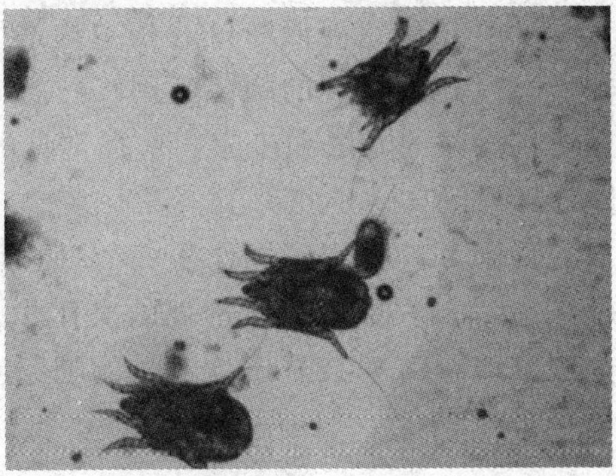

图 11-6　猫耳螨

五、注意事项

①采集病料部位是在病变部与健康部的交界处的皮屑。

②刮取皮屑时，先剪毛，然后用外科刀或其他刀具，刀刃与畜体皮肤呈垂直，稍用力刮取，下接一培养皿或试管，直到皮肤轻微出血。

【项目小结】

寄生虫病的种类很多，希望大家有时间多看一些相关的资料。寄生虫病直接影响着畜牧业发展，我们应该引起足够的重视。只有建立正确的诊断，才能有效地防制螨虫病的发生。

【复习思考题】

1. 皮肤螨虫病病料的采集方法有哪些？

2. 简述螨虫的检查方法。

实操项目十二 影像检查

【知识目标】

了解B型超声诊断仪的基本构造及应用原理。熟练掌握B超检查的操作步骤。掌握B超检查的临床应用。熟悉X射线机的基本构造及应用原理。掌握X射线机操作的方法和步骤。掌握常见消化器官疾病的X射线检查。

【技能目标】

掌握B超检查的操作步骤,掌握B超在生殖器官检查的临床应用。能看懂B超声像图。掌握X射线透视的操作步骤和方法。掌握X射线摄片的操作步骤与方法。掌握X射线造影检查法的临床应用。

操作一 B型超声波检查

B型超声诊断仪(图12-1)是由主控电路、发射电路、接收电路、扫描发生器、图像显示器和换能器构成的。

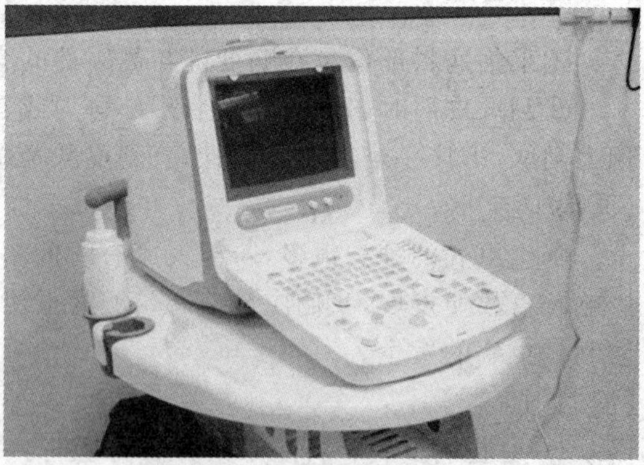

图12-1 B型超声诊断仪

B型超声诊断作为一种现代化的辅助诊断技术,在小动物临床上被广泛应用,B型超声诊断仪可实时显示被探察部位的切面声像图,具有直观,诊断率高,重复性好,方法简便、快速,无损伤,无疼痛,无副作用等优点,现已成为小动物医院的必备设备之一,被广泛地应用于犬、猫等小动物疾病的诊断。

一、应用范围

用于各种动物的临床诊断手段，主要用于动物内脏器官疾病诊断，如心脏病、肿瘤病、消化系统及泌尿系统疾病诊断等。妊娠检查及产科疾病诊断，观察动物孕囊、胎体、胎心搏动、胎动、胎儿数目及性别鉴定等。

二、用具材料

超声诊断仪 1 台、高频线阵探头 1 个、高频微凸探头 1 个、低频大凸探头 1 个，耦合剂若干、剃毛推子 1 把。

三、操作方法

①检查设备，选用合适的探头。

②打开 B 型超声诊断仪电源，选择超声类型，调节辉度及聚焦，根据不同的检查目的选择不同的检查探头，探头频率一般为 3.5～10 MHz。

③动物保定、摆位，将动物被检部位的污物除去，探头接触部位皮毛尽量刷洗干净，剪毛，在动物皮肤和探头发射面涂耦合剂。

④扫描动物，调节辉度、对比度、灵敏度和视窗深度对动物进行详细检查。当得到满意图像时，立即“冻结”使声像图定格，以便对探测到的图像进行观察和诊断。

⑤存储图像，对图像进行编辑、打印。

⑥关机、断电源。

四、注意事项

①检查部位要剔毛，剔毛会影响动物的美观，但毛发干扰超声成像的质量。将动物被检部位的污物除去，探头接触部位皮毛尽量刷洗干净。

②动物腹部超声检查和妊娠诊断时，动物应禁食 12～24 h。但不要超过24 h，超过 24 h 后肠内会产生过多的气体。同时，允许动物自由饮水，使动物膀胱充盈，从而提高成像质量。

③胸部超声检查特别是心脏超声检查，需要从支持侧进行扫查，借助重力作用，使气体向对侧移动从而提高成像质量。所以，胸部检查通常需要配备中间有孔的心脏检查台。

④操作者应该熟悉 B 型超声波诊断仪的性能，能够正确调节各个控钮。为了保证图像清晰，动物要保定好，防止动物躁动。一般规定连续对一个断面的探察时

间不得超过 1 min。

五、B 超诊断的应用

(一)妊娠诊断

1. 犬、猫妊娠诊断

(1)犬妊娠诊断　犬的妊娠期为 62 d(58～65 d),卵子受精后 17～18 d 开始着床。犬的胎盘为环状胎盘,胎盘中形成血窦。

①扫查方法。犬自然站立、人工扶持或躺卧保定。探查部位在后肋部、乳房边缘,或下腹部脐后 3～5 cm 处。除长毛犬外,不需剪毛,只要将毛分开,多涂一些耦合剂即可进行探查。B 超常用超声频率为 3.5～5.0 MHz,体外探查。可观察到孕囊横切面声像图。实时扫描可见闪烁的胎心搏动。如图 12-2 所示。

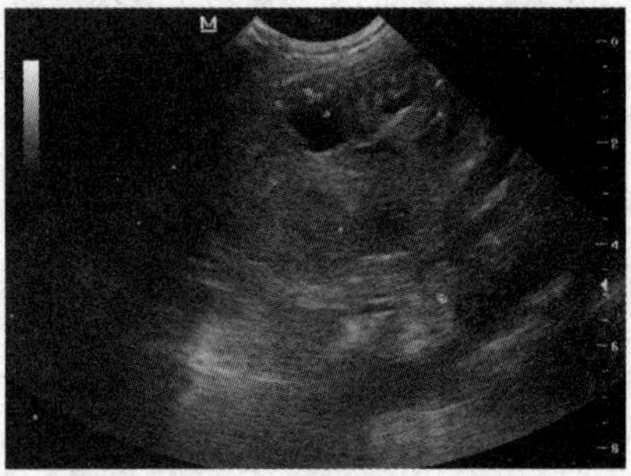

图 12-2　B 超妊娠诊断

②犬胎龄(GA)预测。在妊娠 40 d 之前,可根据最大胎囊直径(GSD)或头顶至臀后长度(CRL)按公式计算估计:GA=(6×GSD)+20=(3×CRL)+27;在妊娠 40 d 之后,可根据头部最大横径(HD)或肝脏水平位置的最大体腔直径(BD)按公式估算:GA=(15×HD)+20=(7×BD)+29=(6×HD)+(3×BD)+30[注:胎龄以天(d)计,长度以厘米(cm)计]。

(2)猫妊娠诊断　母猫妊娠期为 58 d(55～60 d),诊断方法基本同犬。用 B 型超声诊断仪探查,配种后 21 d 可探到胎儿。猫的胎龄计算公式为:GA=(25×HD)+3=(11×BD)+21。

猫早孕纵切面声像图,可见到早期钙化而带中度声影的胎头反射,被肺环绕的低回声胎心,以及腹腔内小的膀胱暗区。肺和肝回声强度相近。

(二)内脏器官检查

1. 犬、猫肝胆系统检查

B 超可以诊断肝脏的脓肿、血肿、肝硬化和脂肪肝等疾病,胆囊内或胆管内有结石等。还可引导进行肝脏的穿刺检查,从而达到及时正确诊断疾病的目的。

(1)扫查方法　采取仰卧位及侧卧位保定。局部剃毛,涂耦合剂。探头与皮肤保持垂直并充分密合。扫查部位在右侧 10～12 肋间、剑突后方和沿肋弓扫查。所用探头频率为5 MHz以上的高频探头。

(2)正常声像图 正常肝实质为均匀分布的细小光点，中等回声。肝内管道结构呈树状分布。肝内门静脉壁回声较强，肝静脉及其一级分支也能显示，但管壁很薄、回声弱。肝内胆管与门静脉并行，管径较细。肝内动脉一般难以显示。

正常胆囊的纵切面呈梨形或长茄形，边缘轮廓清晰，胆囊壁为纤细光滑的中等回声带。囊腔内为无回声区，后壁和后方回声增强。横切面上，胆囊显示为圆形无回声区。

2. 犬、猫脾脏的检查

脾脏常见的疾病有脾破裂、血肿、扭转、变位等，B超能快速准确地区别诊断这些疾病。

(1)扫查方法 动物仰卧或右侧卧，扫查位置在左侧10～12肋间或最后肋弓肷部。所用探头频率为5 MHz以上高频探头。

(2)正常声像图 正常脾脏的声像图(图12-3)整体回声强度均高于肝脏，脾实质呈中等至高强度的微细均质回声，周边回声强而平滑。脾包膜呈光滑的细带状回声，外侧缘呈弧形，内侧缘凹陷，为脾门。脾静脉、脾动脉为管状无回声。

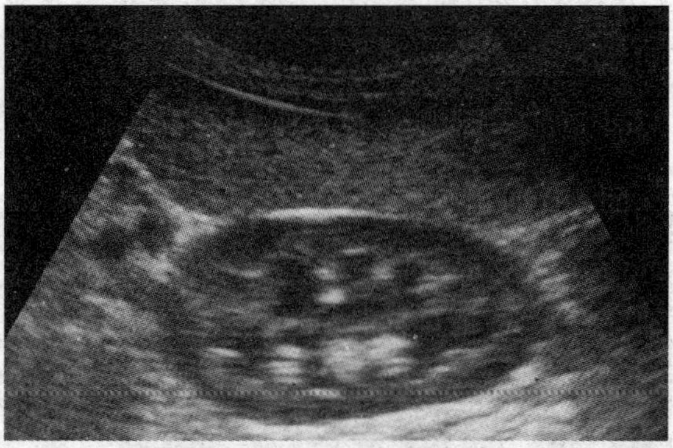

图12-3 脾脏的B超检查

3. 犬、猫胰腺的检查

(1)扫查方法 探查时可采用仰卧位、右侧卧位或站立位。通常用5.0 MHz或7.5 MHz线阵或凸阵探头在仰卧位下探查。

(2)正常声像图 胰腺内部声像图呈均匀细小光点回声，多数回声稍强于肝。

4. 犬、猫肾脏的检查

(1)扫查方法 选择仰卧位扫查，有时也会用到侧卧位扫查。位置在左右12肋间上部及最后肋骨上缘。备检部位剃毛，并涂抹耦合剂。肾脏所在深度随动物体型的不同而有所差别，小型犬和猫，使用高频探头，大型犬则需使用低频探头。深胸犬的右肾检查常受体型的限制较大，使用接触面较小的微凸探头显示效果更佳。肾脏扫查时应从头极到尾极，从外到内进行多个横断面和纵断面扫查，以便完整地评估肾皮质、髓质和集合系统。

(2)正常声像图 肾包膜回声强而平滑,勾勒出肾的轮廓。肾皮质为低强度均质微细回声,强度略低于或等于肝脏回声,显著低于脾脏回声。肾髓质与皮质相比,髓质呈低回声结构。肾髓质呈多个无回声暗区或稍显低回声。肾盂及其周围脂肪囊呈放射状排列的强回声结构。根据扫查面不同可显示肾静脉、后腔静脉、肝或脾。声像图见图 12-4。正常犬、猫的肾盂憩室和输尿管除非扩张,否则在超声上是不可见的。

5. 犬、猫膀胱的检查

(1)扫查方法 选择仰卧位或站立位扫查。备检部位剃毛,并涂抹耦合剂。可选用中频到高频的微凸探头和线阵探头。于耻骨前缘后腹部做纵切面和横切面扫描(图 12-5)。中等充盈的膀胱最为适合膀胱超声检查。需要显示膀胱下壁结构时可在探头与腹壁间垫上增距垫。雄性动物远段尿道探查多在会阴部或怀疑有结石的阴茎部垫以增距垫扫查。如果需要检查阴茎部尿道时,会阴部和阴囊前区域也需要剃毛。

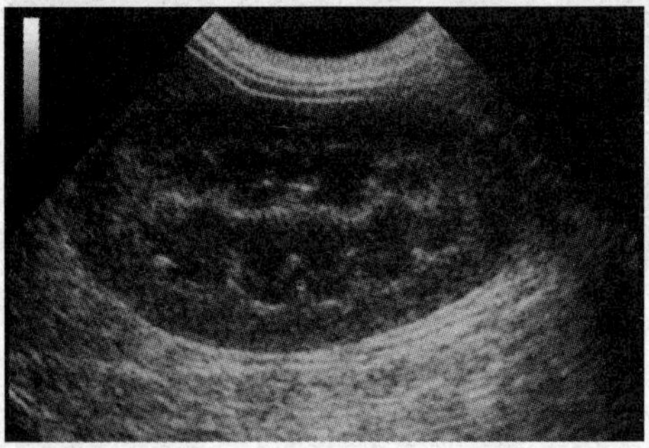

图 12-4 肾脏的 B 超检查

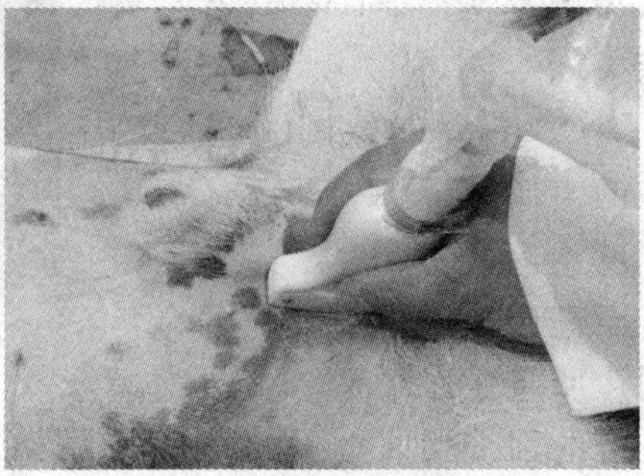

图 12-5 膀胱的 B 超检查位置

(2)正常声像图 膀胱内充满尿液者呈无回声暗区,周围由膀胱壁的强回声带所环绕,轮廓完整,光洁平滑,边界清晰(图 12-6),除非使用高频探头,通常膀胱壁的分层在声像图中较难显示。在膀胱三角区偶尔可见膀胱背侧壁延伸的输尿管乳头,有时还可见输尿管射流。近段尿道在膀胱尾端可部分显现,雄性动物前列腺可作为定位标志。远段尿道常显示不清,当尿道插管或注入生理盐水扩充尿道后可显示清晰。尿道通常是塌陷的低回声结构,无明显分层。膀胱内结石呈强回声伴后方声影(图 12-7)。

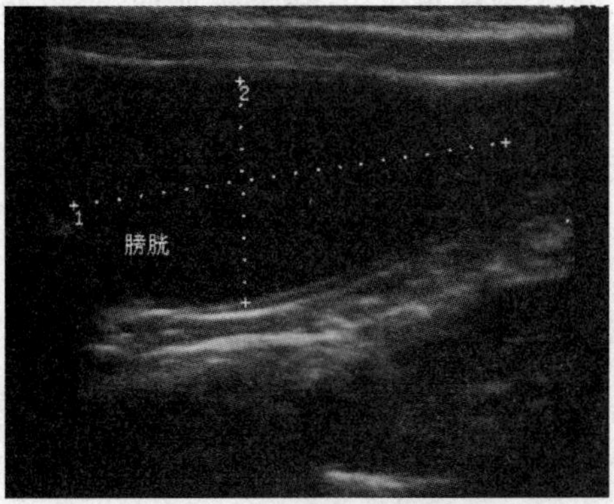

图 12-6 膀胱的 B 超检查

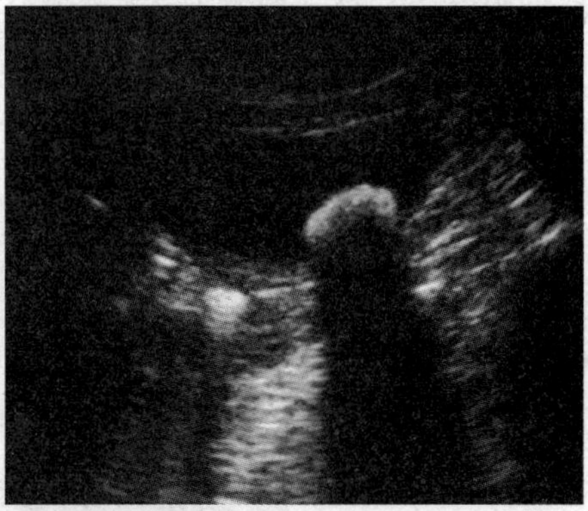

图 12-7 膀胱内结石强回声伴后方声影

6. 犬、猫生殖系统超声检查

犬、猫生殖系统超声检查见图 12-8、图 12-9。

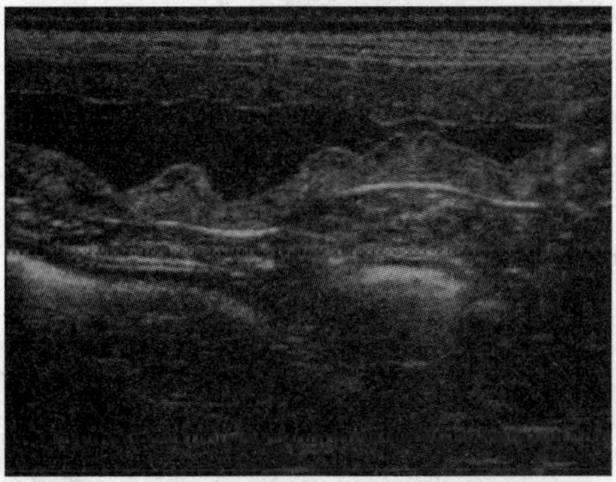

图 12-8 生殖系统超声检查(子宫蓄脓)

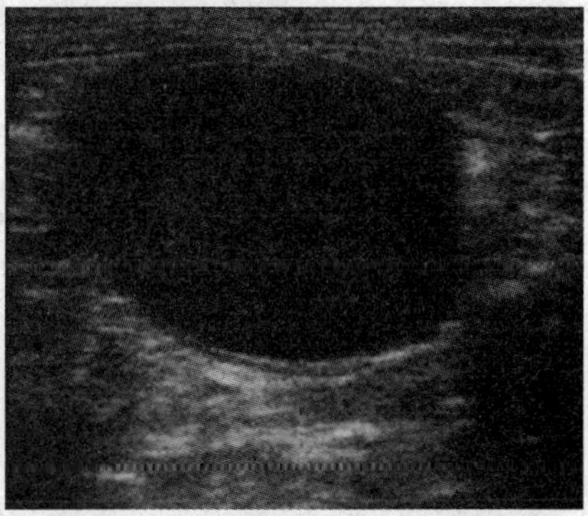

图 12-9 生殖系统超声检查(卵巢囊肿)

操作二 X 射线检查

X 射线机(图 12-10)由 X 射线管、变压器和控制器 3 部分组成,控制器包括各种仪表、开关、调节器、计时器及交换器等。此外,还有附属的机械和辅助装置。

动物体各种组织和器官,由于其密度、厚度不同,对 X 射线的吸收量也不同。用 X 射线做透视或摄影检查时,动物体不同的组织器官会在荧光屏上形成影像,有明暗之分,而在 X 射线照片上有黑白之别。密度高、厚度大的组织器官,对 X 射线的吸收多。透射检查时，透射到荧光屏上的X射线量少，产生的荧光弱，形成暗影；摄影检查时，透射到胶片上的X射线量少，感光作用强，经显影、定影处理后形成灰色或白色阴影。密度低、厚度小的组织器官由于对X射线吸收量少，在荧光屏上可出现较亮的阴影，在X射线胶片上则形成黑色阴影。

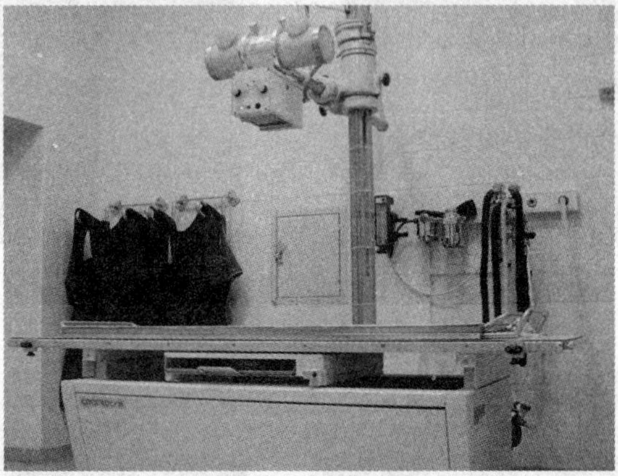

图 12-10 X射线机

一、应用范围

X射线检查常作为诊疗过程中的确诊手段，广泛应用于骨骼疾病、消化系统疾病、泌尿生殖系统疾病、胸肺疾病等的诊疗过程中。

二、用具材料

X射线机、暗室、洗片机、胶片、防护服装、X射线胶片、增感屏、暗盒、铅板、滤线器、铅号码、测量尺、遮线筒等。

三、操作方法

(一)透视检查

透视检查是利用X射线的穿透作用和荧光作用，观察X射线透过被检体后在荧光屏上显现出的荧光影像进行诊断的方法。

1. 动物准备

对动物进行所需体位的保定、摆位，清除被检动物体表上的泥沙污物以及敷料、油膏，尤其是含有碘、铋类的药物等，以免造成伪影误诊。

2. 检查者准备

检查者应该详细了解患畜的病情、临床诊断的初步意见以及提出检查的目的要求。检查者需进行充分的眼睛暗适应，在暗室内或戴上暗适应镜适应 10～15 min。

3. 调节好 X 射线机检查

打开电源开关，将电源电压调到 220 V，并使 X 射线机适当预热。把摄影、透视交换器拨到透视档。管电流通常使用 2～3 mA，最高不能超过 5 mA。管电压按被检动物的种类及被检部位的厚度而定，一般小动物为 50～70 kV，大动物为 65～85 kV，透视距离根据具体情况一般控制在 50～100 cm。

4. 注意事项

①透视者必须穿戴铅橡皮围裙及手套。

②在达到准确诊断的基础上，透视时间越短越好。

③透视时间过长，要注意检查机头或管头温度，避免过热。

④透视时，如需要移动调节器，一定要停止曝光后再进行调节。

(二)摄影检查

1. 拍片

①确定动物被检查部位。除去被检查部位的药物和绷带，并使之清洁干燥，然后确定投照的方向、位置。

②选择与被检部位大小一致的胶片装在暗盒中，确定焦点、胶片间的距离。

③测量投照部位厚度，确定投照条件(包括电压、电流、曝光时间、距离等)。选择适当的电压(千伏值)，选择适当的电流(毫安值)及时间，将透视、摄影交换档拨向摄影档。使照射视野与暗盒大小一致，X 射线中心线束对准胶片中心。

④放置暗盒时，使其中心与被检部位中心一致，紧贴被检部位表面。

⑤开启机器，预热后待病畜稳定时进行曝光，在 X 射线片上即获得潜影。拍摄完毕，关闭电源，将各调节器退到零点。

⑥曝光后的 X 射线胶片立即送暗室冲洗，湿片观察，待满意后，畜主可以离去，否则应重新拍摄。

曝光条件可根据不同情况或机器容量大小加以变动或转换配合应用，每缩短 1 cm 投照距离等于增加 1 kV，使用滤线器摄影时，需增加 8～12 kV 或增加 1～3 倍的曝光时间，有石膏绷带时，需增加 3～4 倍的曝光时间。

2. X 射线胶片的冲洗

X 射线胶片的冲洗包括显影、洗影、定影、冲影及干燥等几个步骤，前 3 个步骤应在暗室中进行。

3. 读片

图 12-11 至图 12-16 列举了部分 X 线摄影照片,供参考。

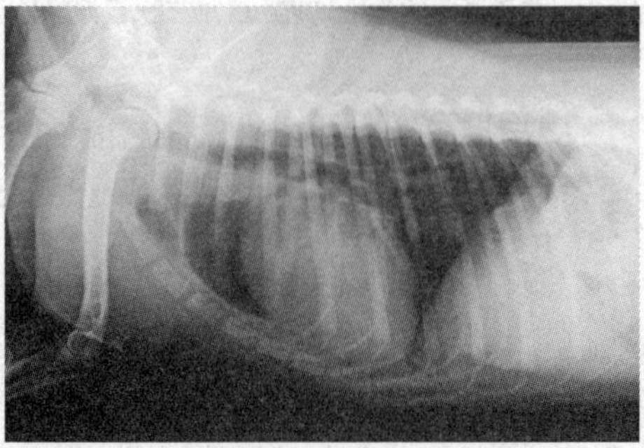

图 12-11 犬 X 射线摄影(右侧卧)

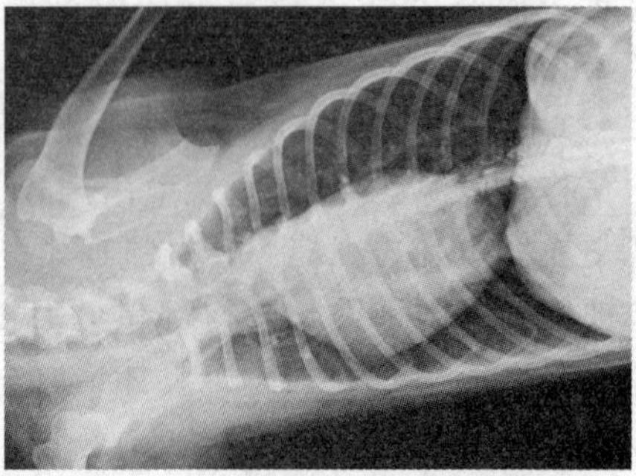

图 12-12 犬 X 射线摄影(腹背位)

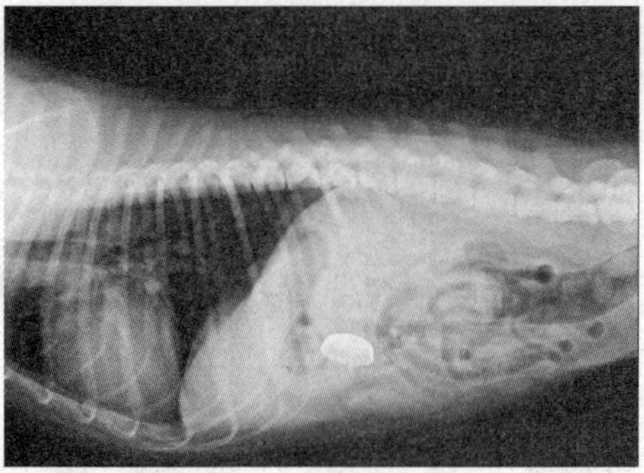

图 12-13 犬 X 射线摄影(右侧卧)胃内异物

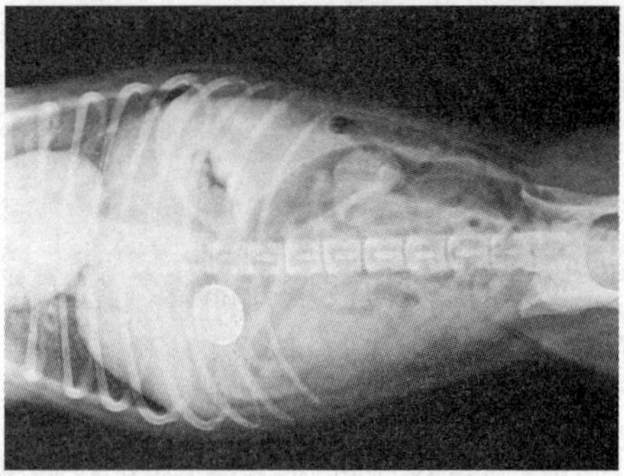

图 12-14 犬 X 射线摄影(腹背位)胃内异物

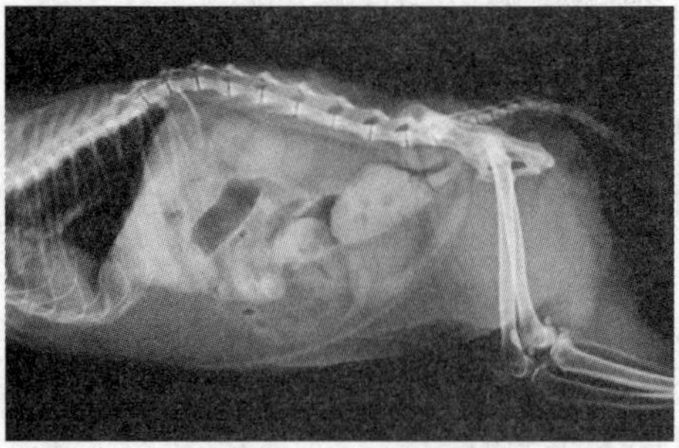

图 12-15 犬 X 射线摄影(右侧卧)结肠便秘

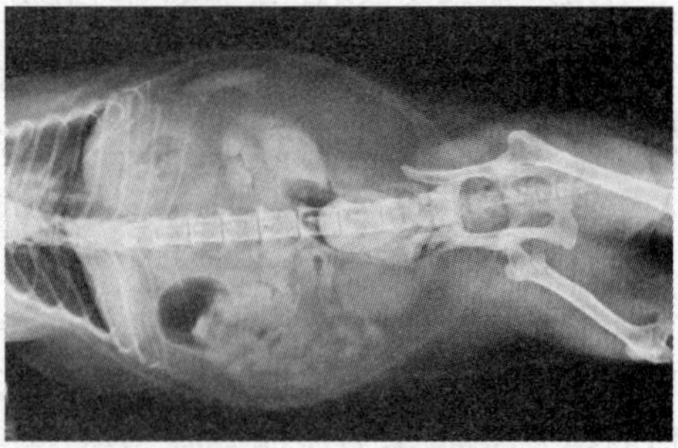

图 12-16 犬 X 射线摄影(腹背位)结肠便秘

(三)造影检查

对于缺乏天然对比的组织和器官,利用一般摄影检查不易辨认,必须利用人工造影方法才能达到诊断目的。把人工对比剂引进被检器官的内腔或其周围,造成密度对比差异,使被检组织器官的内腔或外形显现出来,再用透视或检查的方法,称为X射线造影检查,所用的对比剂称为造影剂。常用的造影剂有气体(包括空气、氧气、二氧化碳、二氧化氮等)、碘剂(包括碘油、有机碘、碘化钠等)和钡剂(硫酸钡),多用于检查食管及小动物胃肠疾病(图12-17和图12-18)。

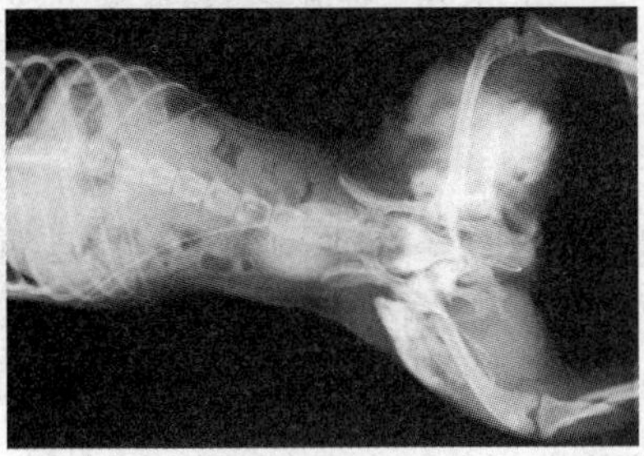

图12-17 车祸造成的尿道破裂(腹背位)

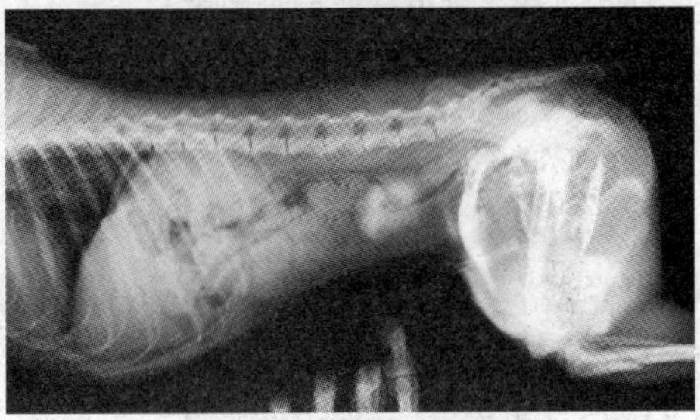

图12-18 车祸造成的尿道破裂(右侧卧位)

造影检查的方法如下。

(1)直接注入 把造影剂通过畜体自然孔道、瘘道或体表穿刺等途径直接注入体内,如胃肠道造影、瘘管造影、支气管造影、关节腔充气造影和腹腔充气造影等。

(2)利用生理排泄 造影剂经口或静脉注入法,由于某些造影剂特异性地经肝或肾脏排泄和积蓄,从而使胆管、胆囊及尿路显影。

(四)各个组织器官的检查

1. 食管疾病的X射线检查

检查时动物自然站立保定,大家畜选用55~75 kV的管电压,小家畜选用40~60 kV,透视管电流为3~4 mA,在左侧进行透视或拍片。应从咽喉部开始,沿食管经路进行透视。可先进行普通检查(图12-19),以便发现在食管经路上有无异常阴影,然后进行造影检查(图12-20)。造影剂一般选用医用硫酸钡。大家畜按100~200 g加水500~1 000 mL,小家畜按50~100 g加水250~500 mL,并在其中加入适量阿拉伯胶或淀粉,搅成糊状投服,可边投服边检查。

正常时,造影剂投入食管后,出现沿食管迅速向后扩展的圆柱状阴影,并且边缘整齐。

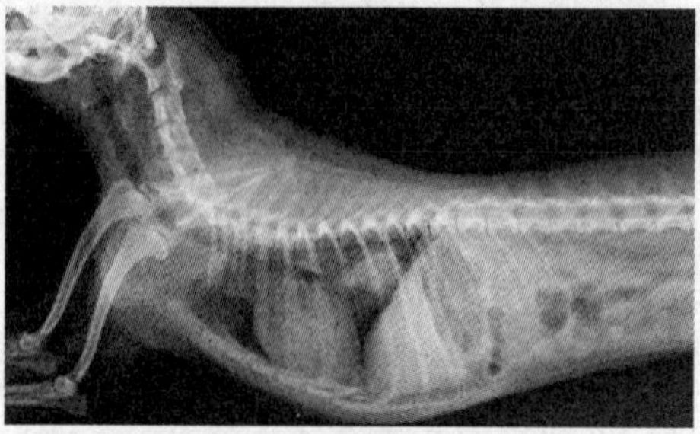

图 12-19 食道摄影检查胸段食道异物阻塞

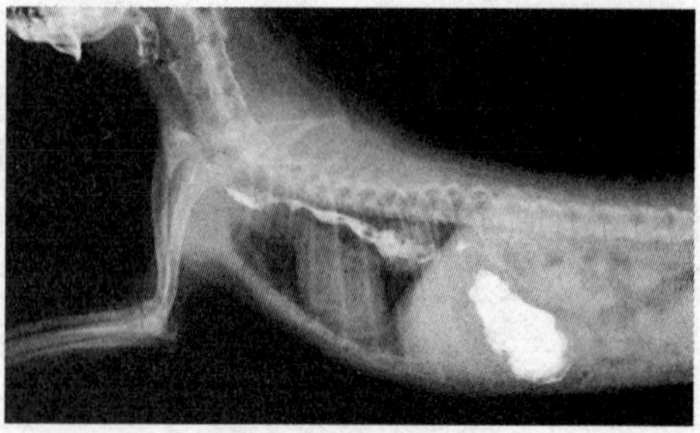

图 12-20 食道造影检查胸段食道异物阻塞

2. 胃肠道的 X 射线检查

胃肠道 X 射线检查应先进行普通 X 射线透视(图 12-21、图 12-22),再进行造影检查(图 12-23、图 12-24)。大家畜在自然站立的侧位进行,技术条件为 80～85 kV,3～4 mA。小家畜可在自然站立的侧位或卧位进行,技术条件为 60～75 kV,2～3 mA。

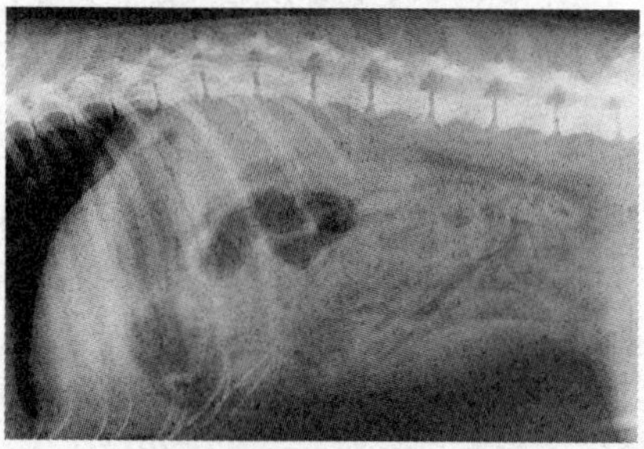

图 12-21 犬肠道 X 射线透视(右侧卧位)

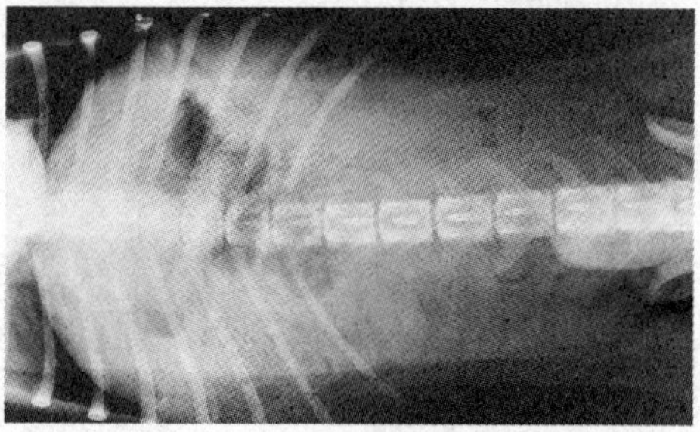

图 12-22 犬肠道 X 射线透视(腹背位)

(五)读片方法

全面浏览,系统观察。要遵循一定的次序,系统全面地观察分析,不漏过每个细节变化,在观察 X 射线照片时,应对照片的质量和技术做出评价。良好的照片应该位置正确,不同密度的组织应显示对比层次,细微结构清晰可见,无移动现象。对由于技术原因所产生的伪影应有识别,勿造成误诊。

【项目小结】

B 超诊断对机体安全无害,并可显示被检部位组织或脏器的断面图像,在医学上已成为诊断学科中的一个新的分支,在兽医临床上也备受重视,现已日益扩大了对 B 超的临床应用,如诊断早孕、观察胚胎发育、诊断繁殖疾病、腹部脏器探查等。

X射线检查包括透视和摄影，现广泛应用于骨骼类疾病、消化系统疾病、泌尿生殖系统疾病、胸肺疾病等的诊疗过程中，常作为这些疾病的确诊手段。

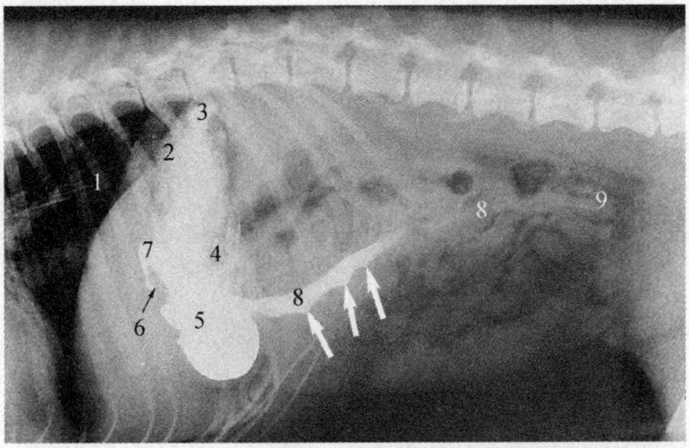

图 12-23　犬肠道 X 射线造影(右侧卧位)

1. 食道　2. 胃的贲门　3. 胃底　4. 胃体　5. 幽门窦　6. 幽门管　7. 十二指肠前曲　8. 十二指肠降部　9. 十二指肠后曲

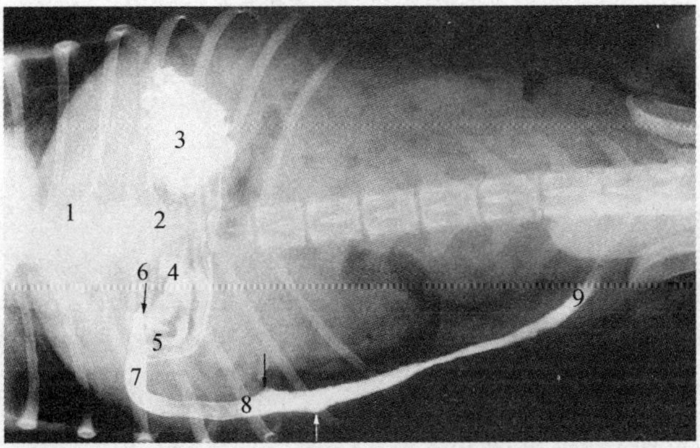

图 12-24　犬肠道 X 射线造影腹背位

1. 食道　2. 胃的贲门　3. 胃底　4. 胃体　5. 幽门窦　6. 幽门管　7. 十二指肠前曲　8. 十二指肠降部　9. 十二指肠后曲

【复习思考题】

1. B超诊断仪有哪些基本构造？
2. 简述B超检查的一般步骤，B超检查应注意哪些事项？
3. 透视检查的顺序是什么？
4. 常见胃肠道疾病的X射线检查方法有哪些？

实操项目十三　注 射 技 术

【知识目标】

了解注射用药的方法，熟练掌握皮下注射、肌肉注射、静脉注射等的给药操作技能。

【技能目标】

熟练运用皮下注射、肌肉注射、静脉注射等给药途径。熟练运用无菌操作技能。

操作一　皮 下 注 射

一、应用范围

皮下注射是将药液注射于皮下结缔组织内，经毛细血管、淋巴管吸收进入血液，发挥药效作用，而达到防治疾病的目的。凡是易溶解、无强刺激性的药品及疫苗、菌苗、血清、抗蠕虫药、某些局部麻醉药、不能口服或不宜口服的药物要求在一定时间内发挥药效时，均可做皮下注射。

二、用具材料

根据注射药量多少，可用 2、5、10、20、50 mL 的注射器以及相应针头，70%酒精棉球，碘酊棉球。

三、注射部位

多选在皮肤较薄、富有皮下组织、活动性较大的部位。大动物多在颈部两侧，猪在耳根后或股内侧，羊在颈侧、背胸侧、肘后或股内侧，犬、猫在背胸部、股内侧、颈部和肩胛后部，禽类在翅膀下。

四、注射方法

(一)药液的抽取

先将药液抽入注射器内，如果使用粉针剂，应事先按规定用稀释液在原安瓿(瓶)内溶解。抽吸药液时，先将安瓿(瓶)封口端用酒精棉球消毒，同时检查药品名称、批号、质量，注意有无变质、浑浊、沉淀、稀释前后药色是否正常。药瓶、安瓿是否破损，瓿(瓶)内是否有异物。如混合注射两种以上药物时，应严格注意有无配伍禁忌等。然后用砂轮切掉瓶口的上端，再将连接在注射器上的注射针插入安瓿(瓶)的药液内，慢慢抽拉内芯。抽完药液后，一定要排出注射器内的气泡，此时注射针要安装牢固，以免脱掉，严格执行无菌操作规程。

(二)消毒

注射前需要洗手、消毒双手、戴口罩等，对被毛浓厚的动物可先剪毛，除去体表的污物。然后用棉签蘸 2%碘酊消毒注射部位，以注射点为中心向外螺旋式旋转涂擦，碘酊干后，用 70%酒精以同法脱碘，待干后方可注射(图 13-1、图 13-2)。

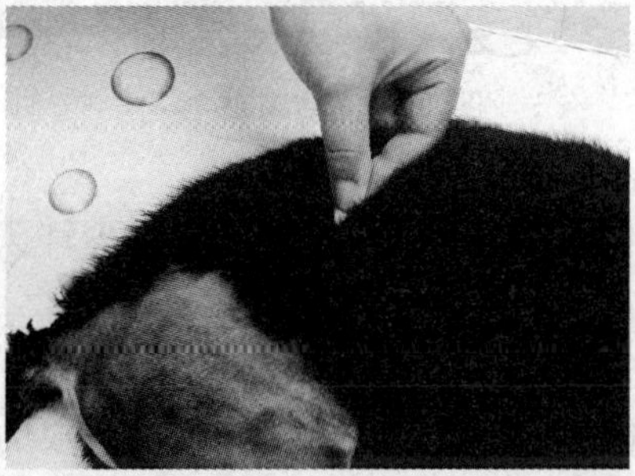

图 13-1 犬注射部位消毒

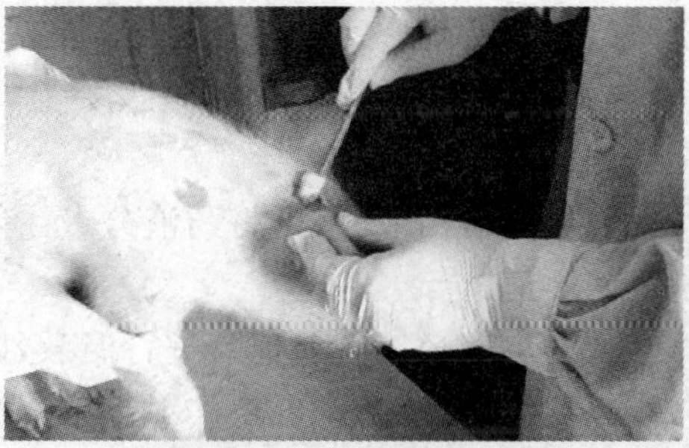

图 13-2 猪注射部位消毒

(三)注射

注射时，要切实保定患畜，术者左手中指和拇指捏起注射部位的皮肤，同时用食指尖下压使其呈皱褶陷窝，右手持连接针头的注射器，针头斜面向上，从皱褶基部陷窝处与皮肤呈 30°～40°角刺入 2/3 的针头(根据动物大小，适当调整进针深度)，此时如感觉针头无阻力，且能自由活动时，左手把持针头连接部，右手回抽活塞无血时，即可向皮下推注药液(图 13-3、图 13-4)。

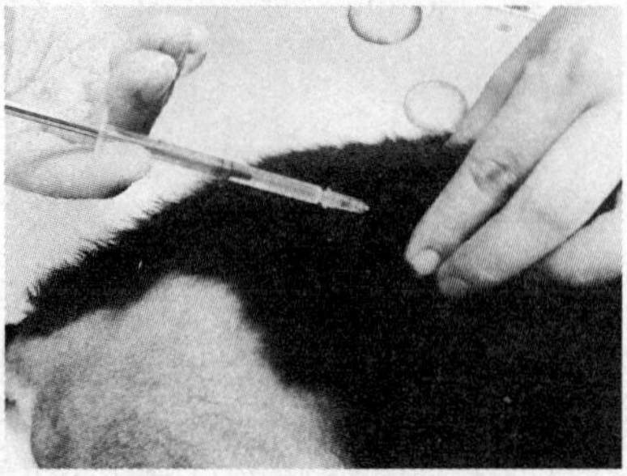

图 13-3 犬皮下注射

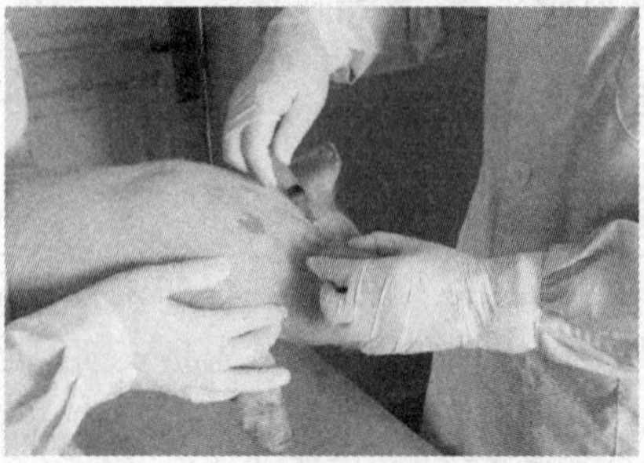

图 13-4 猪耳根后皮下注射

(四)结束注射

注射完毕后,左手持干棉球按住刺入点,右手拔出针头,轻轻按摩注射部位,使药液分散,便于吸收,局部消毒(图 13-5)。

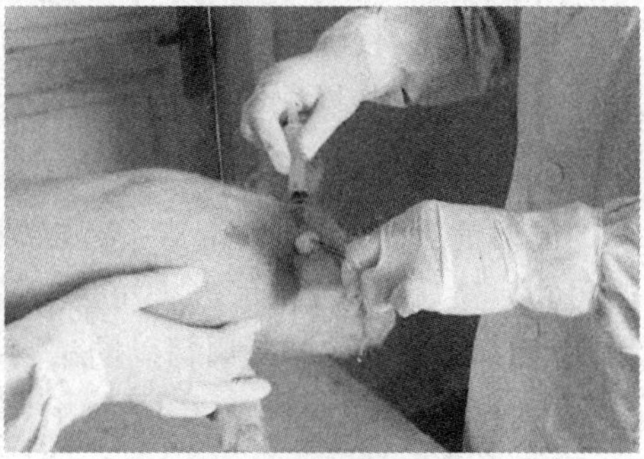

图 13-5 结束注射

五、注意事项

①刺激性强的药品不能做皮下注射,特别是对局部刺激较强的钙制剂、砷制剂、水合氯醛及高渗溶液等,易诱发炎症,甚至组织坏死。

②大量注射药液时,需将药液分点注射或使用软的给药装置,可以减少针头刺入引起的不适。

③注射后应轻按摩局部或进行温敷,以促进吸收。

④长期给药,应经常更换注射部位,建立轮流交替注射计划,达到在有限的注射部位吸收最大药量的效果。

操作二 肌 肉 注 射

一、应用范围

肌肉注射是将药物注入肌肉内的注射方法。肌肉内血管多,药液注入后吸收较快,仅次于静脉注射;又因感觉神经较少,疼痛较轻。一般刺激性较强的和较难吸收的药液,进行血管内注射有副作用的药液,油剂、乳剂等不能进行血管内注射的药液，为了缓慢吸收、持续发挥作用的药液等，均可采用肌肉注射。但由于肌肉组织致密，仅能注射较少量的药液，刺激性很强的药液，如氯化钙、水合氯醛、浓盐水等，不能做肌肉注射。

二、用具材料

根据注射药量多少，可用2、5、10、20、50 mL的注射器以及相应针头，犬、猫一般选用7号针头，猪、羊用12号针头，牛、马用16号针头。70%酒精棉球，碘酊棉球。

三、注射部位

选择肌肉丰满，无血管的部位，均可进行肌肉注射。大动物与犊、驹、羊等多在颈侧及臀部；猪在耳根后(图13-6)、臀部或股内侧；犬、猫等小动物选择腰、腿部肌肉。禽类在胸部或大腿部。

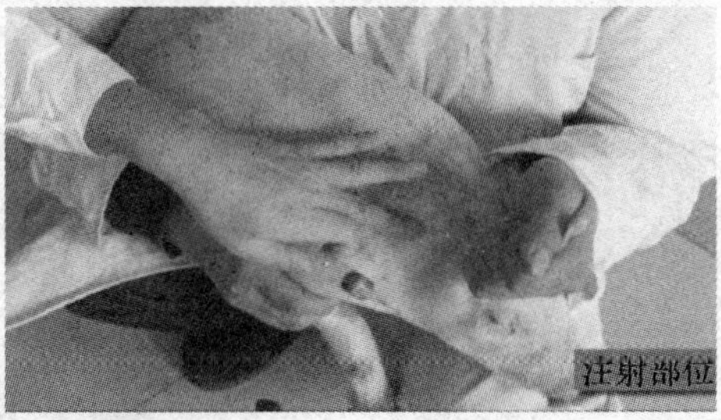

图13-6 猪耳根后肌肉注射部位

四、注射方法

动物适当保定，局部常规消毒处理，宠物可将注射部被毛分开后消毒(图13-7)。用左手的拇指与食指轻压注射局部，右手持注射器，使针头与皮肤垂直，迅速刺入肌肉内(图13-8)。一般刺入2～3 cm(小动物酌减)，而后用左手拇指与食指捏住露出皮外的针头结合部分，以食指指节顶在皮上，再用右手抽动针管活塞，无回血后即可缓慢注入药液。如有回血，可将针头拔出少许再行抽试，见无回血后方可注入药液(图13-9)。注射完毕，用左手持酒精棉球压迫针孔部，迅速拔出针头(图13-10)。给牛、马等大动物注射，为术者安全起见，可右手持注射针头，迅速用力刺入注射部位，然后以左手持针头，右手持注射器，将两者连接好，再行药液注射。

五、注意事项

①针体刺入深度，一般只刺入2/3，切勿把针梗全部刺入，以防针梗从根部连

接处折断。

②强刺激性药物(如水合氯醛、钙制剂、浓盐水等)不能肌肉内注射。

③注射针头如接触神经时,则动物感觉疼痛不安,此时应变换针头方向,再注射药液。

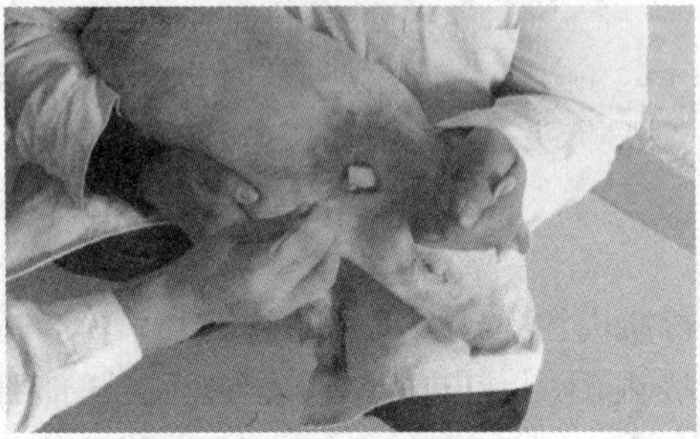

图 13-7　注射部位消毒

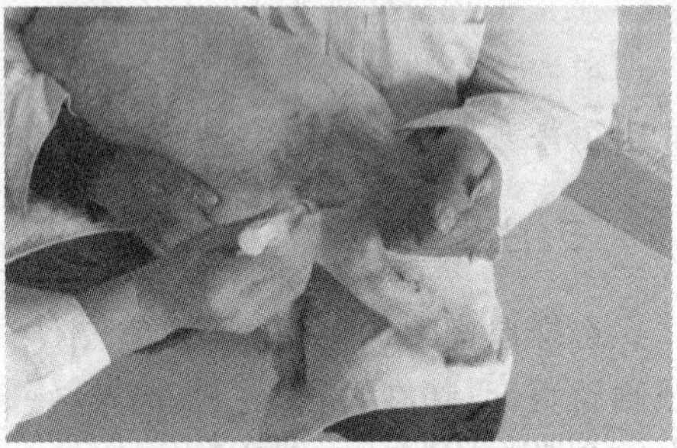

图 13-8　右手持注射器,使针头与皮肤垂直,迅速刺入肌肉

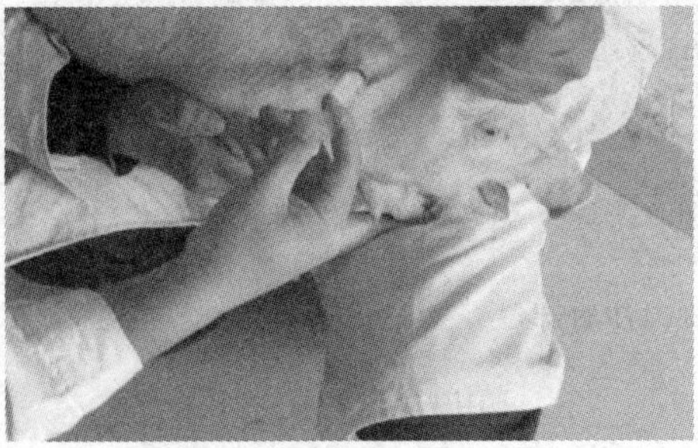

图 13-9　用右手抽动针管活塞,无回血后缓慢注入药液

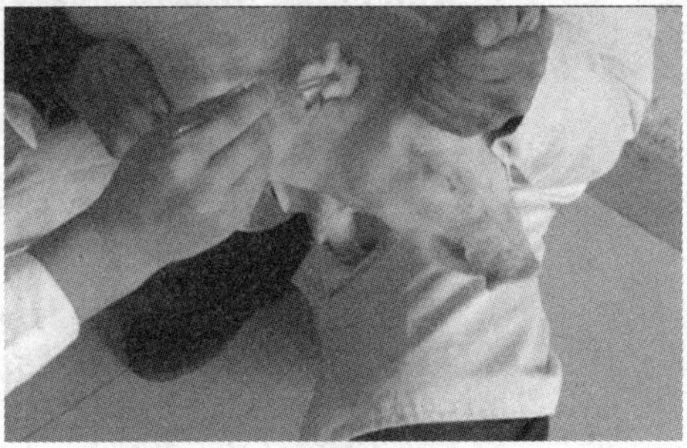

图 13-10　酒精棉球压迫针孔部,迅速拔出针头

④万一针体折断,保持局部和肢体不动,迅速用止血钳夹住断端拔出。如不能拔出时,先将病畜保定好,防止骚动,行局部麻醉后迅速切开注射部位,用小镊子、持针钳或止血钳拔出折断的针体。

⑤长期进行肌肉注射的动物,注射部位应交替更换,以减少硬结的发生。

⑥两种以上药液同时注射时,要注意药物的配伍禁忌,必要时在不同部位注射。

⑦根据药液的量、黏稠度和刺激性的强弱,选择适当的注射器和针头。

⑧避免在瘢痕、硬结、发炎、皮肤病及有针眼的部位注射。瘀血及血肿部位也不宜进行注射。

操作三 静脉注射

一、应用范围

静脉注射是将药液注入静脉内，是治疗危重疾病的主要给药方法。用于大量给药的输液、输血，或用于以治疗为目的的急需速效的药物（如急救、强心等），或注射药物有较强的刺激作用，又不能皮下注射、肌肉注射，只能通过静脉内给药才能发挥药效的药物。

二、用具材料

根据注射用量可备 50～100 mL 注射器及相应的针头，一次性输液器或输液袋，输液泵，静脉留置针，肝素帽，70%酒精棉球，碘酊棉球。

三、注射部位

牛、马、羊等均在颈静脉的上 1/3 与中 1/3 的交界处，猪在耳静脉或前腔静脉，犬、猫在前肢腕关节正前方偏内侧的头静脉和后肢外侧隐静脉，也可在颈静脉，猫可选用后肢股内侧的隐静脉，禽类在翅下静脉。特殊情况，牛也可在胸外静脉及母牛的乳房静脉。

四、注射方法

先将药液配好，装在输液袋中，悬挂在吊瓶架上，排净输液管内的气泡，然后进行静脉注射。大家畜牛、马静脉注射时，先压迫静脉的近心端，阻断血液回流，使静脉怒张，选用 16～20 号注射针头，对准已怒张的血管用力刺入，见针头回血后，将针头继续向血管内推进顺针，然后松开对颈静脉近心端的压迫，连接输液管接头，调整控制开关进行静脉注射，输液管用夹子固定在颈部皮肤上。耳静脉注射时压迫耳根部，乳静脉注射时压迫远离乳房的一端血管，犬的静脉注射可用弹力橡胶管扎紧注射部上方的肢体使血管怒张，猫的隐静脉注射时用手指压迫隐静脉近心端。注射部位需消毒（图 13-11）。手持注射针头顺血管方向与皮肤呈 45°角刺入血管内（犬选择前肢腕关节正前方偏内侧的静脉，图 13-12），刺入正确时可见到回血，调整针头与血管的角度，继续将注射针头送入血管内（图 13-13），解除对静脉近心端的压迫或松去弹力结扎带，打开连接输液瓶上的控制开关即可点滴输液（图13-14），用胶布固定针头，以防止针头从血管内移出(图 13-15)。在注射过程中要经常观察是否漏针,若发现漏针,应立即停止注射,重新调整针头,待正确刺入血管后再继续注入药液。注射完毕,拔下针头,用酒精棉球压迫片刻后可松开保定(图 13-16)。

图 13-11 消毒注射部位

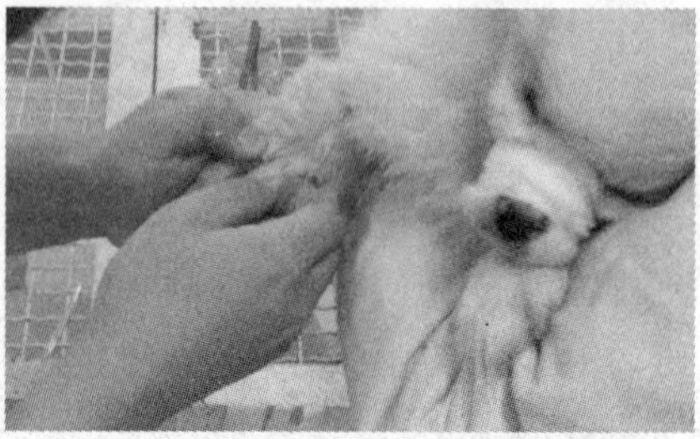

图 13-12 注射针由近腕关节 1/3 处向上刺入静脉

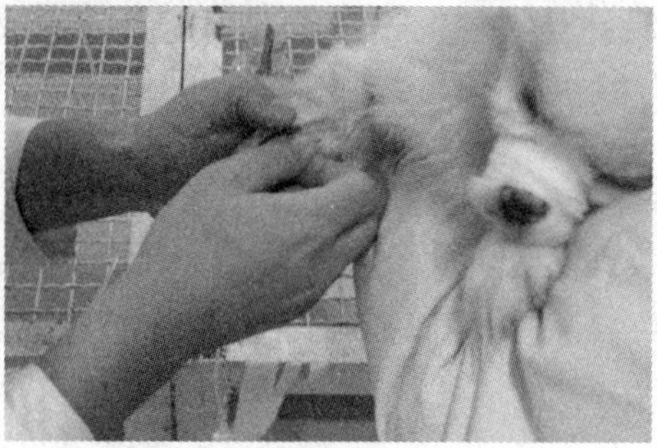

图 13-13 回血后顺静脉管进针少许以防犬骚动时针头滑出血管

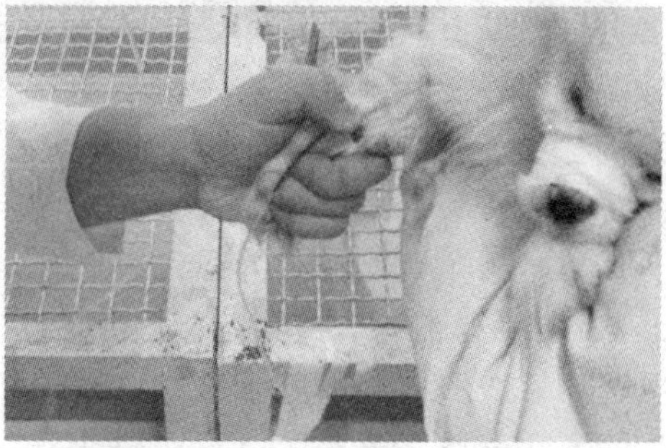

图 13-14 松开止血带或乳胶管,打开输液管上的阀门,开始输液,同时调整输液速度

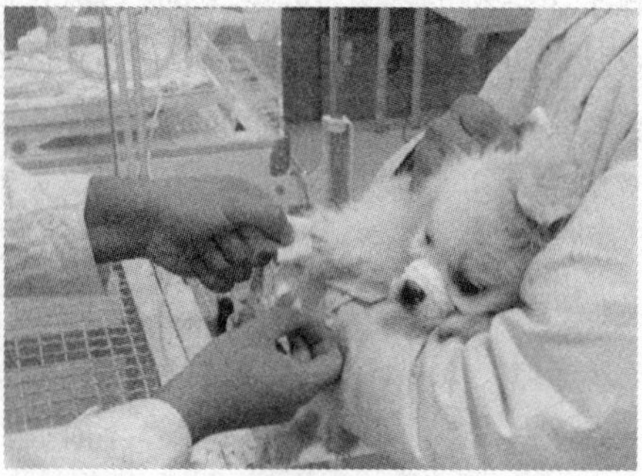

图 13-15 用胶布缠绕固定针头

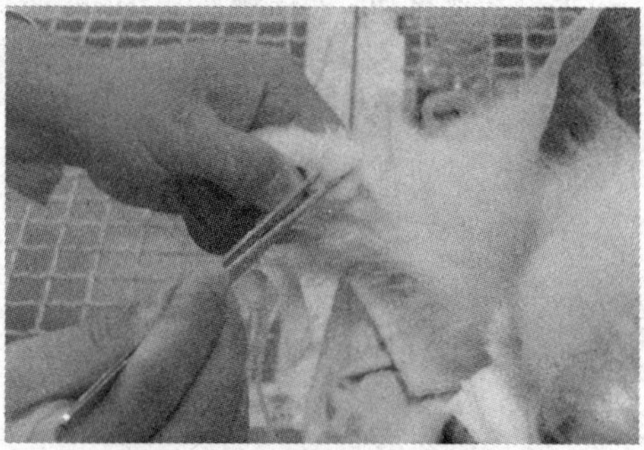

图 13-16 注射完毕,以干棉签或棉球按压,迅速拔出针头

五、注意事项

①严格遵守无菌操作,对所有注射用具及注射局部,均应进行严格消毒。

②注射时要检查针头是否畅通,当反复刺入时针孔很容易被组织或血液凝块阻塞,因此应及时更换针头。

③注射时要看清脉管径路,明确注射部位,刺入准确,一针见血,防止乱刺,以避免引起局部血肿或静脉炎。

④针头刺入静脉后,要再将针头沿静脉方向进针 1～2 cm,连接输液管后并使之固定。

⑤刺针前应排尽注射器或输液管中的空气。

⑥要注意检查药品的质量,防止混入杂质和产生沉淀。多种药液混合时,应注意配伍禁忌。

⑦切记油类制剂不可静脉注射。

⑧注射对组织有强烈刺激的药物时,应先注射少量的生理盐水,证实针头确实在血管内,再调换要注射的药液,以防药液外溢而导致组织坏死。例如钙剂的注射。

⑨输液过程中,要经常注意观察动物的表现,如有骚动、出汗、气喘、肌肉震颤、犬发生皮肤丘疹、眼睑和唇部水肿等征象时,应及时停止注射。当发现输入液体突然过慢或停止以及注射局部明显肿胀时,应检查回血。可通过放低输液瓶;或一手捏紧乳胶管上部,使药液停止下流,再用另一只手在乳胶管下部突然加压或拉长,并随即放开,利用产生的一时性负压,看其是否有回血;也可用右手小指与手掌捏紧乳胶管,同时以拇指与食指捏紧远心端前段乳胶管并拉长,造成负压,随即放开,看其是否有回血。如针头已经滑出血管外,则应重新刺入。

⑩犬及猪静脉注射时,首先宜从末端开始,以防再次注射时发生困难。如一旦血肿后,无合适的进针位点。

⑪如注射速度过快、药液温度过低,可产生副作用,如心跳、呼吸异常或肌肉颤抖等。同时要注意某些药物因个体差异可能发生过敏反应。

⑫对极其衰弱或心功能障碍的患畜施行静脉注射时,尤其应注意输液反应,对心肺功能不全者,应防止肺水肿的发生。

操作四　静脉留置针穿刺

一、应用范围

主要应用于宠物的临床，已成为临床治疗、急救用药及供给营养的重要途径。其操作简单，套管柔软，套管在静脉内留置时间长而不易穿破血管壁。此方法既减轻了病犬由于反复穿刺而造成的痛苦，又减少了宠物医院的工作量，提高了医护人员的工作效率。

二、用具材料

电推子，止血钳及止血带，酒精棉、干棉球，2 mL 注射器，肝素钠稀释液（2 mL 肝素钠＋250 mL 0.9％NaCl 稀释），静脉留置针及肝素帽，纸胶带，自粘弹力绷带。部分用具见图 13-17。

三、操作方法

选择相对粗直、有弹性、血流丰富、无静脉瓣、避开关节且易于固定的血管。病犬可选择前肢头静脉、后肢隐静脉、股内侧隐静脉等。

图 13-18 至图 13-26 以病犬前肢头静脉留置针穿刺为例简要介绍操作方法。

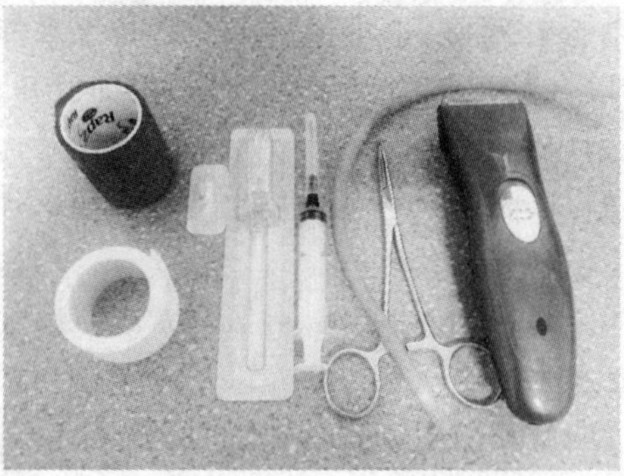

图 13-17　静脉留置针穿刺部分用具

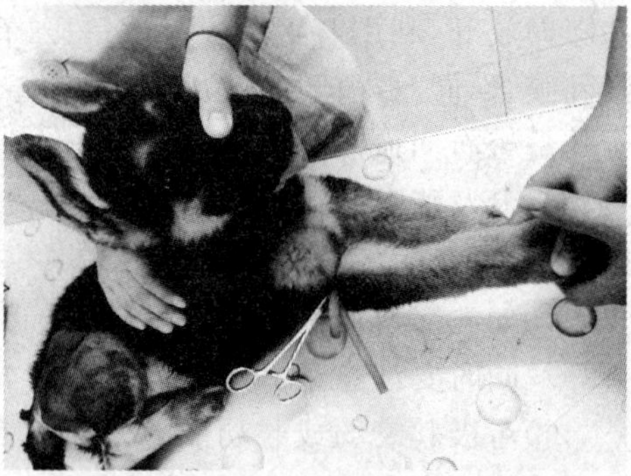

图 13-18　选择前肢头静脉，距穿刺点 10～15 cm 扎止血带，使肢体远端的静脉充盈度达最佳状态

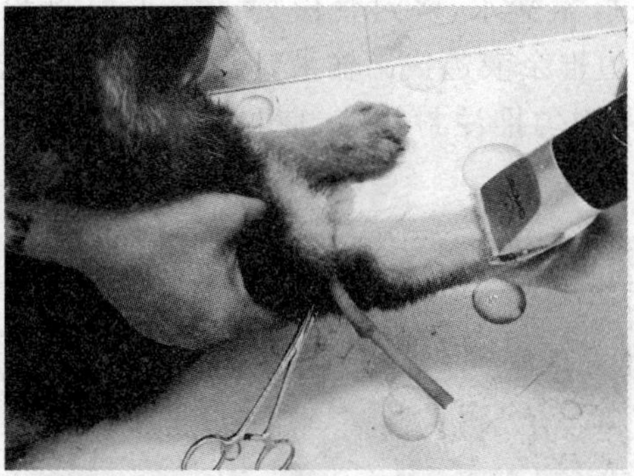

图 13-19 穿刺部位剃毛

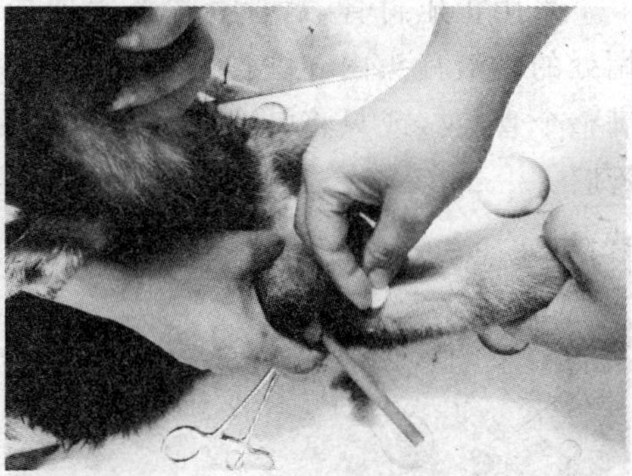

图 13-20 消毒穿刺部位

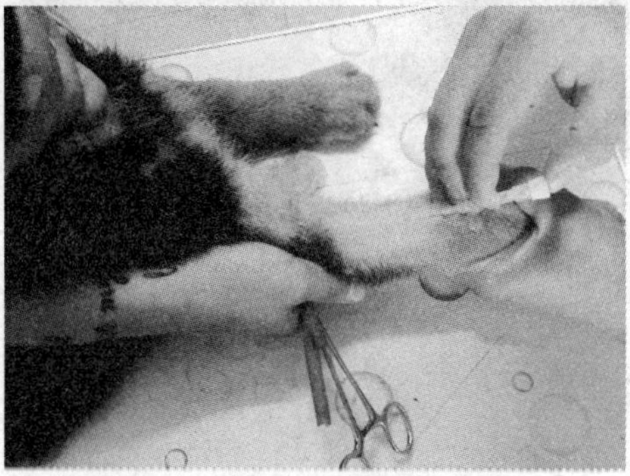

图 13-21 旋转松动留置针外套管，以 15°～30°角进针，按个人习惯选择不同的持针法

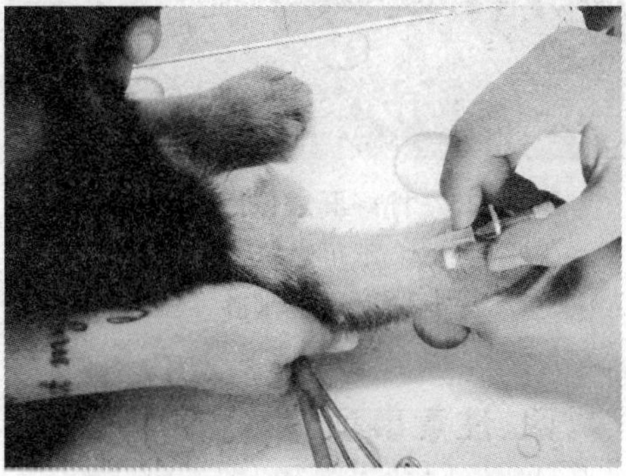

图 13-22 刺入皮下组织，沿血管走向进入 2～5 mm，见透明针尾有回血时停止进针

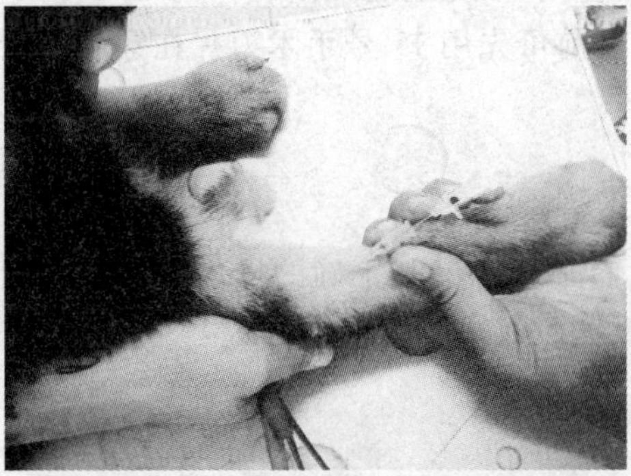

图 13-23 用食指轻推针头部位凸起的栓柄，使软性针头进入血管。不能拔出硬针，防止血液倒流

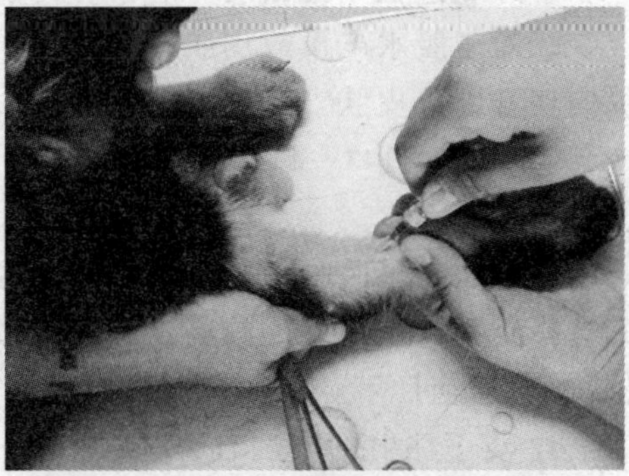

图 13-24 用右手拇指按压住软针埋入血管部分，防止硬针抽出后血液流出。左手为软针旋上肝素帽

采用正压封管，封管液选择生理盐水或肝素盐水，将封管液 3～5 mL 从肝素帽处的输液针头内先缓慢推注 2～3 mL，再边推余液边拔出输液针头，使封管液充满整个管腔。或只将针头斜面进入留置针内均匀推注封管液，使封管液充满整个管腔。

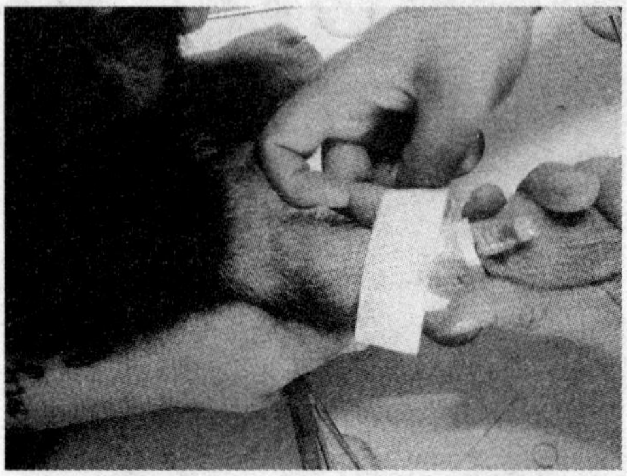

图 13-25　拧好肝素帽后，缠绕胶带稳固针体，不可过紧，防止肢体缺血发生水肿

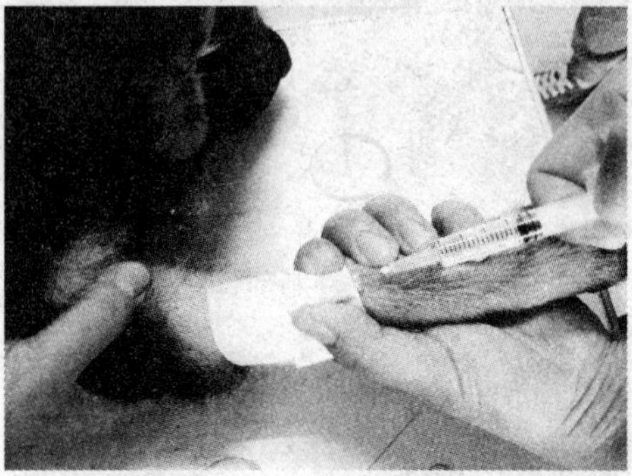

图 13-26　正压封管

四、注意事项

①选择合适的静脉留置针及穿刺部位。穿刺时动作要轻、稳、准，防止反复穿刺造成血管撕裂及周围组织的损伤。

②穿刺过程中退出的针芯不可再插入套管内，以免引起栓塞。

③对于脱水严重或皮肤较厚的动物，穿刺前可先用 11 号手术刀片在穿刺部位纵向切开部分皮肤，长度为 2 mm 左右。

④保留时间 3～4 d。

【项目小结】

注射法是兽医临床给药的主要途径，我们必须掌握其正确的操作方法。合理的选择药物以及正确的给药途径才能最大地发挥药物的治疗作用。

【复习思考题】

1. 皮下注射的方法有哪些？

2. 肌肉注射的方法有哪些？

3. 静脉注射的方法有哪些？

实操项目十四　投药技术

【知识目标】

掌握各种动物临床给药的操作方法，并了解注意事项，确保临床诊疗过程中的人畜安全。

【技能目标】

掌握饮水、拌料、灌服等口服给药方法。掌握直肠投药法。掌握牛、羊、猪等胃导管给药法。

操作一　直接灌药法

一、应用范围

各种动物的临床治疗给药。

二、用具材料

口服给药器、灌角、橡皮瓶、一次性灌药器。

三、操作方法

(一)小动物片剂、丸剂经口投药法

犬、猫采取坐立姿势，对性情温和的犬、猫，以左手拇指、食指在两侧口裂后方，隔着皮肤向其齿间隙压迫，即可打开口腔。投药人员用镊子夹持药片、药丸，送入犬、猫的舌根部，迅速将犬、猫嘴合拢，防止张嘴。当犬、猫的舌尖伸出在口腔外并用舌舔鼻端时，说明已将药咽下。某些犬、猫，药片、药丸不往下咽，投药人员应抓

住上下颌严防口张开，并用手指轻轻叩打犬的下颌，促使犬突然咽下药丸，以防止吐出。

（二）小动物灌药法

将犬、猫保定，助手固定头部上、下颚，术者左手手持药瓶或抽满药液的注射器，右手自一侧打开口角，自口角处缓缓灌入药液，让其自咽，直至灌完。

（三）牛羊灌药瓶投药法

用灌药瓶将碾压粉碎的调成糊剂的药经口投入。将牛保定在单桩或六柱栏内，抬高牛的头部。或由助手牵住牛鼻绳，抬高牛头或握住鼻中隔使牛头抬起，必要时使用鼻钳。术者左手伸入牛的一侧口角，打开口腔，右手持灌药瓶或灌角装上需投入的糊剂药物，从另一侧口角齿间隙处向口腔内插入灌药瓶嘴，并向舌背面舌根部灌入，待动物咽下一口后，再向口腔内灌入第二口。灌药时严禁牵拉动物舌头，以防影响吞咽而造成误咽；每一次灌入口腔的药量不可过大，灌入量过大，容易从口腔中吐出而造成浪费。灌药过程中若发现动物咳嗽，应立即放低动物头部，待转入正常后再灌入，直至灌完。

（四）猪的灌药法

小猪灌服少量药液时，通常一个人固定猪的双耳或两前肢，并提起其前躯（图14-1），大猪则需进行仰卧保定，通常是术者用木棍将嘴撬开（图 14-2），用药匙或是注射器自口角处徐徐灌入药液（图 14-3）。

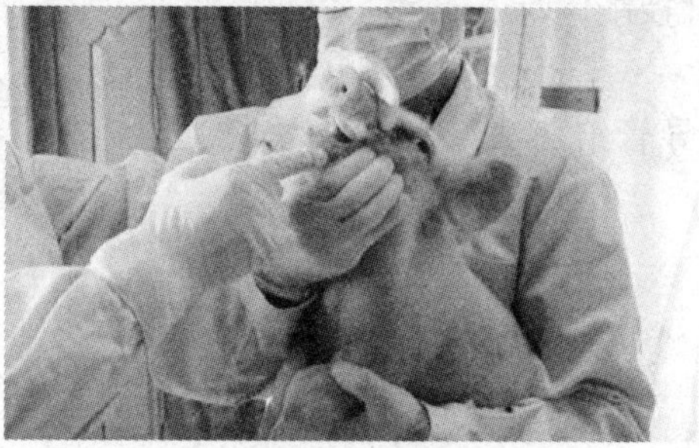

图 14-1　小猪的保定

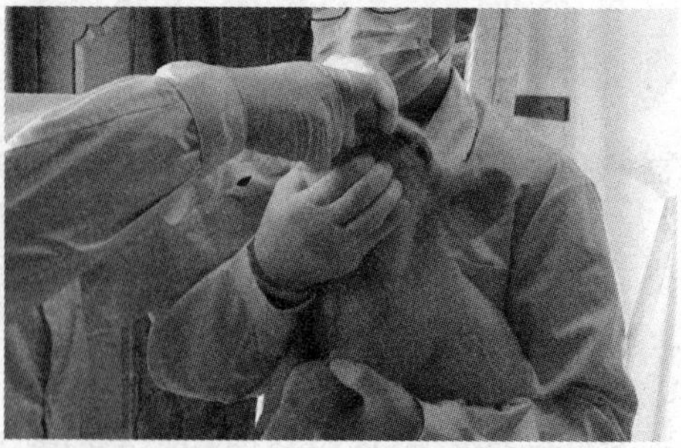

图 14-2　撬开猪嘴

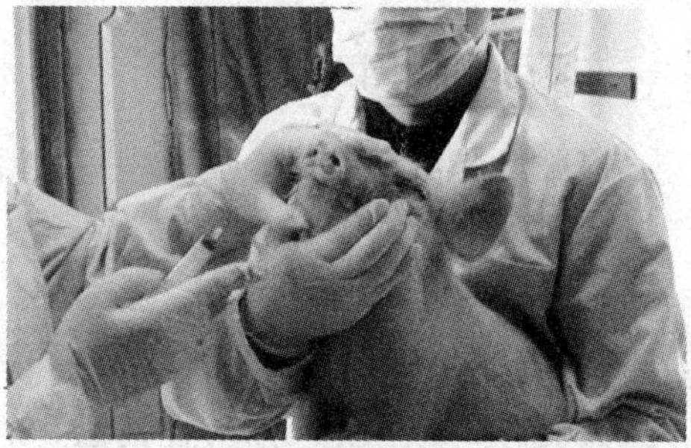

图 14-3　灌入药液

四、注意事项

每次灌入的药量不宜过多，不宜过急，不能连续灌药，以防误咽；头部吊起或仰起的高度，以口角与眼角呈水平线为准，不宜过高；灌药中，病畜如发生强烈咳嗽时，应立即停止灌药，并使动物头部低下，促使药液咳出，安静后再灌；猪在嚎叫时喉门开张，应暂停灌药，待停叫后再灌；当病畜咀嚼吞咽时，如有药液流出，应以药盆接取。

操作二　胃导管灌药法

一、应用范围

胃导管灌药法适用于灌服大剂量水剂药液和补食流质饲料。当水剂药量较多，药品带有特殊气味，经口不易灌服时，需要胃导管经鼻道或口腔投给。此外胃导管亦可用于食道探诊、瘤胃排气、抽取胃液或排出胃内容物及洗胃。

二、用具材料

软硬适宜的胶皮管、塑料管（图 14-4），依动物不同而选用相应的口径及长度；特制的胃导管（其末端闭塞，侧方设有数个开口）。漏斗或打药用的加压泵，插胃管用的开口器。

三、操作方法

（一）牛胃管投药

给牛的头部戴上木质开口器，固定好头部。术者立于一侧，术者左手抓住牛的鼻翼或抓住鼻钳，右手持涂上滑润油的胃导管，通过左手的指间沿鼻隔徐徐插入胃导管（图 14-5）。当管端到达咽部时感觉有抵抗，此时不要强行推进，稍停或轻轻抽动胃导管以引起其吞咽，待动物有吞咽动作时，趁机向食管内插入。当动物无吞咽动作时，可揉捏咽部或用胃导管端轻轻刺激咽部而诱发吞咽动作。确定胃导管插入食道无误后，再稍向深部送进，胃导管端连接漏斗把药液倒入漏斗内，举高漏斗超过动物头部将药液灌入胃内（图 14-6）。药液灌完后去掉漏斗，用橡皮球再向胃导管内打气或灌少量的清水，以排净残留在胃导管内的药液，然后将胃导管端折叠，缓缓抽出胃导管（图 14-7）。

图 14-4 胃导管的准备

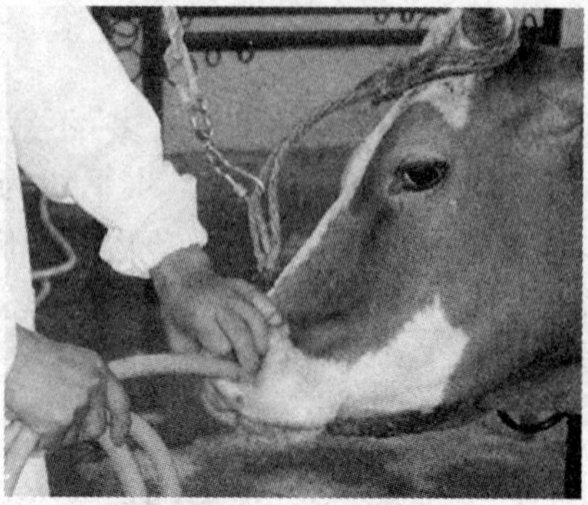

图 14-5 插入胃导管

图 14-6 连接漏斗灌药

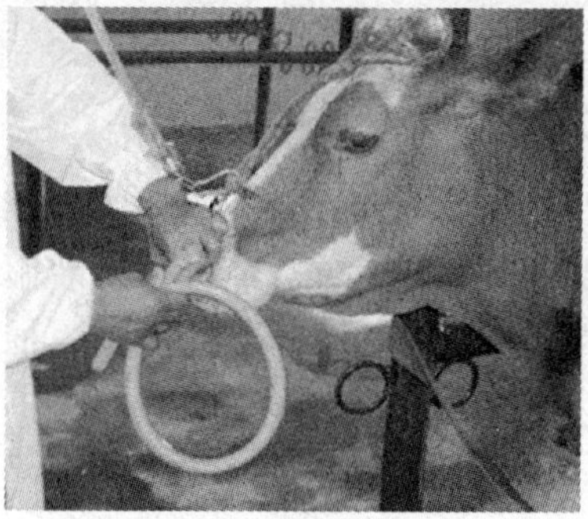

图 14-7 抽出胃导管

(二)犬的胃导管投药

对犬、猫先进行安全保定后装上开口器。用较细的投药管经舌背面缓缓向咽腔插入,然后继续向深部插入即可顺利进入食管内,用连接胃导管的气球打气,可观察到颈部的波动,压扁气球后气球不会鼓起即可证明插入正确。连接漏斗灌入药液。

(三)猪的胃导管投药

猪侧卧保定,术者用开口器将口打开,取胃导管前端从开口器中央插入咽部。轻轻抽动胃导管,刺激并随吞咽插入食道。确定证实胃导管在食道时,接上漏斗即可灌药。灌完后慢慢抽出胃导管,并解下开口器。

四、判定方法

灌胃时应特别注意胃导管是插入食道还是气管,其鉴别方法见表 14-1。

表 14-1 胃导管插入食道和气管的鉴别

鉴别方法	在食道内	在气管内
胃管送入时的感觉	插入时稍感前方有阻力	无阻力
观察咽、食道及动物的动作	胃管前端通过咽部时可引起吞咽动作或伴有咀嚼，动物安静	无吞咽动作，可引起剧烈咳嗽，动物表现不安
触诊颈沟部	可摸到胃导管	不能摸到胃导管
将胃管外端放入水中	无气泡	产生大量气泡
用鼻嗅诊胃管外端	有胃内酸臭味	无气味
观察排气与呼气动作	不一致	一致
捏扁橡皮球后接于胃导管外端	不再鼓起	鼓起
向胃导管吹入气体	随气流吹入，颈沟部可见明显波动	无波动

五、注意事项

胃导管使用前要用消毒水仔细洗净消毒，涂上润滑油，以减少胃导管管壁对食道黏膜的损伤；插入动作不宜粗暴，抽动时要小心，动作要轻柔、缓慢；患有咽炎及呼吸困难的病畜不宜用胃导管，灌药时，引起咳嗽、气喘时，应立即停止；应确定插入食道深部或胃内后再灌药，否则要重新插入并确定无误后再行灌药；经鼻插入胃导管，导致鼻出血，应引起高度注意，少量的出血，不久自行止血，出血较多时，应将动物头部适当抬高或吊起，进行鼻部冷敷，或用大块纱布、药棉暂堵塞一侧鼻腔，必要时宜配合应用止血剂、补液乃至输液。

【项目小结】

口服法是兽医临床给药的主要途径，我们必须掌握其正确的操作方法。合理地选择药物以及正确地给药才能最大地发挥药物的治疗作用。胃导管投药法适用于动物无食欲但又必须内服的药物给药。

【复习思考题】

1. 胃导管投药的操作要领是什么？
2. 胃导管投药时，胃导管在胃内还是气管内的判定依据是什么？

实操项目十五　穿 刺 技 术

【知识目标】

了解临床常用穿刺术的种类和适应证。明确穿刺术的注意事项。掌握常用穿刺术的穿刺部位及操作方法。

【技能目标】

穿刺术的操作方法，穿刺术准确部位的确定及穿刺术的临床应用。

操作一　腹腔穿刺术

一、应用范围

①腹腔穿刺术用于诊断胃肠破裂、内脏出血、膀胱破裂等。

②通过穿刺液的检查，判断是渗出液还是漏出液。

③经穿刺放出腹水或向腹腔内注入药液治疗某些疾病。

二、穿刺部位

小动物在耻骨前缘与脐之间的正中线左(右)侧 3～5 cm 处，反刍动物在右侧膝与最后肋骨之间连线的中点处，马属动物在胸骨的剑状软骨后方 10～15 cm、腹白线左侧 3～5 cm 处，猪的在腹白线一侧。

三、穿刺方法

穿刺部剪毛(图 15-1)、消毒(图 15-2)，用 14～20 号针头垂直皮肤刺入，当针透过皮肤后，应慢慢向腹腔内推进针头，当针头出现阻力骤然减退时，说明针已进入腹腔(图 15-3)，腹水经针头流出(图 15-4)。用于诊断性穿刺，当腹水流出后立即用注射器抽吸。如果用于放出腹水时，使用针体上有 2～3 个侧孔的针头穿刺，可防止大网膜堵塞针孔。穿刺术结束后，拔下针头用碘酊消毒术部。

图 15-1 穿刺部位剪毛

图 15-2 穿刺部位消毒

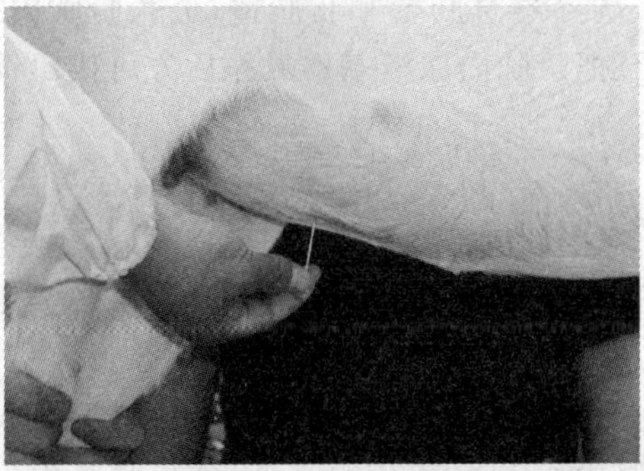

图 15-3 针头穿刺

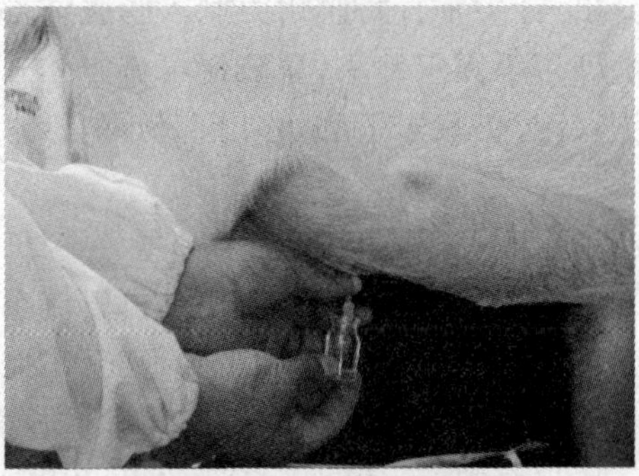

图 15-4 穿刺液流出

操作二 膀胱穿刺术

一、应用范围

①公畜因尿道阻塞引起的急性尿潴留，为缓解膀胱过度充盈，避免内压过大继发膀胱破裂。

②经膀胱穿刺采集尿液进行检验。

二、穿刺部位

小动物在耻骨前缘 3～5 cm 处腹白线一侧的腹底壁上，大动物在直肠内进行穿刺。

三、穿刺方法

小动物采取仰卧保定，大动物在六柱栏内站立保定。小动物的膀胱穿刺在术部剪毛、消毒后，用左手隔着腹壁固定膀胱，右手持 16～18 号针头，刺入皮肤，经肌肉、腹膜、膀胱壁刺入膀胱内，尿液即可从针头内流出。

大动物膀胱穿刺，先用温水灌肠，清除直肠内粪便。术者右手拇指、中指和无名指保护针尖，针尾藏于手心内，随手进入直肠内。手伸进直肠狭窄部后，向后下方移至耻骨前缘上方，触摸到高度充盈的膀胱。让针尖贴着无名指和拇指端徐徐露出，针尖垂直膀胱用力刺入膀胱体部。一次穿透直肠壁和膀胱壁，进入膀胱内，随即用手固定针头，尿液便可流出体外，直至把膀胱内尿液基本放净后方可拔出针头，针头仍藏于手心，移出直肠，消毒术部。

四、注意事项

①排尿时不可快速，让其自行流出，亦不可用注射器大量抽尿。否则膀胱突然减压，使黏膜高度充血、水肿，甚至出血。

②穿刺排尿时力求一次将积尿放净，为此排尿期间要充分固定好针头，同时向下压迫膀胱壁，使尿液全部放出，以利于膀胱收缩和穿刺孔的闭合，延长膀胱内尿液充盈时间。

【项目小结】

注意穿刺术的无菌操作，避免人为感染。腹腔穿刺放液要注意放液速度和放液量，不可过快过多，以免引起虚脱。膀胱穿刺注意排尿不应过快，而应适当予以控制，以利于盆腔和腹腔器官和血液循环逐渐恢复平衡。

【复习思考题】

1. 了解临床常用穿刺术的种类和应用范围。
2. 明确穿刺术的注意事项。
3. 掌握常用穿刺术的穿刺部位及操作方法。

实操项目十六　外科手术疗法

【知识目标】

了解常用外科器械的种类及其使用特点。熟知常用外科器械的使用方法及传递方法。明确组织分离及缝合的原则。掌握常见组织的切开方法、外科常用的止血方法及外科常用的缝合方法。了解绷带的种类及其使用特点。明确包扎的注意事项。掌握常用绷带技术的操作方法及包扎部位。掌握常用的局部麻醉药和常用的麻醉方法及注意事项。掌握常用的全身麻醉药及常见动物的全身麻醉方法。了解术后护理的内容。掌握术后护理的注意事项及术后感染的防控方法。

【技能目标】

做好术前准备，手术过程中组织的分离、止血、缝合、打结、拆线。应用卷轴绷带、夹板绷带等的包扎技能。应用各种动物的局部麻醉及全身麻醉。应用术后护理及术后感染的防控。

操作一　手术人员的准备与消毒

一、用具材料

一次性手术衣、手套、手术帽和口罩，肥皂、70％酒精、0.1％新洁尔灭溶液等。

二、操作方法

(一)手术室更衣

手术人员进入手术室要更换手术室准备的清洁衣裤和鞋(或水靴)，戴手术帽和口罩。手术帽应把头发全部遮住，要求帽的下缘应达到眉毛之上和耳根顶端。

手术口罩应完全遮住口和鼻，对防止手术创发生飞沫感染和滴入感染极为有效。为了避免戴眼镜的手术人员因呼吸的水气使镜片模糊，可将口罩的上缘用胶布贴在面部，或是在镜片上涂抹薄层肥皂(用干布擦干净)。剪短指甲并去除甲缘下的积垢。手或臂皮肤有破损或有化脓性感染时，不能参加手术。

(二)手、臂的擦洗与消毒

1. 手、臂的擦洗

(1)肥皂刷手法　用毛刷蘸肥皂刷洗手和臂，刷洗的顺序是首先对指端和甲缝进行仔细的擦洗，然后按手指、指间、手掌、手背、腕部、前臂和肘部的顺序擦洗。要特别注意甲缘、甲沟等处的刷洗，此处易藏匿微生物。

刷完后，手指朝上，肘朝下，用流水冲洗手臂上的肥皂水。反复洗刷 3 遍，共约 10 min。最后每侧各用一块灭菌巾从手到肘部擦干手臂。注意手在整个清洗过程中都要高于肘部。

(2)氨水洗手法　氨水有脱脂作用，并可透入皮肤深部，但必须在临用时现配。先用肥皂做一般的洗手，然后将手臂放入预先准备好的两盆 0.5％的氨水中，按从指尖到肘部的顺序用纱布擦洗，每盆氨水中各擦洗 3 min，然后用灭菌巾擦干。

(3)其他洗手法　除上述两种方法外，还可用碘制剂(如碘伏、吡咯烷酮碘)刷手。

2. 手、臂的消毒

(1)70％酒精浸泡或刷洗　浸泡或刷洗 5 min，浸泡范围到肘上 6 cm 处。浸泡前应将手、臂上的水分拭干，以免降低酒精浓度。用酒精浸泡消毒后，用 2％碘酊涂擦甲缘、指端后，再用 70％ 酒精脱碘。

(2)0.1％新洁尔灭溶液浸泡或刷洗　手臂在彻底冲净肥皂水和擦干后，在 0.1％新洁尔灭溶液中浸泡或刷洗 5 min，浸泡完毕后，自然干燥。注意残留在手臂上的肥皂水若带入桶内，将会影响新洁尔灭溶液的杀菌效力。手臂在 0.1％新洁尔灭溶液中浸泡或刷洗后，不要用纱布擦拭，否则会破坏新洁尔灭溶液在皮肤上形成的薄膜，减弱它的消毒作用。

洗手消毒完毕后，保持拱手姿势，手臂不应下垂，也不可再接触未经消毒的物品，否则应重新浸泡消毒。

(三)穿手术服

浸泡消毒后的手臂，自然干燥后穿手术衣。让别人协助穿上，将手术衣轻轻抖开，提起衣领两角，注意勿将衣服外面对向自己或触碰到其他物品或地面。将两手插入衣袖内，两臂前伸，最后双臂交叉提起腰带向后递，由助手协助在身后将衣带系紧。

(四)戴手套

取出手套夹内无菌滑石粉包，轻轻敷擦双手，使之干燥光滑。用左手捏住右手手套的里层袖口翻折部，将手套取出，先将右手插入手套内，注意勿触及手套外面。再用已戴好手套的右手指插入左手手套翻折部折叠起来部分的手套外层里，帮助左手插入手套内。已戴手套的右手不可触碰左手皮肤，将手套翻折部分翻下套在袖口上。然后，用无菌盐水冲洗净手套外面的滑石粉，双手放在胸前轻轻举起妥善保护手臂，准备进行手术。

操作二　动物的准备与消毒

一、操作目的

术前尽可能使病畜的各项生理指标接近正常，提高其对手术的耐受力。病畜充分的术前准备可以提高手术的成功率，减少并发症的发生。

二、操作方法

(一)术前体检

术前体检要在术前 24 h 内进行，具体内容如下。

1. 临床体检

临床体检包括体温、心率、呼吸、脉搏；从头到尾的视诊和触诊。

2. 血常规检查

血常规检查包括白细胞数、红细胞数、血小板数、血细胞比容等。

3. 血液生化检查

①临床健康动物的整形手术、绝育/节育术要对手术生化六项进行评估。

②病理性手术要进行全项生化(包括肝功、肾功和电解质等)。

4. 凝血功能检查

血小板较低或怀疑有出血倾向的动物需进行凝血功能检查。

(二)术前禁食禁水

大动物术前禁食 24 h，禁水 12 h；小动物术前禁食 12 h，禁水 4 h。禁食是为防止麻醉药引起的呕吐，防止麻醉引起的胃肠弛缓，手术会持续数个小时，在此过程，动物的消化、吸收功能都大大降低，不禁食容易引起胃扩张、胃肠胀气；禁水是为防止膀胱积尿而影响手术，以及动物术中遗尿。如果成年动物禁食、禁水超过16 h，幼年动物禁食、禁水超过 8 h，则需要进食、进水，手术需要推迟 8 h 之后进行。因为如果此时手术，会造成动物低血糖和脱水。

（三）术前排便、排尿

术前 1～2 h，动物要进行牵遛，使之排便、排尿。排空肠道和膀胱内容物是为了减少肠道和膀胱内容物影响腹腔手术，加快腹部手术的进程。同时降低因麻醉药的持续作用，肠道和膀胱内容物排空延缓而造成对脏器的刺激。如尿液没有自然排出可以在动物麻醉状态下人工诱导排尿或导尿管导尿。

（四）术前稳定病情

动物在麻醉前，通常需要补充体液、纠正酸碱平衡失调和电解质代谢紊乱。需要强心、输氧、输血、抗休克、补充营养等。同时根据手术的不同，决定在手术期间是否需要使用抗生素。对于长期进食不足的病畜应补钾，主要是补氯化钾。对于长期腹泻的病畜，因为大量丧失碱性的小肠液，所以应补碱性药物，如碳酸氢钠。

（五）肛周手术准备

直肠、阴门及会阴部手术时，为防止术中的粪便污染，术前要求排空直肠。对于大家畜可从直肠掏出蓄粪，对小动物可以将肛门做荷包缝合或灌肠。

（六）术部除毛

最好在手术室外进行，术前用肥皂水刷洗术部及周围大面积的被毛，然后剃毛，在距预定切口上、下、左、右各 15～20 cm 的范围内进行剃毛。可使用电动剃毛器，以执笔的姿势把持剃毛器，顺着被毛生长方向进行第一次剃毛。然后，逆着被毛生长方向紧贴皮肤进行第二次剃毛。剃完毛后，用肥皂反复擦刷并用清水冲净，最后用灭菌纱布拭干。注意多褶的地方易剪破皮肤。也可使用脱毛剂，将脱毛剂先顺毛后逆毛涂于术部，浸透被毛，经 3～5 min，当被毛变成糊状时，用无菌纱布轻轻擦掉，然后用清水冲洗干净。注意除毛时间不宜过长，否则皮肤会因刺激而发炎。

（七）保定

病畜送进手术室，用绳、胶带、沙包等将病畜固定在适当的位置，以使术部适宜进行手术操作。

(八)术部消毒

术部剃毛后用5%碘酊消毒,间隔2 min后再消毒1遍,碘酊消毒后必须稍待片刻,待完全干后,再以70%酒精脱碘,以免碘沾及手术器械,带入创内造成不必要的刺激。无菌手术消毒应由手术区中心向四周涂擦(图16-1),感染创手术消毒应由周围向手术区中心患处逐渐缩小涂擦(图16-2),以防止化脓菌及其他微生物的扩散。消毒的范围要相当于剃毛区。对口腔、鼻腔、阴道、肛门等黏膜的消毒不可使用碘酊,可先洗去黏液及污物后,用0.1%新洁尔灭溶液、0.1%高锰酸钾溶液冲洗消毒;眼结膜多用3%～4%硼酸溶液消毒;蹄部手术用2%煤酚皂溶液清洗。

图16-1　无菌手术消毒方法

图16-2　感染创手术消毒方法

(九)铺设创巾

采用灭菌创巾覆盖于手术区,防止已消毒术部被污染,先铺设4块基层创巾,按上、下、左、右顺序隔离术部,使用无菌的巾钳在基层创巾的连接角上进行固定,将动物未备皮区域与消毒区域隔离开来。然后再铺设一块大的手术创巾,仅在中间孔洞处暴露切口部位,使术部与周围完全隔离。注意铺设创巾时,应看准预定切口位置,创巾铺好后就不能再向创口内进行调整,否则会使细菌进入到已备好的皮肤。如图16-3所示。

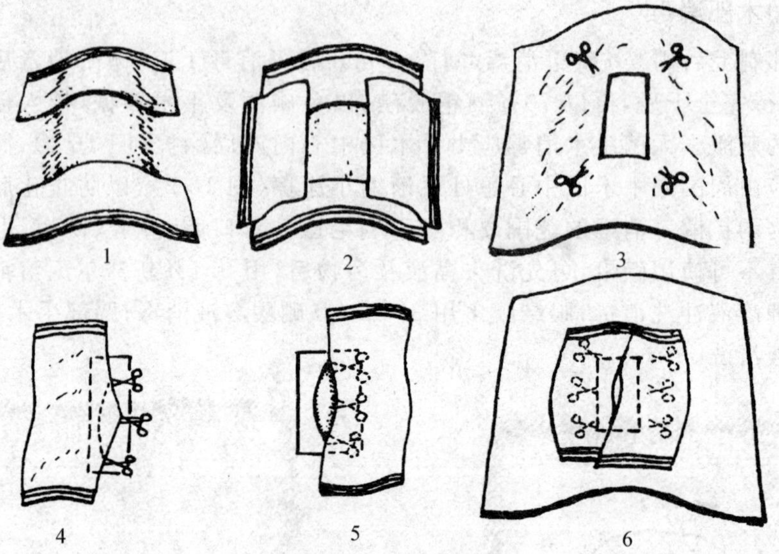

图 16-3 术部隔离示意

操作三 手术用品的准备与消毒

一、手术用品的准备

根据手术的不同，选择相应的手术器械和敷料。平时应做好手术器械和敷料的保管和保养工作。

(一)金属器械

①根据不同的手术挑选不同的器械。

②所有手术器械都应保持清洁。

③新启用的或不常用的器械要用清洁剂除去表面的保护性油类，然后再用清水冲去清洁剂后备用。

④为保护手术刀片的锋利度，最好用小纱布包好用化学药液浸泡法消毒。

⑤注射针头、缝针等小物品最好整齐地插在纱布块上或放在一定的小容器内，防止散落。

⑥止血钳、持针器、手术镊、拉钩、肠钳、刀柄等手术器械可以包在一个较大的布包内，以便于灭菌和使用。

(二)玻璃、瓷和搪瓷类器皿

①清洗干净。

②易损易碎者要用纱布包裹保护。

(三)橡胶、尼龙和塑料类用品

这类制品包括各种插管、导管、手套。要求清洗干净,并用纱布包好。

(四)其他用品

敷料、手术创巾等物品。

二、手术用品的消毒

(一)煮沸消毒

应用于手术器械和常用物品的灭菌。将洁净的水倒入干净的铝锅或铁锅中加热,锅盖应严密,水沸后 3～5 min 放入准备好的器械和物品,待第二次水沸时计算时间,30 min 可将一般的细菌杀死,但不能杀灭芽孢。因此对可疑污染细菌芽孢的器械或物品,必须煮沸 60 min 以上。如果消毒玻璃注射器,应在冷水或温水中放入,以防玻璃猛然遇热而破裂。橡胶物品及缝线煮沸时间不宜过长,一般10 min,以免影响质量。煮沸时注意,水面应在物品之上,盖子要盖紧以使水维持沸腾。

(二)高压蒸汽灭菌

需在高压蒸汽灭菌器内进行,灭菌的原理是利用蒸气在容器内的积聚而产生压力,随着蒸汽压力的增大,温度也随之升高。通常使用蒸气压力为 0.1～0.137 MPa,温度可达 121.6～126.6℃,经 30 min 左右,可杀灭包括细菌芽孢在内的所有细菌,是比较可靠的消毒方法。

(三)化学药物消毒

锐利器械、内窥镜和腹腔镜等不适于热力灭菌的器械,可用化学药液浸泡消毒。常用的有以下几种方法。

1. 0.1%新洁尔灭浸泡消毒

0.1%新洁尔灭常用于消毒手臂和其他可以浸湿的用品。浸泡器械 30 min,不再用灭菌水冲洗,可直接应用,对组织无损害,使用方便;稀释后的水溶液可以长时间储存,但一般不超过 4 个月;可以长期浸泡器械,浸泡器械时必须按比例加入 0.5%亚硝酸钠,即 1 000 mL 的 0.1%新洁尔灭溶液中加入医用亚硝酸钠 5 g,配成防锈新洁尔灭溶液;环境中的有机物会使新洁尔灭的消毒能力显著下降,故应用时需注意不可带有血污或其他有机物;不可与肥皂、碘酊、升汞、高锰酸钾和碱类药物混合应用;应用过程中溶液颜色变黄后即应更换,不可继续再用。

2. 酒精浸泡消毒

采用70%的酒精,可用于浸泡器械,特别是有刃的器械,浸泡不少于30 min,可达理想的消毒效果,70%酒精也可用于手臂的消毒,但消毒后需用灭菌生理盐水冲洗。

3. 甲醛溶液浸泡消毒

10%甲醛溶液用于金属器械、塑料薄膜、橡胶制品及各种导管的消毒,一般浸泡30 min。

4. 2%中性戊二醛水溶液浸泡消毒

浸泡时间为30 min。常用于刀片、剪刀、缝针及显微器械的消毒。灭菌时间为10 h,药液宜每周更换1次。

5. 注意事项

①浸泡前应将需要消毒的物品洗净、去脂并擦干。有些消毒剂与血液、脓汁、肥皂、油脂接触后,其消毒作用可降低。

②器械的关节必须打开,有腔物品必须排尽空气,使腔内充满消毒液,物品不可露出液面。

③使用某些消毒剂浸泡金属器械时,如苯扎溴胺、洗必泰、消毒净等,必须加入防锈剂。如在1 000 mL溶液中加入5 g亚硝酸钠或3 g碳酸氢钠。

④必须严格掌握浸泡时间,不应随时放入未消毒的物品。

⑤器械等使用前,必须用无菌等渗盐水将消毒液冲洗干净,因为有些消毒液可能对组织和物品有损害作用。

操作四　手术室的准备与消毒

一、手术室的准备

①足够的面积和空间,便于清洁和消毒,大动物不小于40～50 m^2,小动物不小于25 m^2,房间高度2.8～3.0 m。

②手术室内有一定的手术设备,仅应放置重要的器具,与手术无关的用具不得摆放在手术室里。

③足够的照明设备,良好的给排水系统和通风系统,保持适当的温度。

④最好分别设置无菌手术室和染菌手术室。如无条件,一般化脓感染手术最

好安排在其他的地方进行。如在室内做过感染化脓手术，必须在术后及时严格消毒手术室。

⑤设有必要的附属用房间。房间安排既应毗邻，又要合理。如消毒室、准备室（更衣、洗手）、洗刷室、器械室、淋浴室、厕所。

二、手术室的消毒

应保持手术室地面、墙壁、无影灯、门窗等处清洁，每日手术前用含氯消毒剂擦拭各手术室桌面、台面、无影灯、门窗等处，手术后应用84消毒液拖地，术后紫外线照射不少于1 h，每周1次彻底大扫除，再消毒。手术室的空气在术前要消毒，具体方法如下。

（一）紫外线灯照射消毒

用于空气的消毒，可明显减少空气中细菌的数量，同时也可杀灭物体表面上附着的微生物。市售的紫外线灯有15 W和30 W 2种，可以悬吊也可挂在墙壁上，使用比较方便。一般在手术室非手术时间开灯2 h，有明显的杀菌作用。但光线照射不到之处则无杀菌作用，照射距离以1 m以内最好。紫外线对皮肤和眼睛有损害，使用时应注意防护。

（二）化学药物熏蒸消毒

首先应对手术室进行清洁扫除，然后将门窗关闭，做到较好的密封，然后再施以消毒药的蒸气熏蒸。

1. 甲醛熏蒸

甲醛用量按每100 m^3 15～20 mL，蒸气持续熏蒸消毒4 h，可杀灭细菌芽孢、细菌繁殖体、病毒和真菌等。为使甲醛迅速溢出，短时间内达到所需要的浓度，可在甲醛中加入高锰酸钾粉，按2 mL/g的比例加高锰酸钾粉，也可将甲醛加热蒸发。加入高锰酸钾粉时，容器应大一些，至少为所用甲醛体积的4倍，将高锰酸钾粉直接小心地加入甲醛溶液中，然后人员立刻退出手术室，数秒钟之后便可产生大量烟雾状的甲醛蒸气，消毒持续4 h后，开窗换气。

2. 乳酸熏蒸法

使用乳酸原液按每100 m^3 10～20 mL的量放入容器内，加入等量的常水加热蒸发，加热持续60 min，同时封闭门窗，效果可靠。

兽医出诊到牧场、养殖户家无手术室的情况下进行手术，要因地制宜，创造条件完成手术。选择避风、干净、光线好，排水方便、适于完成手术的场所进行手术。术前要清扫地面，并用2%～3%的来苏儿溶液等进行喷洒消毒。

操作五 局部麻醉

一、表面麻醉

利用麻醉药的渗透作用，使其透过黏膜阻滞神经末梢。

眼结膜、角膜用0.5%丁卡因或2%利多卡因滴入；口、鼻、直肠黏膜用1%～2%丁卡因或2%～4%利多卡因涂布、喷雾或灌入。一般每隔5 min用药1次，共2～3次。

二、局部浸润麻醉

局部浸润麻醉是将局部麻醉药沿手术切口线皮下、深部组织分层注射，阻滞切口线周围组织中神经末梢兴奋而施行的麻醉。常用0.5%～1%普鲁卡因。局部浸润麻醉的方法包括：直线浸润麻醉（图16-4）、菱形浸润麻醉（图16-5）、扇形浸润麻醉（图16-6）、基部浸润麻醉（图16-7）、分层浸润麻醉（图16-8）。其中扇形浸润麻醉用药最多，效果最好；基部浸润麻醉应用于肿瘤切除、疝等；分层浸润麻醉可减少组织药液的积聚和吸收。

此外，为了保证深层组织麻醉完全，可采用逐层浸润麻醉，麻醉一层切开一层。

注药时应防止麻醉药直接注入血管中，可边推进针头边注射，或先将针头插入所需深度，然后边退针边注药，或在每次注射前回抽注射器（图16-9）。

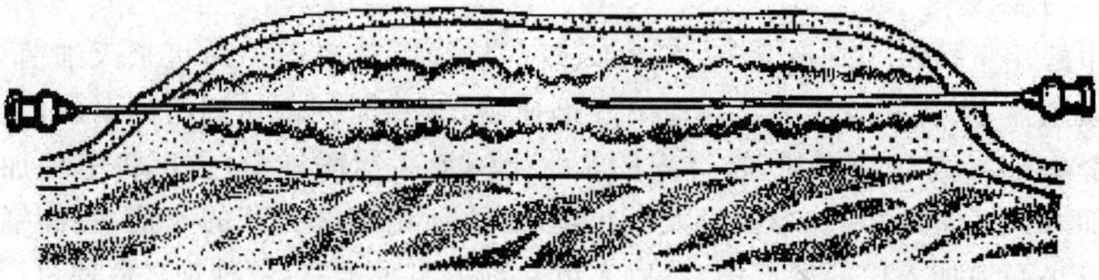

图16-4 直线浸润麻醉

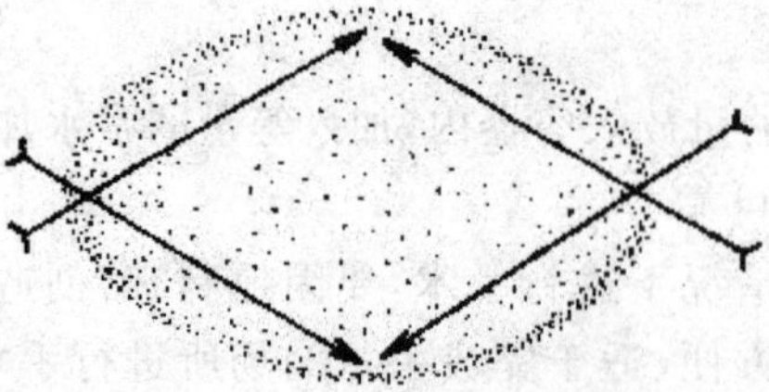

图16-5 菱形浸润麻醉

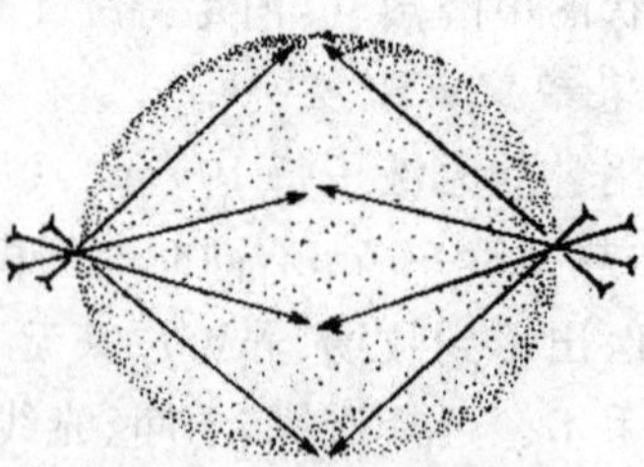

图16-6 扇形浸润麻醉

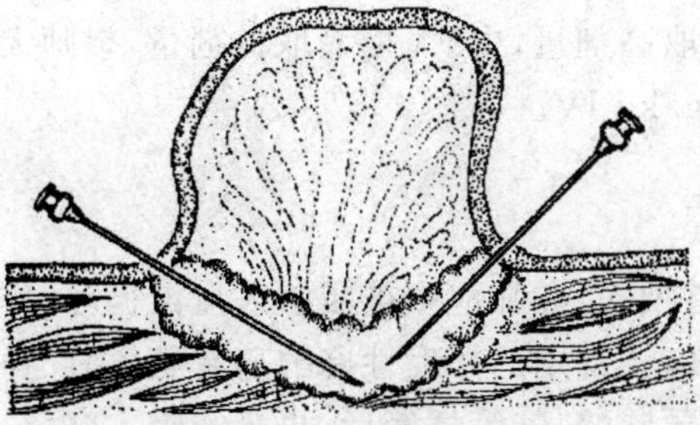

图 16-7 基部浸润麻醉

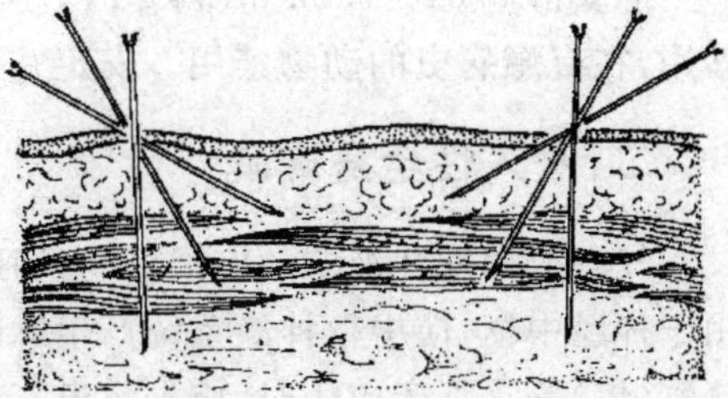

图 16-8 分层浸润麻醉

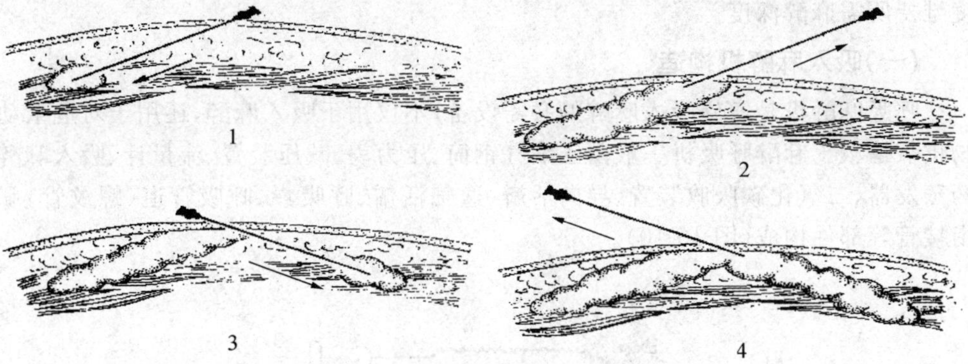

图 16-9 浸润麻醉的注入方法

三、传导麻醉

在神经干周围注射麻醉药使其所支配的区域失去痛觉，称传导麻醉。

操作六 全身麻醉

一、麻醉前给药

1. 阿托品

0.02 mg/kg 阿托品皮下注射或肌肉注射(SC/IM)，同时注射抗生素、止血药以及镇痛药，根据情况考虑是否要先纠正体况再手术。

2. 镇痛药

痛立定、曲马多[1～2 mg/kg，SC/IM/静脉注射(IV)]或痛消安等。

3. 镇静药

静安舒 0.01～0.02 mL/kg IV，小型犬取高剂量，中、大型犬取低剂量，拳师犬禁用，在有癫痫史的动物禁用。安定 0.2 mg/kg IV。

二、吸入性全身麻醉

气态或挥发性液态的麻醉药物经呼吸道吸入，在肺泡中被吸收入血液循环，作用于神经中枢，使中枢神经系统产生麻醉效应。常用的挥发性麻醉药有氨氟醚、异氟醚(烷)等。临床应用时，应先将患畜做诱导麻醉、气管插管后，再进行吸入麻醉。吸入麻醉开始时，可以 2%～4%的浓度快速吸入，3～5 min 后以 1.5%～2.0%浓度维持所需麻醉深度。

(一)吸入麻醉机构造

呼吸麻醉机是实施吸入麻醉的必需设备，不仅用于吸入麻醉，还用于对危重动物供氧抢救。麻醉呼吸机一般由压缩气钢筒、压力表、减压装置、流量计、吸入麻醉药蒸发器、二氧化碳吸收装置、导向活瓣、逸气活瓣、呼吸囊、呼吸管道(螺纹管)和衔接管等部件构成(图 16-10)。

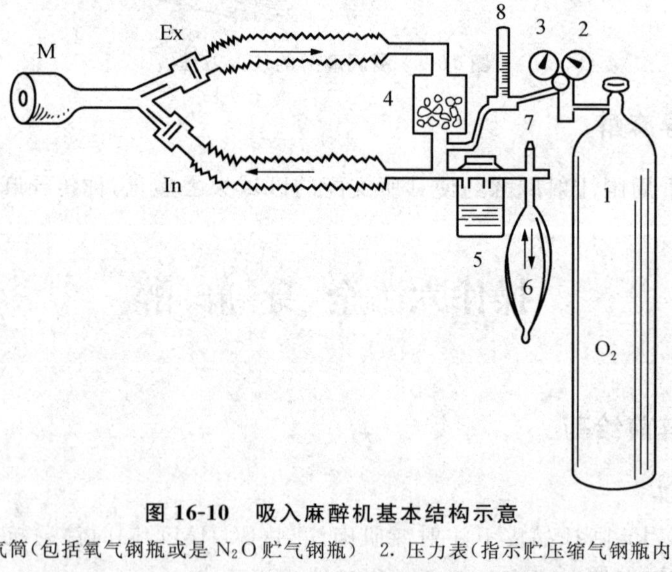

图 16-10　吸入麻醉机基本结构示意

1. 压缩气筒(包括氧气钢瓶或是 N_2O 贮气钢瓶)　2. 压力表(指示贮压缩气钢瓶内的压力)　3. 减压阀(一般调至 0.3 MPa)　4. 二氧化碳吸收装置　5. 麻醉药蒸发器　6. 呼吸囊　7. 逸气活瓣　8. 气体流量计(控制 O_2 或 N_2O 的流量 L/min)

Ex. 呼出活瓣　In. 吸入活瓣　M. 麻醉用口罩

(二)吸入麻醉机的使用

患病动物在完成麻醉诱导后，将麻醉机(图 16-11、图 16-12)与密闭式面罩或气管导管连接。吸气时，麻醉混合气体经开启的吸气活瓣进入患者体内；呼气时，呼气活瓣开启，同时吸气活瓣关闭，排出呼出的气体。并有钠石灰吸收二氧化碳。当使用辅助或控制呼吸时，可利用折叠式风箱。吸气时压下，呼气时拉起，保证患者有足够的通气量。同时根据临床需要来调整蒸发器的浓度，使体内的浓度在很短的时间内得以调整，满足临床的需求，使麻醉的风险降到最低。通俗一点讲，吸入麻醉是利用挥发性较强的液体或气体麻醉剂，通过呼吸道以蒸气或气体状态吸入肺内，经微血管进入血液以产生麻醉的方法。

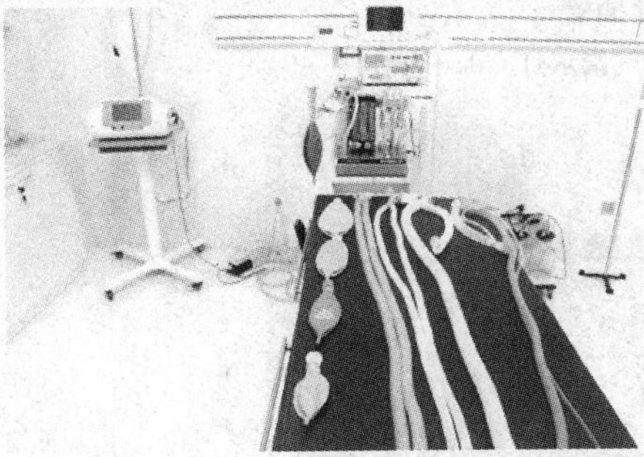

图 16-11 手术室呼吸麻醉机

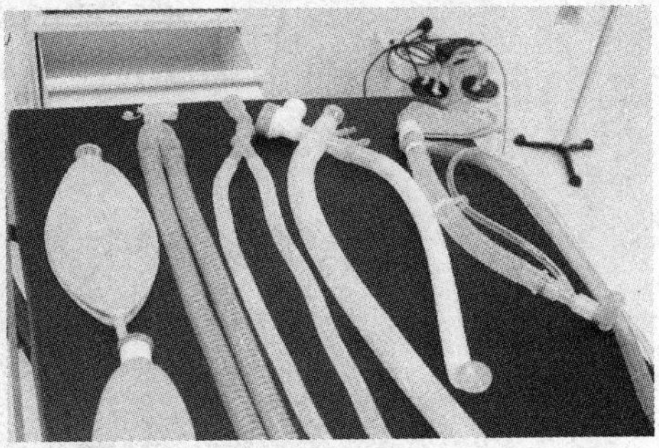

图 16-12 手术室呼吸麻醉机

(三)诱导麻醉

(1)丙泊酚 静脉诱导，2 mg/kg，它的麻醉作用时间为 1～3 min，刚好足够插入气管导管和连接上呼吸麻醉机。这种麻醉药，打开瓶子后，只能当天使用，到第二天就无法再用。

(2)舒泰 50 静脉诱导，采用正常量 1/3，静脉推注，麻醉时间 5～10 min。

(四)气管内插管

1. 气管插管构造

气管插管构造包括软管接头、管体、充气指示灯、气囊，如图 16-13、图 16-14 所示。

2. 气管插管的选择

根据体重选择气管插管的尺寸(表 16-1)。

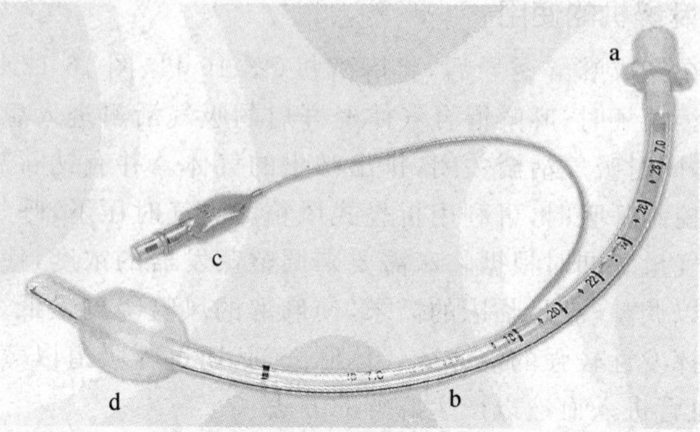

图 16-13 气管插管

a. 软管接上 b. 管体 c. 充气指示灯 d. 气囊

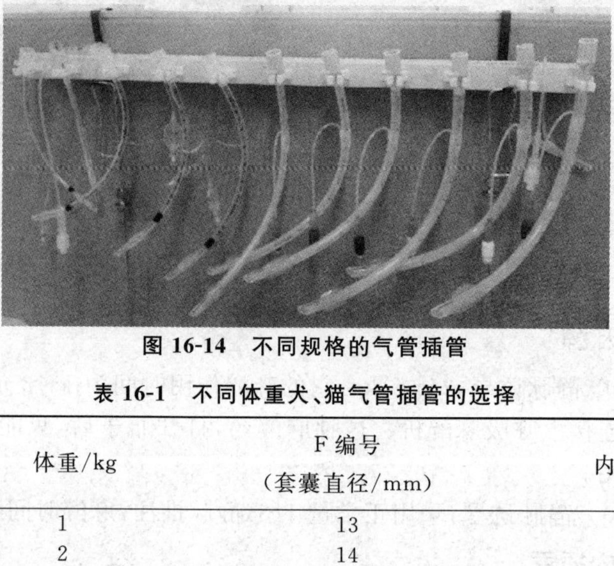

图 16-14 不同规格的气管插管

表 16-1 不同体重犬、猫气管插管的选择

名称	体重/kg	F编号 （套囊直径/mm）	内径/mm
猫	1	13	3
	2	14	4
	4	16	4.5
犬	2.2	16	5
	4	22	6
	7	24	7
	9	26	7～8
	12	26	8
	14	28	9～10
	16	30	10～11
	18	32	11～12
	20	34	12

3. 气管插管方法

先用适宜的非吸入性麻醉剂对犬、猫做诱导麻醉，使其咽喉反射基本消失(图16-15)，然后借助于麻醉咽喉镜(图16-16)在直视下插管。操作时动物俯卧位保定，将动物头、颈伸直，安置金属开口器，除去口腔内的食物残渣等，将喉镜镜片前端的扁平板状端头抵于舌根背部，然后下压舌根背，使会厌软骨被牵拉开张而显露声门(图16-17)。借助医用喷雾器将局麻药喷至咽候部，以降低喉反射和削弱插入气管时的心血管反应，耐心等待至动物呼气、声门开大时，迅速将润滑过的气管插管经声门插入气管内，插管通过声门插入预定的长度，即到插管系纱布的位置。将气管插管成功插入后，向套囊内缓慢注气至套囊充起，使其卡住喉部气管内。然后将规格5 mL的针管置于一侧犬上下齿间维持张口状态。用一纱布条将气管内插管临时固定于下颌旁。对于犬来说，可用纱布系在鼻弓上(图16-18)，猫可用纱布系在耳后颅骨底部。开口器保留在原位，直到患畜已经到达手术的麻醉程度，以免其意外咬到插管。

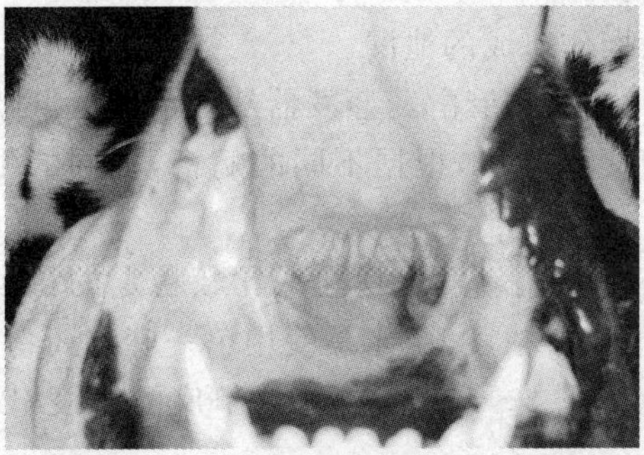

图16-15　诱导麻醉状态下，犬的咽喉部的观察

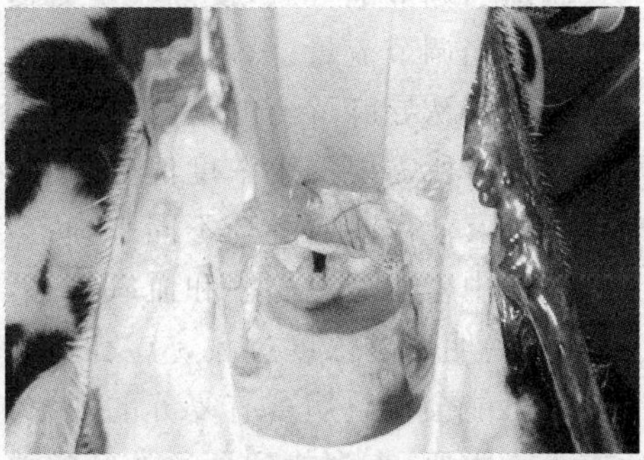

图16-16　咽喉镜下犬咽喉部的观察

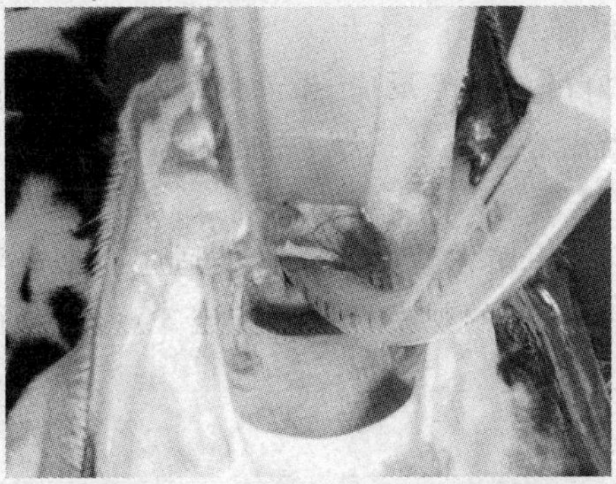

图16-17　咽喉镜下犬的气管插管

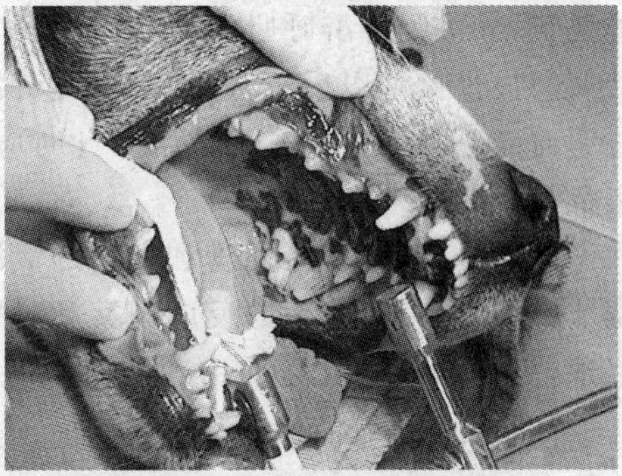

图16-18　犬气管插管的固定

(五)与麻醉呼吸机相连接

安装衔接管,将气管插管与麻醉呼吸机连接,单纯氧气(1.0～5.0 L/min),进行吸入麻醉。吸入麻醉开始时,可以5%浓度快速吸入,3～5 min后以1.5%～2.0%浓度维持麻醉。吸入麻醉期间,可随时调整吸入麻醉浓度,维持所需麻醉深度。

(六)麻醉的维持操作

①吸入麻醉时,使用前将麻醉呼吸机在模拟状态运行5 min,确保打开流量计,根据临床需要将麻醉药蒸发器打开至大浓度(由诱导麻醉药和插管所需时间来确定),同时调节潮气量旋钮使潮气量满足当前手术需要的值。

②将麻醉呼吸机调节为手动状态(或关闭呼吸机),准备接入。

③将准备好的麻醉呼吸机与患病动物的气管插管连接,确保连接可靠无泄漏,用快速供氧将下落的风箱吹起,切记应少量多次,不宜过快,充满即可。

④适当调节潮气量,使潮气量更适合病畜。

⑤适当调节流量计,用以补偿由于接入操作造成的泄漏。

⑥根据诱导麻醉药的不同,接入1～5 min后将麻醉药蒸发器从大浓度值调节至维持麻醉所需要的小浓度值(此小浓度值为经验值,根据不同的病畜,不同的生理指标以及使用的麻醉药不同来确定)。

⑦术中密切关注心率和血氧状态,当心率和血氧发生快速或比较稳定的持续下降时,说明麻醉浓度过大,应及时调节降低麻醉浓度,由于是使用单一麻醉药物,此操作可能会导致病畜有复苏的现象,因此每隔3～5 min都要调节麻醉浓度,以适应手术需要,直到找到合适的麻醉浓度。

⑧手术结束前10 min左右,可适当降低麻醉浓度甚至关闭,以缩短复苏时间。

⑨在心率和血氧基本恢复时(或有体态动作时),表明有神经反应,可以拔出气管插管,并关闭麻醉呼吸机,切断气源和电源。

⑩拔出插管以后,有些病畜仍然有深度麻醉的神经反应,虽然体态有动作或者心率血氧正常,但仍处于危险期,此时应适当做心肺复苏按摩,并且保温,使病患脱离危险。

麻醉维持的关键:插管和气路的泄漏检查,麻醉浓度和流量计的适应心率血氧调节,手术结束时病畜的反应观察和脱机后危险期的观察。把握住这3点,就能很好地使用麻醉呼吸机。

(七)生理指标监测

手术麻醉期间的监护重点是麻醉深度、呼吸系统、心血管系统、体温等。一般通过观察动物眼睑反射、角膜反射、眼球位置、瞳孔大小和咬肌紧张度可大致判断麻醉深度，通过观察动物可视黏膜颜色及呼吸状态、检查毛细血管再充盈时间、听诊心率等，了解心、肺功能。有条件时最好使用现代化的麻醉监护仪，可自动显示心率、收缩压、舒张压、平均血压、呼吸率、动脉血氧饱和度、体温等多项生理指标，若配合心电图仪和血气分析仪等先进仪器便可对麻醉动物实施全面监测。

(八)拔除气管内插管

在手术和麻醉结束、动物恢复自主呼吸和脱离麻醉机呼吸后，将气管内插管套囊中的气体排出。当麻醉动物逐渐苏醒、出现吞咽反射时，即可平稳而快速拔出插管。拔管操作要掌握好时间，如麻醉动物的吞咽和咀嚼反射尚未恢复，拔管后有可能发生误咽或误吸；如动物已清醒且肌张力恢复后再行拔管，容易诱发动物反抗，并损害气管内插管。

三、非吸入性全身麻醉

指麻醉药不经吸入方式而进入体内产生的麻醉，包括肌肉注射针剂和静脉注射针剂。常用的有 846 合剂、氯胺酮、眠乃宁、舒泰、异丙酚、乙酰丙嗪、安定、咪唑安定和硫喷妥钠等。

(一)846 合剂(又称速眠新)

846 合剂肌肉注射剂量为每千克体重 0.03～0.05 mL。本品对心血管和呼吸系统有抑制作用，应用时应注意。过量时可用催醒剂，剂量为每千克体重0.1 mL，静脉注射。此麻醉药平均麻醉时间在 2～3 h，对于心跳和呼吸的抑制作用很强。并且有一定的概率出现麻醉后严重的肺水肿。麻醉监护不到位，抢救不及时，抢救措施不到位，往往引起动物死亡。并且此种麻醉药给年老、体弱的动物施行麻醉危险性极大。

(二)舒泰

舒泰为进口麻醉药，它的作用可以说是氯胺酮＋安定的作用，麻醉时间为20～30 min。肌肉注射时可以施行短小的手术。苏醒后出现不安现象。笔者曾接诊过此麻醉药物引起恶性高热和肺水肿，术中血压过高、心律过快、急性脑死亡等异常情况。

(三)眠乃宁

眠乃宁的麻醉时间一般在 40 min 左右，临床实践表明麻醉效果好，而且肌松效果很好。由于用药量很低，适合猫的绝育术和公犬的去势术，以及一般的临床检查。

操作七　常用外科手术器械及其使用

一、手术刀

(一)种类

有固定刀柄手术刀和活动刀柄手术刀 2 种。活动刀柄手术刀常用，由刀柄和刀片 2 部分组成。

(二)装卸方法

装刀片时刀柄有槽一侧朝向术者，用止血钳或持针钳夹持刀片背的上方，将刀片装置于刀柄前端的槽缝内。卸刀片时用止血钳或持针钳夹刀片背的尾部翘起卸下刀片(图 16-19)。

(三)规格

刀柄常用的规格是 4 号、6 号和 8 号，可以安装 19～24 号大刀片；3 号、5 号和 7 号刀柄安装 10、11、12、15 号小刀片；刀片又分为圆刃、尖刃、弯形尖刃等形状；22 号圆刃刀片常用于切开皮肤，小刀片适于做细小的分割(图 16-20)。

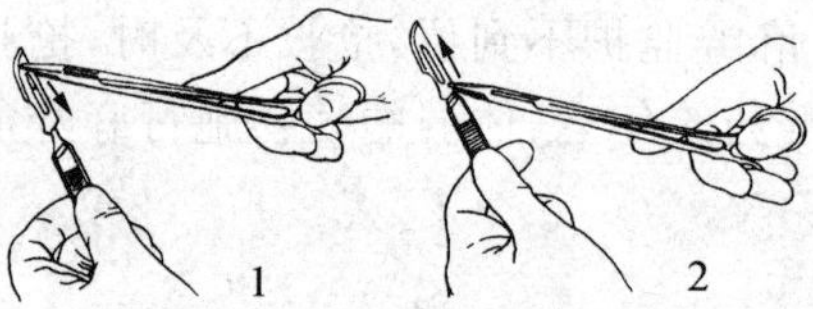

图 16-19　手术刀片装卸方法

1. 装刀片法　2. 卸刀片法

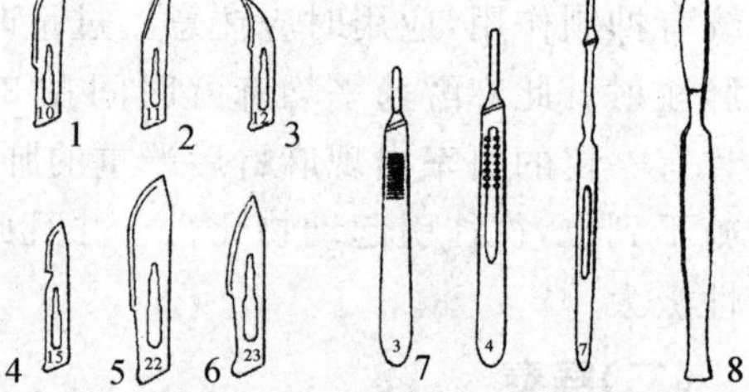

图 16-20　不同类型的手术刀片及刀柄

1. 10 号小圆刃　2. 11 号角形尖刃　3. 12 号弯形尖刃　4. 15 号小圆刃　5. 22 号大圆刃　6. 23 号圆形大尖刃　7. 刀柄　8. 固定刀柄圆刃手术刀

(四)执刀方法

1. 指压式

指压式又称卓刀式，是常用的一种执刀方法。执刀时拇指放于刀柄齿槽处，中指、无名指和小指放对侧，食指压住刀片与刀柄结合处，用手腕和手指的力量切割。指压式适用于切开皮肤、腹膜和切断钳夹组织。

2. 执笔式

执刀的姿势如同执钢笔，主要用手指的力量切割(图 16-21)。执笔式适用于切开皮肤以及分离血管和神经等精细操作。

3. 全握式

全握式又称抓持式，执刀时拇指与其余 4 指相对握刀(图 16-22)。全握式执刀切割范围广，适用于切开较长的皮肤切口。

4. 反挑式

反挑式姿势同执笔式，只是把刀反过来拿，刀刃向上，运刀时用力向上，由组织内向外挑开(图 16-23)，以免损伤深部组织。

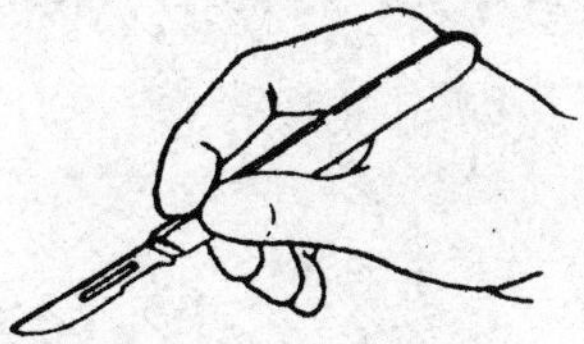

图 16-21　执笔式执刀

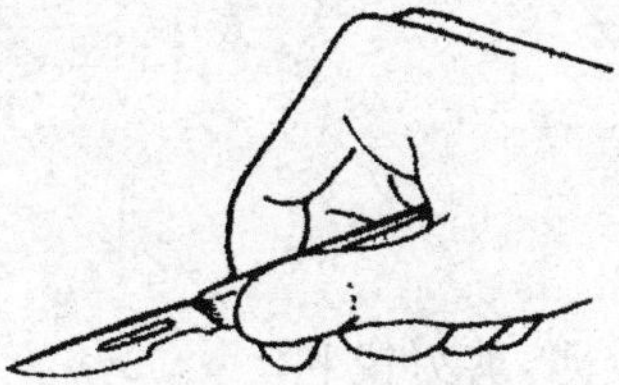

图 16-22　全握式执刀

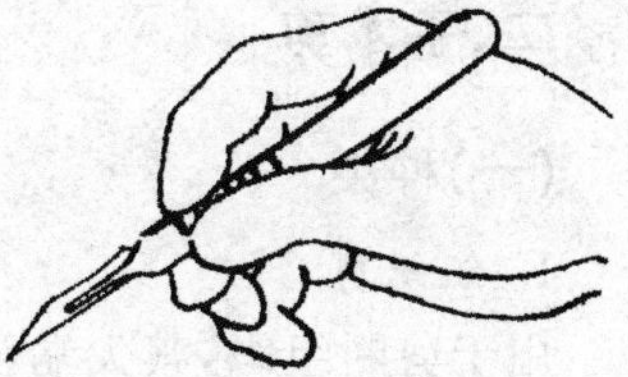

图 16-23　反挑式执刀

(五)用途

①锐性分离：见图 16-24。

②钝性分离：见图 16-25 至图 16-27。

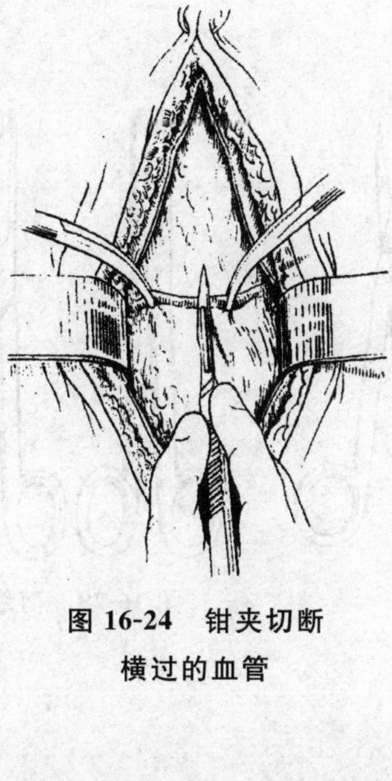

图 16-24　钳夹切断横过的血管

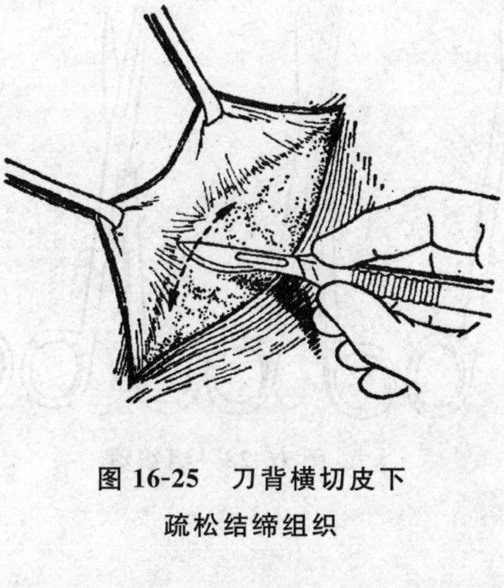

图 16-25　刀背横切皮下疏松结缔组织

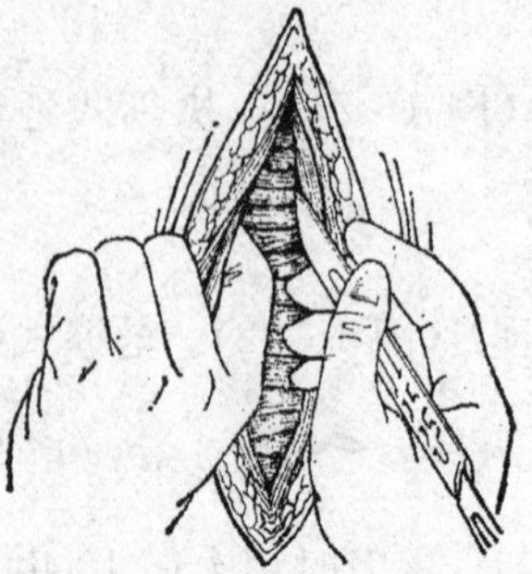

图 16-26 用刀柄分离组织

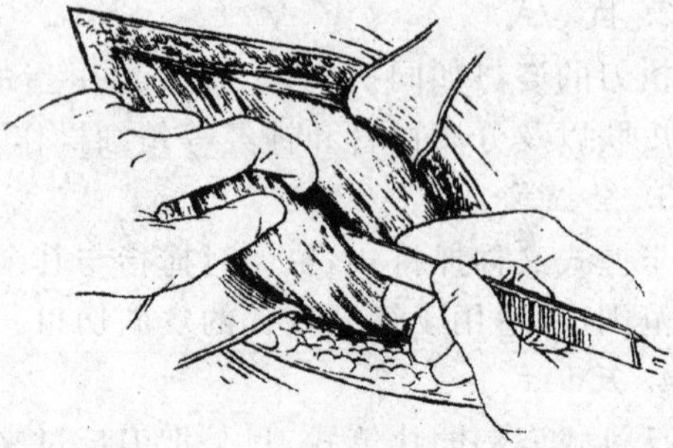

图 16-27 用刀柄顺肌纤向分离

二、手术剪

(一)种类

1. 组织剪

用于剪断组织,其尖端较薄,剪刃锐利。

分大小、长短、弯直几种,直剪用于浅部操作,弯剪用于深部操作,使手和剪刀柄不妨碍视线(图 16-28)。

2. 剪线剪

用于剪断缝线。

剪线剪头钝而直,刃较厚,一侧刃尖部有一弧形凹陷,剪线时将缝线放于此处(图 16-29)。

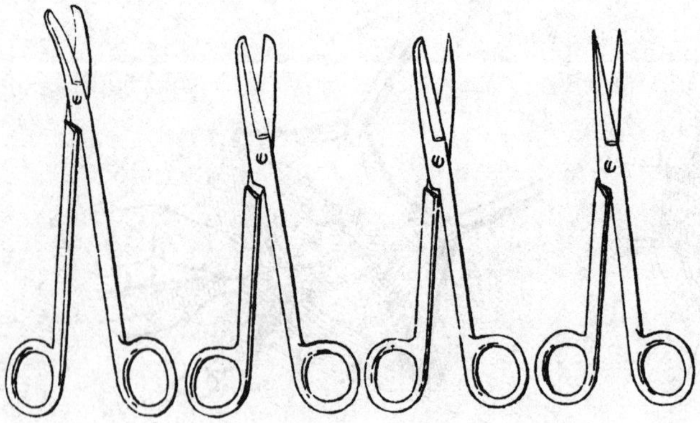

图 16-28 组织剪

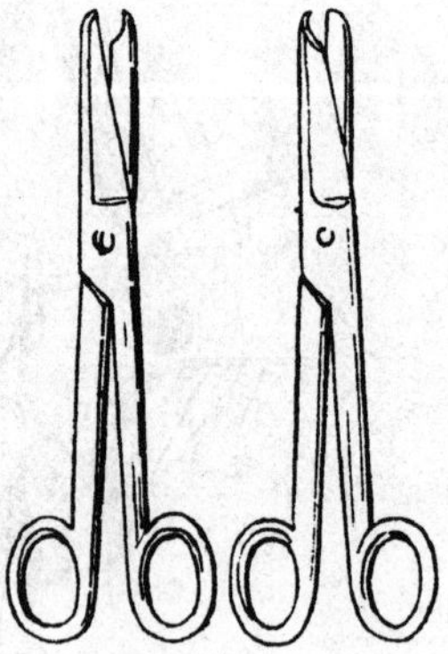

图 16-29 剪线剪

(二)执剪方法

拇指和无名指插入剪柄的两环内，食指轻压在剪柄与剪刃交界的关节处，中指放在无名指环的前外方柄上(图 16-30)。

三、手术镊

(一)种类

根据手术镊的尖端是否有齿分为有齿镊(鼠齿镊)、无齿镊(平镊)2 种。有齿镊损伤性大，用于夹持坚硬组织，用得较少；无齿镊损伤小，用于夹持一般的组织和脏器。另外手术镊还有长、短，尖头、钝头之分。

(二)执镊方法

拇指与食指、中指相对握镊横纹处(图 16-31)。

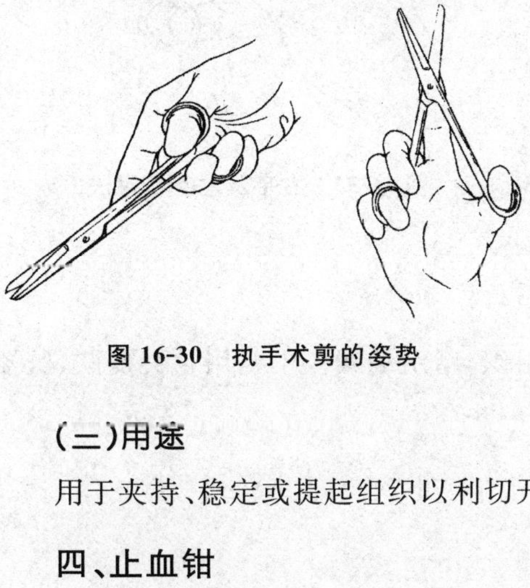

图 16-30　执手术剪的姿势

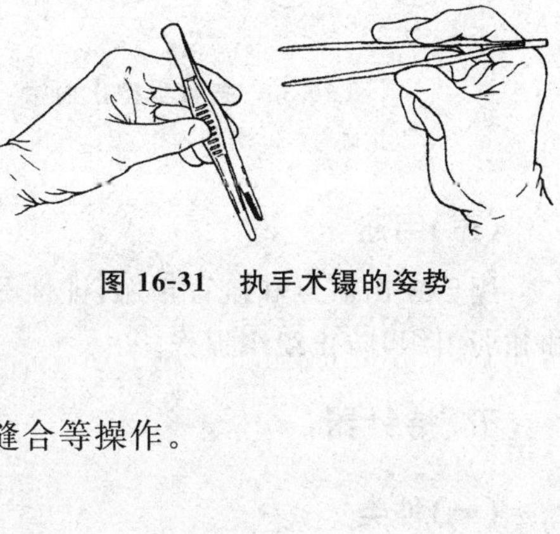

图 16-31　执手术镊的姿势

(三)用途

用于夹持、稳定或提起组织以利切开和缝合等操作。

四、止血钳

(一)种类

止血钳有直、弯 2 种，直止血钳用于浅表组织和皮下止血，弯止血钳用于深部止血。止血钳又分大、中、小号。最小的止血钳称蚊式止血钳，用于眼科及精细组织的止血和操作。用于血管手术的止血钳齿槽的齿较细、较浅，弹力较好，对组织和血管壁的损伤较轻，称“无损伤”血管钳。图 16-32 是几种止血钳，供参考。

(二)执钳方法

执钳方法同执剪方法。

松钳方法,右手松钳时,在执钳的姿势下用拇指和无名指相对用力,即可松开止血钳;左手松钳时,用拇指和食指持一柄环,中指和无名指顶住另一柄环,相对用力即可松开止血钳。详见图 16-33。

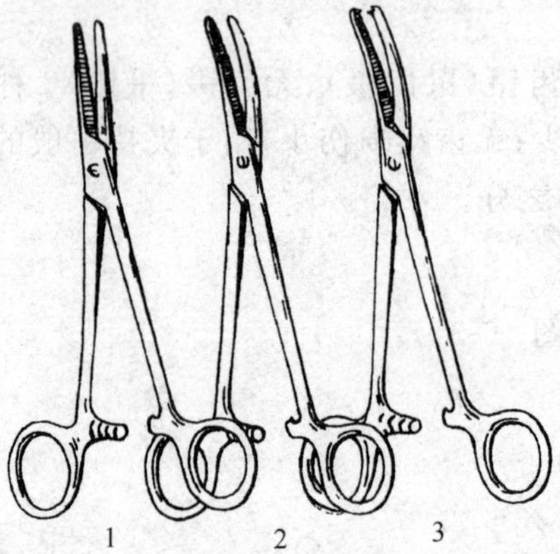

图 16-32 各种类型止血钳

1. 直止血钳 2. 弯止血钳 3. 有齿止血钳

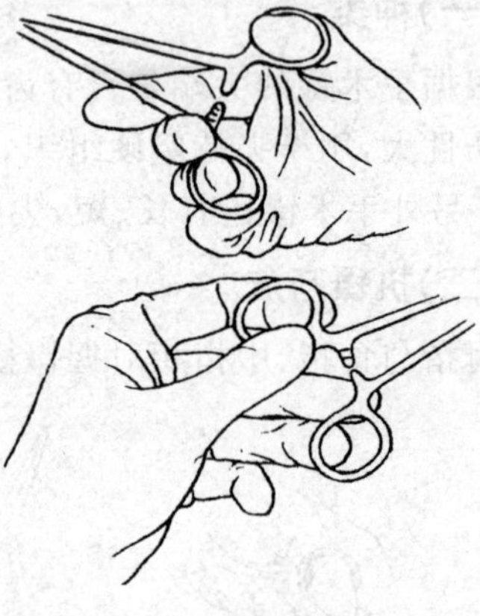

图 16-33 右手及左手松钳法

(三)用途

用于夹出血点和血管止血,钝性分离组织,牵引缝线。不要用它夹皮肤、脏器和脆弱组织,防止组织损伤。

五、持针器

(一)种类

指针器(钳)分为握式持针器和钳式持针器 2 种(图 16-34)。持针器前部有横齿槽和纵齿槽相互交错,前端比止血钳短而钝。

(二)执持针器方法

拇指、中指、无名指、小指和手掌握持针器柄环,食指压持针器关节处(图 16-35);也可采用执剪刀的方法。缝针应夹在持针器的尖端(前端),夹缝针的针尾 1/3 处,缝线应重叠 1/3,以便于操作。松开同止血钳右手松开法。

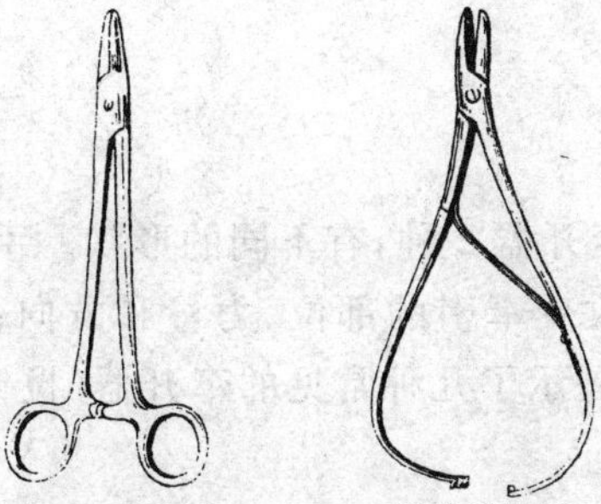

钳式持针器　　握式持针器

图 16-34　持针器

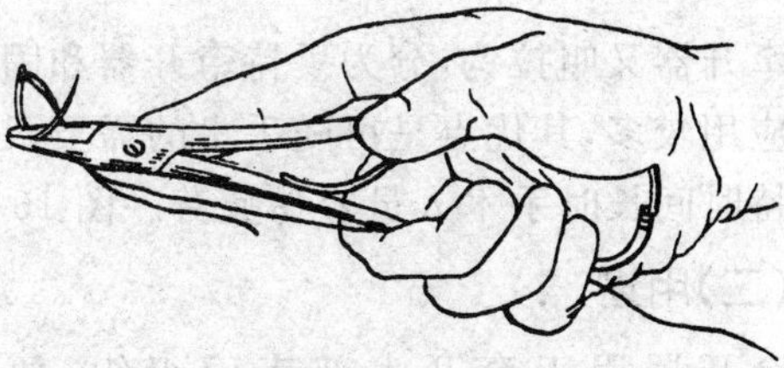

图 16-35　执持针器法

六、缝合针

(一)种类

缝合针由不锈钢丝制成,可重复使用,分为有眼缝合针和无眼缝合针(又称带线缝合针、无损伤缝针)2 种。

(1)有眼缝合针　常用,针尾有针眼(针孔)。

(2)无眼缝合针　针带缝线,缝线已包在针尾部,针尾较细,线也较细仅以单股缝线穿过组织,对组织损伤小。

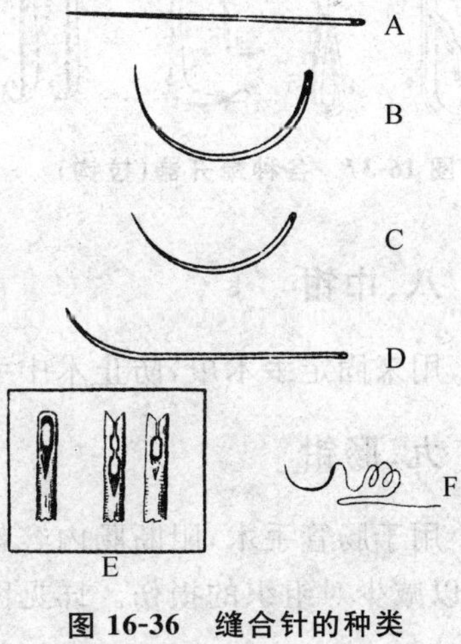

图 16-36　缝合针的种类

A. 直针　B. 1/2 弧形针　C. 3/8 弧形针
D. 半弯形针　E. 无损伤缝针
F. 弹机孔针尾构造

(二)用途

无眼缝合针已灭菌,可直接使用。多用于血管吻合。缝合针又分为直针、1/2 弧形针、3/8 弧形针、直弯形针(半弯形针,针的前端弯,后端直)详见图 16-36,其中 3/8 弧形的弯针操作灵活,最常用。各种类型的缝合针尖端分圆锥形和三角形 2 种。前者用于缝合组织和脏器,后者用于缝皮肤和腱等较硬的组织。弯圆针缝合胃壁,弯三角针缝合皮肤,无损失针缝合小血管。

七、牵开器

(一)种类

牵开器又叫拉钩,分为手持牵开器和固定牵开器 2 种,有不同的形状。手持牵开器应用较多,其优点是可随手术的需要灵活改变牵引的部位、力量和方向;缺点是手持时间长时手术人员容易疲劳。图 16-37 展示了几种常见的牵开器(拉钩)。

(二)用途

牵开器用于牵开术部表面组织,便于显露深部组织,以利于手术操作(图 16-38)。固定牵开器用于牵开力量大的组织,以及手术人员不足或显露不需要改变的手术区。使用手持牵开器时,拉力应均匀,不要突然用力,为保护组织可在牵开器上垫纱布。

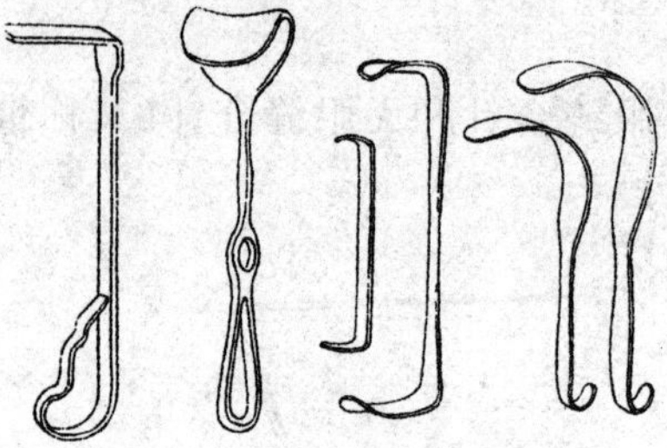

图 16-37 各种牵开器(拉钩)

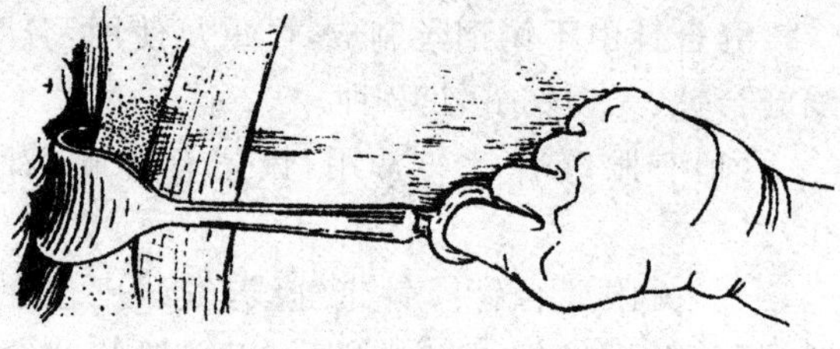

图 16-38 牵开器(拉钩)的使用

八、巾钳

用来固定手术巾,防止术中手术巾移动。详见图 16-39。

九、肠钳

用于肠管手术,阻断肠内容物的溢出及肠壁出血,防止污染术部。用时外套胶管,以减少对组织的损伤。详见图 16-40。

十、骨科器械

包括骨剪、骨凿、骨锤、骨锉、骨锯、骨钻、骨膜剥离器、圆锯、球头刮刀、骨螺子等。

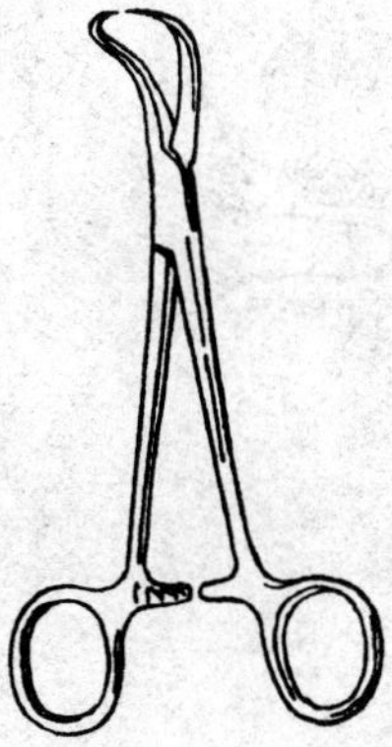

图 16-39　巾钳

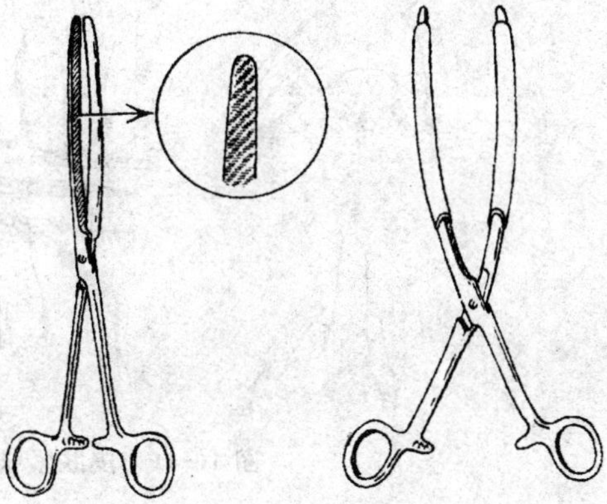

图 16-40　肠钳

十一、器械的保护方法

①用后一定要洗刷，特别是注意洗净齿槽内的血块、组织碎片，洗后应晾干，长期不用要涂油保护。

②不要用止血钳夹硬、厚物品和碘酒棉球。

③刀、剪、针要妥善保管，以免影响锐利。

④金属器械在非紧急情况下，禁止火烧灭菌。

操作八　组织的切开和分离

组织的切开分为软组织（皮肤、筋膜、肌肉、腱）切开和硬组织（软骨、骨、角质）切开。

一、皮肤切开

1. 紧张切开

由于皮肤的活动性比较大，切开时易造成皮肤和皮下组织切口不一致，为了防止上述现象的发生采用紧张切开。术者用拇指和食指在切口两旁将皮肤撑紧并固定，或术者与助手各用一只手在切口两旁或上、下将皮肤展开固定，刀刃与皮肤垂直，用力均匀地一刀切开所需长度和深度皮肤及皮下组织切口（图 16-41），必要时也可补充运刀，但要避免多次切割，重复刀痕，以免切口边缘参差不齐，出现锯齿状的切口，影响创缘对合和愈合。

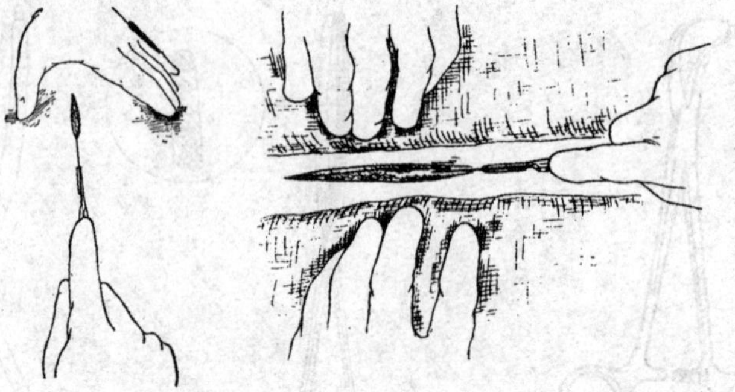

图 16-41 皮肤紧张切开法

2. 皱襞切开

在切口的下面有大血管、大神经、分泌管和重要器官，而皮下组织甚为疏松时，为了使皮肤切口位置正确且不误伤其下部组织，术者和助手应在预定切线的两侧，用手指或镊子提拉皮肤呈垂直皱襞，并进行垂直切开(图 16-42)。此方法主要是避免损伤切口下面的血管、神经和脏器。

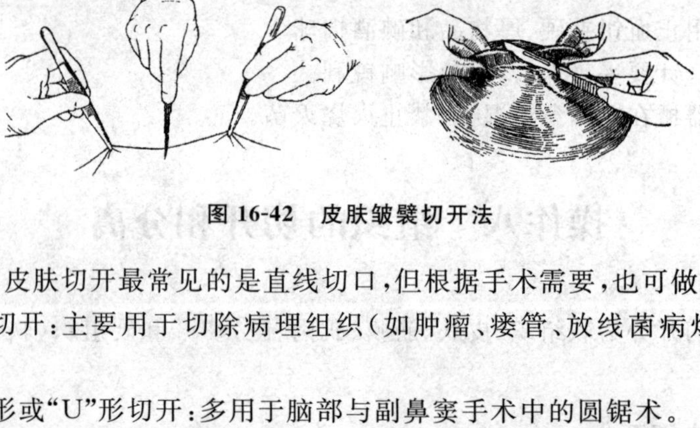

图 16-42 皮肤皱襞切开法

手术时，皮肤切开最常见的是直线切口，但根据手术需要，也可做如下切口。

①梭形切开：主要用于切除病理组织(如肿瘤、瘘管、放线菌病灶)和过多的皮肤。

②“门”形或“U”形切开：多用于脑部与副鼻窦手术中的圆锯术。

③“T”形及“十”字形切开：多用于需要将深部组织充分显露和摘除时。

二、皮下组织及其他组织的分离

切开皮肤后组织的分割宜用逐层切开的方法，以便识别组织，避免或减少对大血管、大神经的损伤，只有当切开浅层脓肿时，才采用一次切开的方法。

1. 皮下疏松结缔组织的分离

皮下结缔组织内分布有许多小血管，故多用钝性分离。方法是先将组织刺破，再用手术刀柄、止血钳或手指进行剥离。

2. 筋膜和腱膜的分离

用刀在其中央做一小切口，然后用弯止血钳在此切口上、下将筋膜下组织与筋膜分开，沿分开线剪开筋膜。筋膜的切口应与皮肤切口等长。若筋膜下有神经血管，则用手术镊将筋膜提起，用反挑式执刀法做一小切口，经小切口伸入镊子，在其引导下切开。

3. 肌肉的分离

一般是沿肌纤维方向做钝性分离。方法是顺肌纤维方向用刀柄、止血钳或手指剥离，扩大到所需要的长度（图 16-43），但在紧急情况下，或肌肉较厚并含有大量腱质时，为了使手术通路广阔和排液方便也可横断切开。横过切口的血管可用止血钳钳夹，或用细缝线从两端结扎后，从中间将血管切断。

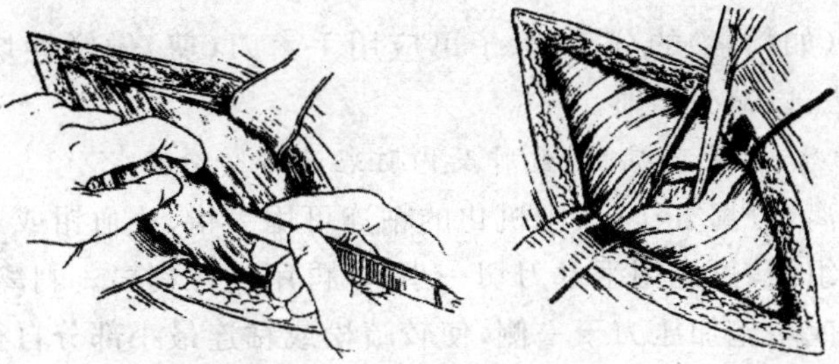

图 16-43　肌肉的钝性分离

4. 腹膜的分离

腹膜切开时，为了避免伤及内脏，可用组织钳或止血钳提起腹膜做一小切口，利用食指和中指或有沟探针引导，再用手术刀或剪分割（图 16-44）。

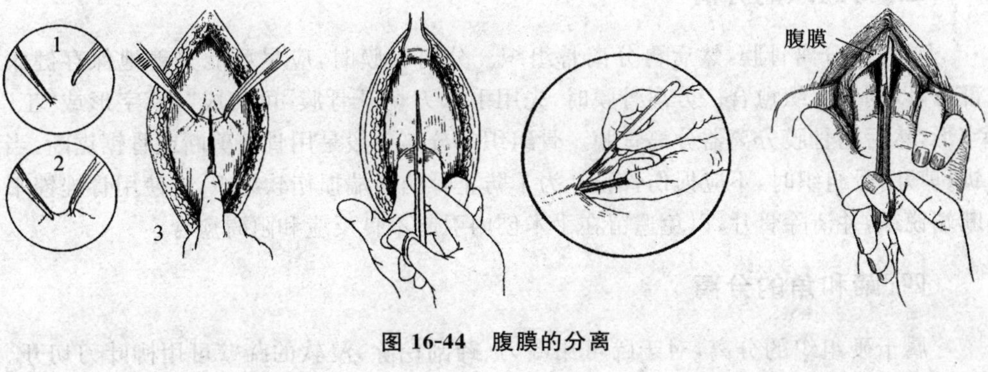

图 16-44　腹膜的分离

5. 肠管的切开（图 16-45）

肠管侧壁切开时，一般于肠管纵带上纵行切开，并应避免损伤对侧肠管。

图 16-45 肠管的侧壁切开

6. 索状组织的分离

索状组织（如精索）的分割，除了可应用手术刀（剪）做锐性切割外，尚可用刮断、拧断等方法，以减少出血。

7. 良性肿瘤、放线菌病灶、囊肿及内脏粘连部分分离

用钝性分离，分离方法：对未机化的粘连可用手指、止血钳或刀柄直接剥离；对已机化的致密组织，可先用手术刀切一小口，再用钝性剥离。剥离时手的主要动作应是前后方向或略施加压力于一侧，使较疏松或粘连最小部分自行分离，然后将手指伸入组织间隙，再逐步深入。在深部非直视下，手指左右大幅度的剥离动作应少用或慎用，除非确认为稀松的纤维蛋白粘连，否则易导致组织及脏器的严重撕裂或大出血。对某些不易钝性分离的组织，可将钝性分离与锐性分割结合使用，一般是用弯剪伸入组织间隙，用推剪法，即将剪尖微张，轻轻向前推进，进行剥离。

三、骨组织的分离

首先应分离骨膜，然后再分离骨组织。分离骨膜时，应尽可能完善地保存健康部分，以利骨组织愈合。分离骨膜时，先用手术刀切开骨膜，可切成“十”字形或“工”字形，然后用骨膜分离器分离骨膜。骨组织的分离一般是用骨剪剪断或骨锯锯断，当锯（剪）断骨组织时，不应损伤骨膜。为了防止骨的断端损伤软组织，应使用骨锉锉平断端锐缘，并清除骨片，以免遗留在手术创内引起不良反应和阻碍愈合。

四、蹄和角的分离

属于硬组织的分离，对于蹄可用蹄刀、蹄刮挖除，浸软的蹄壁可用柳叶刀切开。闭合蹄壁上的裂口可用骨钻、锔子钳和锔子。截断牛羊角时可用骨锯或断角器。

操作九 止 血

一、预防性止血

(一)全身预防性止血法

1. 输血

目的在于增强施术家畜血液的凝固性,刺激血管运动中枢,反射性地引起血管的痉挛性收缩,以减少手术中的出血。在术前 30～60 min,输入同种同型血液,牛、马 500～1 000 mL,猪、羊 200～300 mL。

2. 注射药物

注射增强血液凝固性以及促进血管收缩的药物。

①肌肉注射 0.3%凝血质注射液,以促进血液凝固。牛、马 10～20 mL。

②肌肉注射维生素 K 注射液,以促进血液凝固,增加凝血酶原。牛、马 100～400 mg,猪、羊 2～10 mg。

③肌肉注射安络血注射液,以增强毛细血管的收缩力,降低毛细血管渗透性。牛、马 30～60 mg,猪、羊 5～10 mg。

④肌肉注射止血敏注射液,以增强血小板功能及黏合力,减少毛细血管渗透性。牛、马 1.25～2.5 g,猪、羊 0.25～0.5 g。

⑤肌肉注射或静脉注射对羧基苄胺(抗血纤溶芳酸),以拮抗纤维蛋白的溶解,抑制纤维蛋白原的激活因子,使纤维蛋白溶酶原不能转变成纤维蛋白溶解酶,从而减少纤维蛋白的溶解而发挥止血作用。对于手术中的出血及渗血、尿血、消化道出血有较好的止血效果。使用时可加葡萄糖注射液或生理盐水注射,注射时宜缓慢。牛、马一次量 1～2 g,猪、羊 0.2～0.4 g。

(二)局部预防性止血法

1. 肾上腺素止血

局部麻醉时,在每 1 000 mL 的 0.5%普鲁卡因溶液中加入 0.1%肾上腺素溶液 2 mL,利用肾上腺素收缩血管的作用,达到减少手术局部出血的目的,其作用可维持 20 min 至 2 h。但手术局部有炎症病灶时,因高度的酸性反应,可减弱肾上腺素的作用。此外,在肾上腺素作用消失后,小动脉管扩张,如果血管内血栓形成不牢固,可能发生二次出血。

2. 止血带止血

此法适用于四肢、阴茎和尾部手术。可暂时阻断血流，减少手术中的失血，有利于手术操作。用橡皮管止血带或其代用品（绳索、绷带）时，局部应垫以纱布或手术巾（图 16-46），以防损伤软组织、血管及神经。用足够的压力（以止血带远侧端的脉搏将消失为度），于手术部位上 1/3 处缠绕数周固定之，其保留时间不得超过2～3 h，冬季不超过 40～60 min，在此时间内如手术尚未完成，可将止血带临时松开 10～30 s，然后重新缠扎。松开止血带时，宜用多次“松、紧、松、紧”的办法，严禁一次松开。

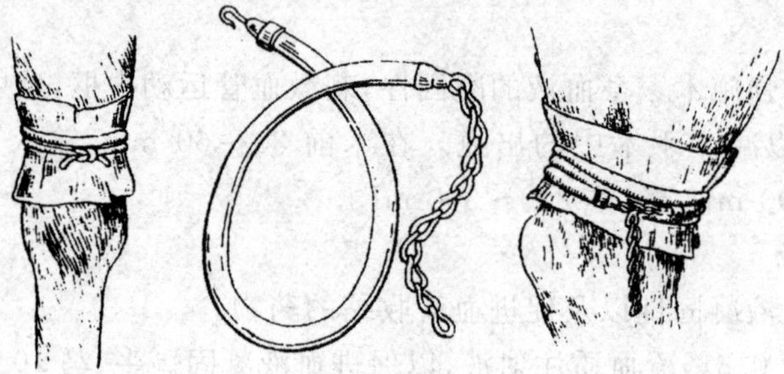

图 16-46 止血带的应用

二、术中止血

（一）机械止血法

1. 压迫止血

用纱布按压出血的部位进行止血，用于渗血和小出血点出血。止血时，必须是按压，不可用擦拭，以免损伤组织或使血栓脱落。为了提高压迫止血的效果，可选用温生理盐水、1%～2%麻黄素、0.1%肾上腺素、2%氯化钙溶液浸湿后拧干的纱布块做压迫止血。

2. 钳夹止血

利用止血钳最前端夹住血管的断端，钳夹方向应尽量与血管垂直，钳住的组织要少，切不可做大面积钳夹。

3. 钳夹扭转止血

用止血钳夹住血管断端，扭转止血钳 1～2 周，轻轻去钳，则断端闭合止血（图 16-47）。如经钳夹扭转不能止血时，则应予以结扎，此法适用于小血管出血。

4. 钳夹结扎止血

这种方法是常用而可靠的基本止血法，多用于明显而较大血管出血的止血。其方法有 2 种。

（1）单纯结扎止血　用止血钳的钳尖夹住出血点后，术者用丝线绕过止血钳钳尖所夹住的血管和少量组织进行结扎(图 16-48),在打第一个结的同时由助手轻轻松开止血钳,当结扣收紧时止血钳完全放开,过早放松,血管可能脱出,过晚放松则结扎住钳头不能收紧。然后术者再打第二个结。

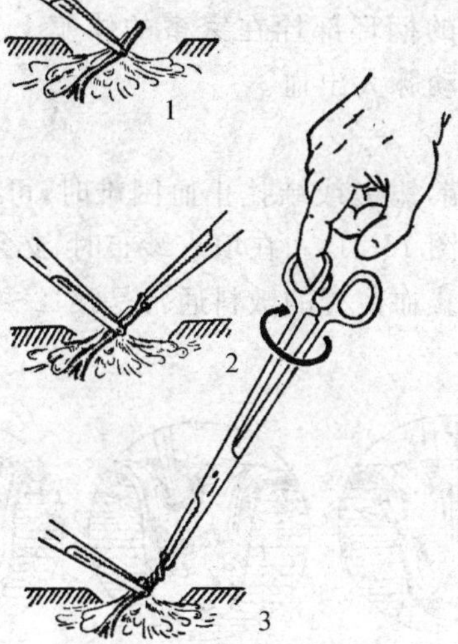

图 16-47　钳夹扭转止血法

1. 钳夹止血　2. 钳夹断端　3. 扭转

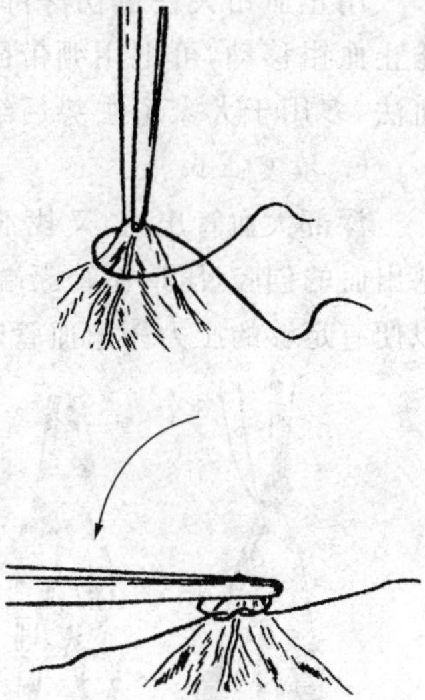

图 16-48　单纯结扎止血法

(2)贯穿结扎止血　将结扎线用缝针穿过所钳夹组织(勿穿透血管)后进行结扎。常用的方法有“8”字缝合结扎及单纯贯穿结扎 2 种(图 16-49)。图 16-50 为缝合结扎止血法的图示,供参考。

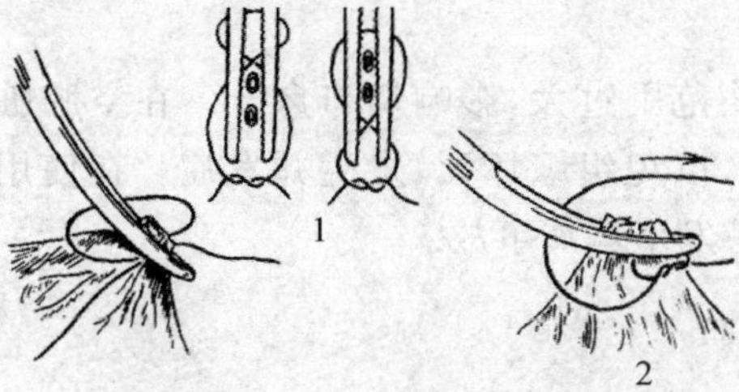

图 16-49　贯穿结扎止血法

1.“8”字缝合结扎法　2. 单纯贯穿结扎法

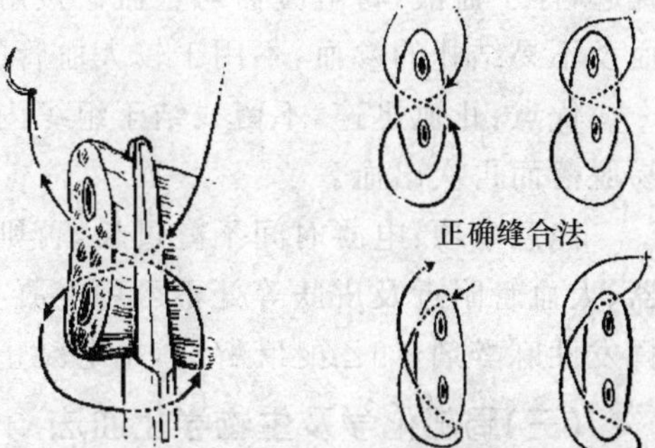

图 16-50　缝合结扎止血法

贯穿结扎止血的优点是结扎线不易脱落，适用于大血管或重要部位的止血。在不宜用止血钳夹住的出血点，不可用单纯结扎止血，而宜采用贯穿结扎止血的方法。

5. 创内留钳止血

用止血钳夹住创伤深部血管断端，并将止血钳留在创伤内 24～48 h。为了防止止血钳移动，可把用绷带固定止血钳的柄环部拴在家畜的体躯上。创内留钳止血法，多用于大家畜去势后继发精索内动脉大出血。

6. 填塞止血

深部大血管出血，又找不到血管断端，钳夹或结扎止血困难时，可用灭菌纱布填塞出血的创腔，压迫血管断端进行止血(图 16-51)。在填入纱布时，必须将创腔填满，以便有足够的压力压迫血管断端。填塞止血留置的敷料通常是在12～48 h 后取出。

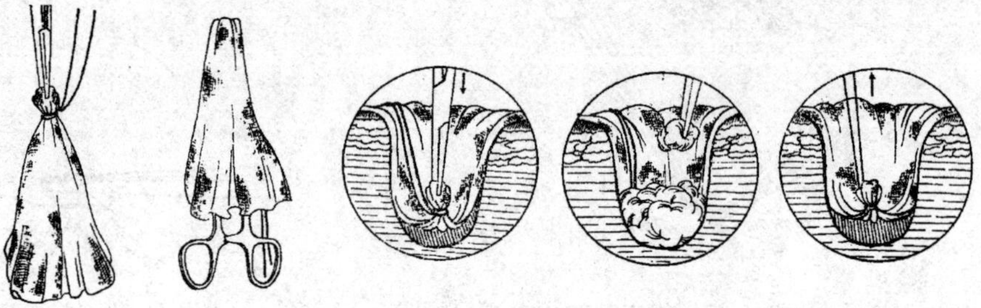

1　2　3　4　5

图 16-51　填塞止血法

(二)电凝止血法

利用高频电流凝固组织的作用进行止血。用止血钳夹住血管断端，向上轻轻提起，擦干血液，将电凝器与止血钳接触，待局部发烟即可。多用于小出血点的止血及不易结扎的渗血，不用于较大血管的止血。

优点：止血迅速，不留线结于组织内。缺点：止血效果不完全可靠，凝固的组织易脱落而再次出血。

注意事项：电凝时间不宜过长，否则烧伤范围过大，影响切口愈合。在空腔脏器、大血管附近及皮肤等处不可用电凝止血，以免组织坏死，发生并发症。在使用挥发性麻醉剂，如乙醚麻醉时，用电凝止血易发生爆炸事故。

(三)局部化学及生物学止血法

1. 肾上腺素止血

用 0.1%肾上腺素溶液浸湿的纱布进行压迫止血。多用于创面渗血的止血，还可用于鼻出血或拔牙后齿槽出血的填塞止血。

2. 明胶海绵止血

将止血海绵铺在出血面上或填塞在出血的伤口内，即能达到止血的目的，如果填塞后再缝合组织，效果更好。多用于一般方法难以止住的创面出血、实质器官出血和骨松质出血。止血明胶海绵的种类很多，包括纤维蛋白海绵、氧化纤维素、白明胶海绵及淀粉海绵等。止血的原理是促进血液凝固和提供凝血时所需要的支架结构。止血海绵能被组织吸收和使受伤血管日后保持贯通。

3. 活组织填塞止血

用自体组织（如网膜）填塞于出血部位进行止血。常用于实质器官的止血，如肝脏损伤用网膜填塞止血，或用取自腹部切口的带蒂腹膜、筋膜和肌肉瓣，牢固地缝在损伤的肝脏上。

4. 骨蜡止血

外科临床上常用骨蜡阻止骨质渗血，用于骨的手术和断角术。

操作十 打 结

打结是外科手术最基本的操作之一，正确而牢固地打结是结扎止血和缝合的重要环节，熟练地打结，不仅可以防止结扎线松脱而造成的创伤哆开和继发性出血，而且可以缩短手术时间。

一、结的种类

常用的结有方结、三叠结和外科结。在打结过程中容易产生一些错误结，常见的错误结有假结和滑结 2 种。图 16-52 展示了各种结。

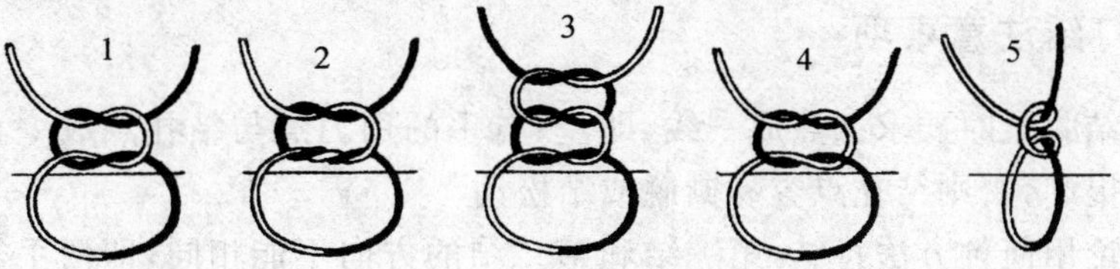

图 16-52 各种线结

1. 方结 2. 外科结 3. 三叠结 4. 假结（斜结） 5. 滑结

1. 方结

方结又称平结，是手术中最常用的一种，用于结扎较小的血管和各种缝合时的打结，不易滑脱。

2. 三叠结

三叠结又称加强结，是在方结的基础上再加一个结，共 3 个结。较牢固，结扎后即使松脱一道，也无妨；但遗留于组织中的结扎线较多。三叠结常用于有张力部位的缝合，大血管和肠线的结扎。

3. 外科结

打第一个结时绕 2 次，使摩擦面增大，故打第二个结时不易滑脱和松动。此结牢固可靠，多用于大血管、张力较大的组织和皮肤缝合。

4. 假结

打结时两结方向相同即可打成假结。假结易松脱，要避免打此结。

5. 滑结

打方结时，两手用力不均，只拉紧一根缝线，虽则两手交叉打结，结果仍形成滑结，而非方结，也易滑脱，应尽量避免打此结。

二、打结方法

1. 单手打结

为常用的一种方法，简便迅速，左右手均可打结(图 16-53)。

2. 双手打结

用两只手各打一个结(图 16-54)。

3. 器械打结

适用于结扎线过短、狭窄的术部、创伤深处和某些精细手术的打结。方法是把持针器放在缝线的较长端与结扎物之间，用较长端线环绕持针器一圈后，夹住缝线的较短端打第一结，打第二结时用相反方向环绕持针器一圈后，夹缝线的较短端拉紧，打成方结(图 16-55)。

三、打结注意事项

①打结收紧时要求三点成一线，即左、右手的用力点与结扎点成一直线，不可成角向上提起，否则结扎点容易撕脱或结松动。

②无论用何种方法打结，第一结和第二结的方向不能相同，即两手需要交叉，否则即成假结。如果两手用力不均，即成滑结。

③深部打结时，用两手食指伸到结旁，以指尖顶住双线，两手握住线端，徐徐拉紧，否则易松脱。埋在组织内的结扎线头，在不引起结扎松脱的原则下，剪短以减少组织内的异物。

④留线头的长度：丝线，皮肤留 5 mm，皮下留 1 mm，较大血管应略长，留 2～

3 mm，以防滑脱，肠线留 4～6 mm。不锈钢丝留 5～10 mm，将钢丝头扭转埋入组织中。

⑤正确的剪线方法（图 16-56）是术者结扎完毕后，将双线尾提起略偏术者的左侧，助手用稍张开的剪刀尖沿着拉紧的结扎线滑至结扣处，再将剪刀稍向上倾斜，然后剪断，倾斜的角度取决于要留线头的长短。

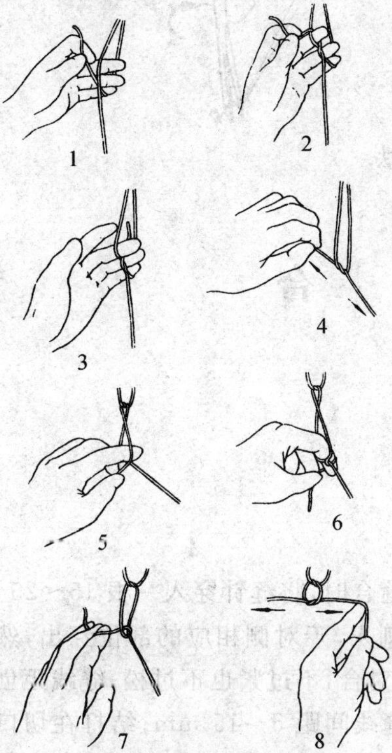

图 16-53　左手单手打结

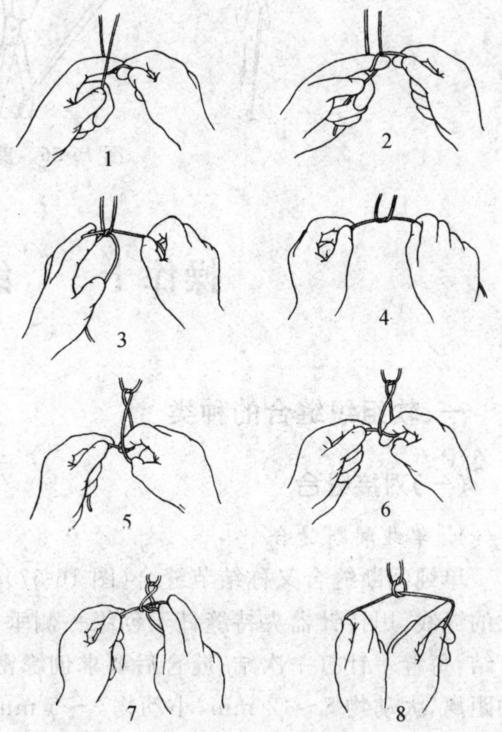

图 16-54　双手打结

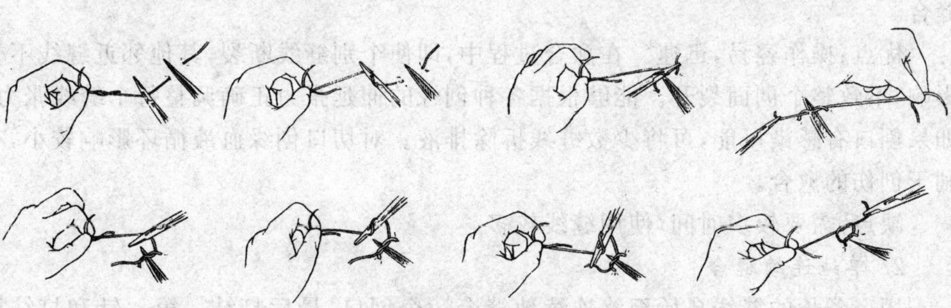

图 16-55　器械打结

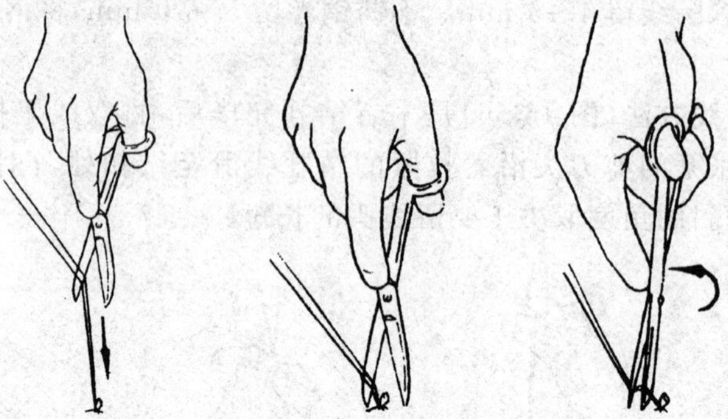

图 16-56 剪线法

操作十一 缝 合

一、软组织缝合的种类

(一)对接缝合

1. 单纯间断缝合

单纯间断缝合又称结节缝合(图 16-57)。缝合时,将缝针穿入一根 15～25 cm 长的缝线,用持针器夹持缝针于创缘一侧垂直刺入,于对侧相应的部位穿出,然后打结,每缝一针打一次结;缝合后要求创缘密切对合,不过紧也不过松;缝线距创缘的距离,大动物 8～12 mm,小动物 3～5 mm,缝线间距 5～15 mm;结打在切口一侧,防止压迫切口;结节缝合适用于皮肤、皮下、筋膜、腹膜、血管、神经、胃肠道的缝合。

优点:操作容易,迅速。在愈合过程中,即使个别缝线断裂,其他邻近缝线不受影响,不致整个创面裂开。能够根据各种创缘的伸延张力正确调整每个缝线张力。如果创口有感染可能,可将少数缝线拆除排液。对切口创缘血液循环影响较小,有利于创伤的愈合。

缺点:需要较多时间,使用缝线较多。

2. 单纯连续缝合

用一条长的缝线自始至终连续地缝合一个创口,最后打结。第一针和打结操作同结节缝合,以后每缝一针以前,对合创缘,避免创口形成皱褶,使用同一缝线以等距离缝合，拉紧缝线，最后留下线尾，在切口一侧打结（图 16-58）。常用于腹膜、胃肠道、子宫和膀胱的缝合，很少用于皮肤和皮下缝合。

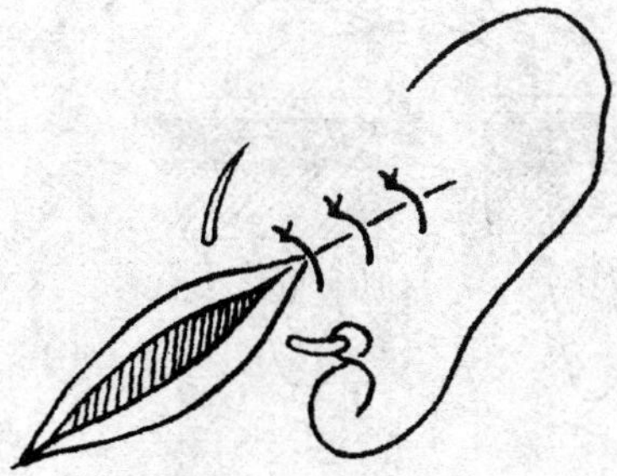

图 16-57 结节缝合

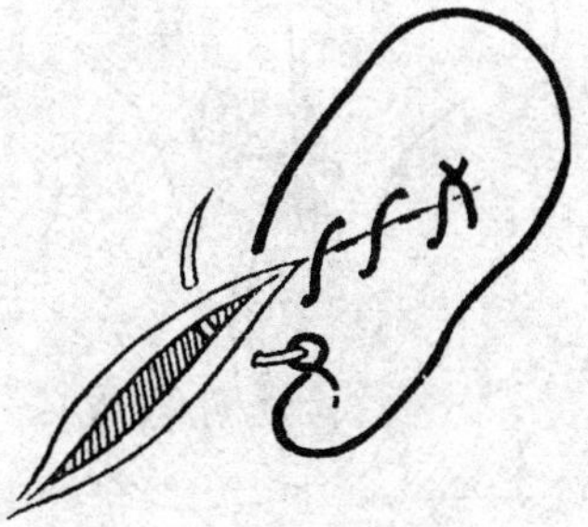

图 16-58 螺旋形连续缝合

优点：节省缝线和时间，密闭性好。

缺点：一处断裂，全部缝线拉脱，创口哆开。

3. 表皮下缝合

表皮下缝合（图 16-59）适用于小动物表皮下缝合。缝合在切口一端开始，缝针刺入真皮下，再翻转缝针刺入另一侧真皮，在组织深处打结。应用连续水平褥式缝合平行切口。最后在真皮下打结，埋置在深部组织内。一般选择可吸收性缝合材料。

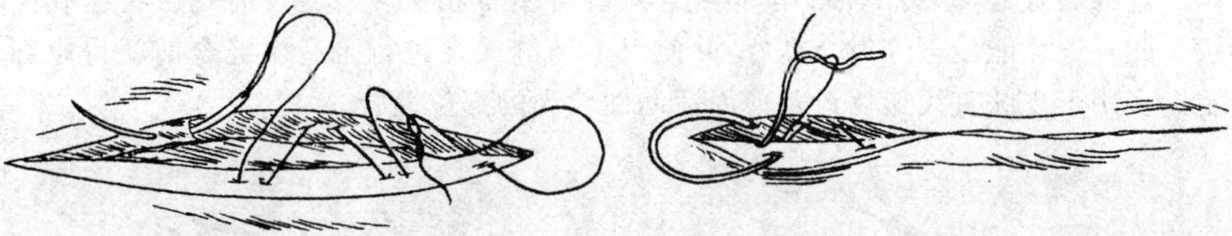

图 16-59 表皮下缝合法

优点：能消除普通缝合针孔的小瘢痕。操作快，节省缝线。

缺点：具有连续缝合的缺点。这种缝合方法张力强度较差。

4. 压挤缝合法

用于肠管吻合的单层间断缝合法。适用于犬、猫的肠管吻合。压挤缝合法（图 16-60），缝针刺入浆膜、肌层、黏膜下层和黏膜层进入肠腔。在越过切口前，从肠腔再刺入黏膜到黏膜下层。越过切口，转向对侧，从黏膜下层刺入黏膜层进入肠腔。在同侧从黏膜层、黏膜下层、肌层到浆膜刺出肠表面。两端缝线拉紧、打结。这种缝合是浆膜、肌层相对接，黏膜、黏膜下层内翻。这种缝合是肠组织本身组织的相互压挤，能够很好地防止液体泄漏，肠管吻合的密切对接和保持正常的肠腔容积。

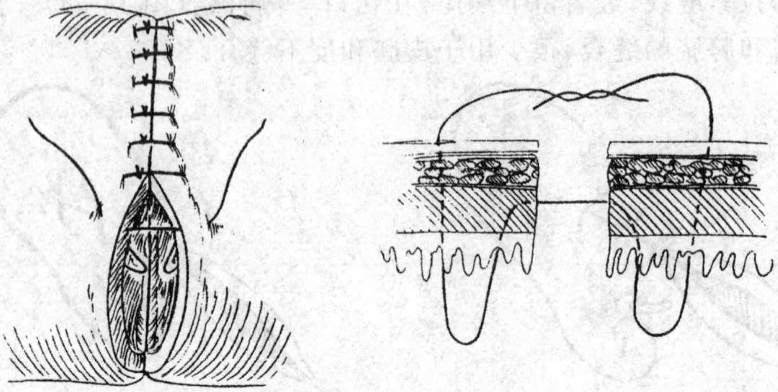

图 16-60 压挤缝合

5. 十字缝合法

第一针开始，缝针从一侧到另一侧做结节缝合，第二针平行第一针从一侧到另一侧穿过切口，缝线的两端在切口上交叉形成 X 形，拉紧打结(图 16-61)。用于张力较大的皮肤缝合。

6. 连续锁边缝合法

这种缝合方法(图 16-62)与单纯连续缝合基本相似。在缝合时每次将缝线交锁。此种缝合能使创缘对合良好，并使每一针缝线在进行下一次缝合前就得以固定。多用于皮肤直线形切口及薄而活动性较大的部位缝合。

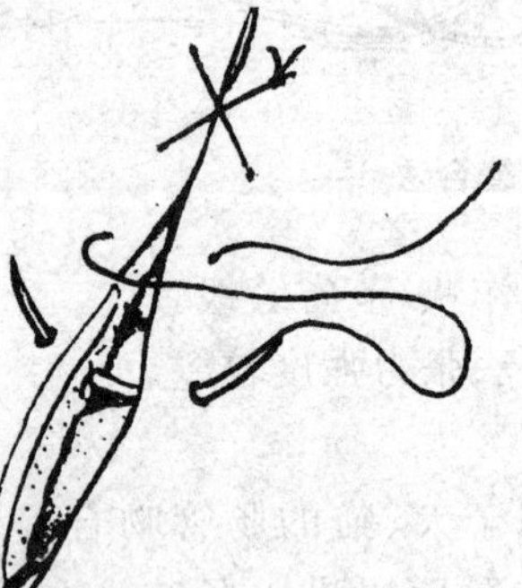

图 16-61 十字缝合法

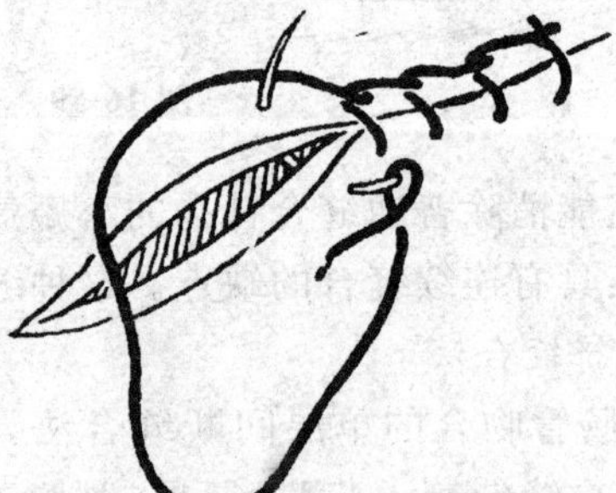

图 16-62 连续锁边缝合法

(二)内翻缝合

1. 伦勃特氏缝合法

这种缝合方法是胃肠手术的传统缝合方法，又称为垂直褥式内翻缝合法。分为间断伦勃特氏缝合法与连续伦勃特氏缝合法 2 种，常用的为间断伦勃特氏缝合法。在胃肠或肠吻合时，用以缝合浆膜肌层。

(1)间断伦勃特氏缝合法　缝线分别穿过切口两侧浆膜及肌层即行打结，使部分浆膜内翻对合(图 16-63)，用于胃肠道的外层缝合。

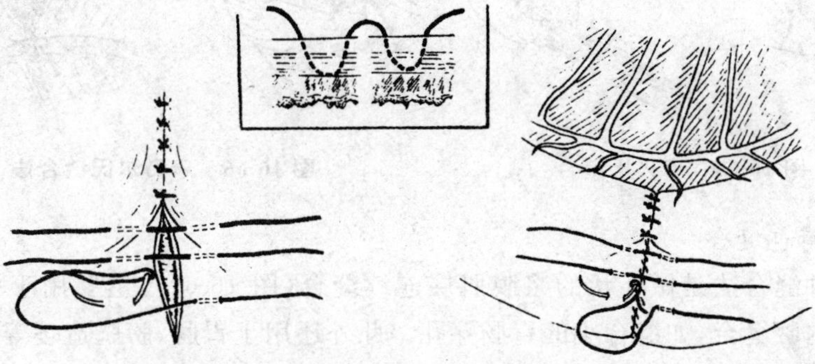

图 16-63　间断伦勃特氏缝合法

(2)连续伦勃特氏缝合法　于切口一端开始，先做一浆膜肌层间断内翻缝合，再用同一缝线做浆膜肌层连续缝合至切口另一端，最后留线尾，在切口一侧打结(图 16-64)。其用途与间断内翻缝合相同。

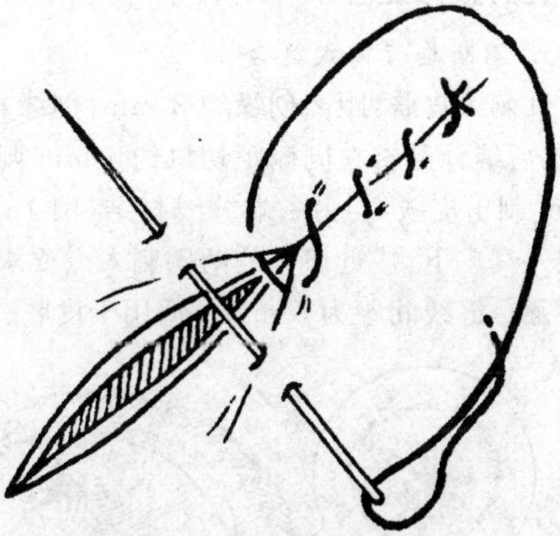

图 16-64　连续伦勃特氏缝合法

2. 库兴氏缝合法

库兴氏缝合法又称连续水平褥式内翻缝合法。缝合方法是于切口一端开始先做一浆膜肌层间断内翻缝合，再用同一缝线平行于切口做浆膜肌层连续缝合至切口另一端(图 16-65)。该方法适用于胃、子宫浆膜肌层缝合。

3. 康乃尔氏缝合法

这种缝合法(图 16-66)与库兴氏缝合法相同，仅在缝合时缝针要贯穿全层组织，当将缝线拉紧时，则肠管切面即翻向肠腔。多用于胃、肠、子宫壁缝合。

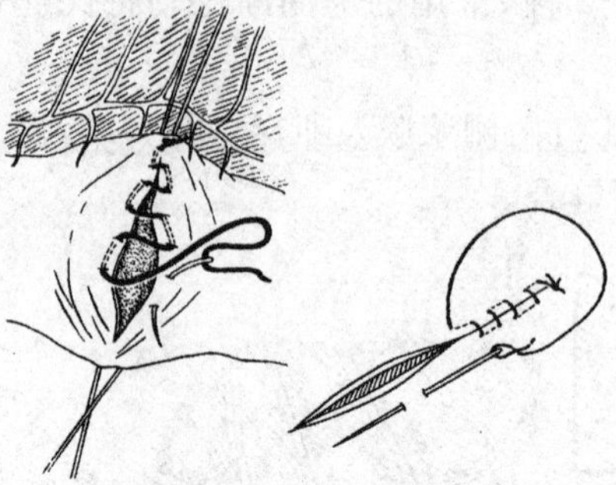

图 16-65 库兴氏缝合

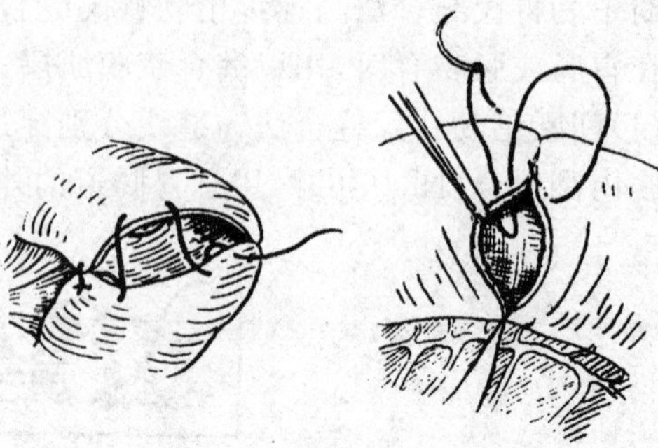

图 16-66 康乃尔氏缝合法

4. 荷包缝合

这种缝合法是做环状的浆膜肌层连续缝合(图 16-67),主要用于胃肠壁上小范围的内翻缝合,如缝合小的胃肠穿孔。此外还用于胃肠、膀胱造瘘等引流固定的缝合方法。

(三)张力缝合

1. 间断垂直褥式缝合

针刺入皮肤,距离创缘约 8 mm,创缘相互对合,越过切口到相应对侧刺出皮肤,然后缝针翻转在同侧距切口约 4 mm 刺入皮肤,越过切口到相应对侧距切口约 4 mm 刺出皮肤,与另一端缝线打结(图 16-68)。该缝合要求缝针刺入皮肤时,只能刺入真皮下,接近切口的两侧刺入点要求接近切口,这样皮肤创缘对合良好,不能外翻。缝线间距为 5 mm。适用于皮肤、腹膜和血管的缝合。

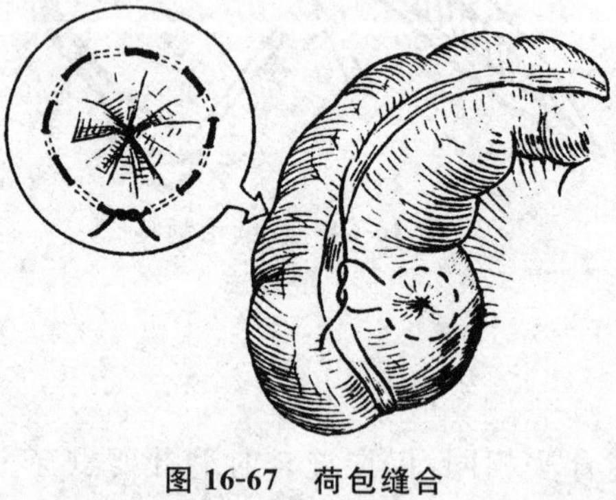

图 16-67 荷包缝合

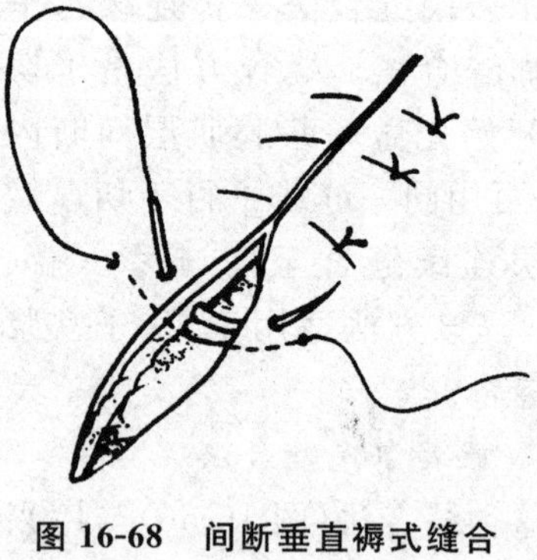

图 16-68 间断垂直褥式缝合

优点:该缝合方法比水平褥式缝合具有较强的抗张力强度。对创缘的血液供应影响较小。

缺点：缝合时，需要较多时间和较多的缝线。

2. 间断水平褥式缝合

间断水平褥式缝合（图 16-69）又称纽孔状缝合。针刺入皮肤，距创缘 2～3 mm，创缘相互对合，越过切口到对侧相应部位刺出皮肤，然后缝线与切口平行向前约 8 mm，再刺入皮肤，越过切口到相应对侧刺出皮肤，与另一端缝线打结。该缝合要求缝针刺入皮肤时，刺在真皮下，不能刺入皮下组织，这样皮肤创缘对合才能良好，不出现外翻。根据缝合组织的张力，每个水平褥式缝合间距为 4 mm。

优点：使用缝线较节省，操作速度较快。该缝合具有一定抗张力条件，对于张力较大的皮肤，可在缝线上放置胶管或纽扣，增加抗张力强度。

缺点：该缝合方法对初学者操作较困难。根据水平褥式缝合的几何图形，该缝合能减少创缘的血液供应。

3. 近远—远近缝合

近远—远近缝合（图 16-70）是一种张力缝合。第一针接近创缘垂直刺入皮肤，越过创底，到对侧距切口较远处垂直刺出皮肤。翻转缝针，越过创口到第一针刺入侧，距创缘较远处，垂直刺入皮肤，越过创底，到对侧距创缘近处垂直刺出皮肤，与第一针缝线末端拉紧打结。

优点：该缝合方法创缘对合良好，具有一定抗张力强度。

缺点：切口处有双重缝线，需要缝线数量较多。

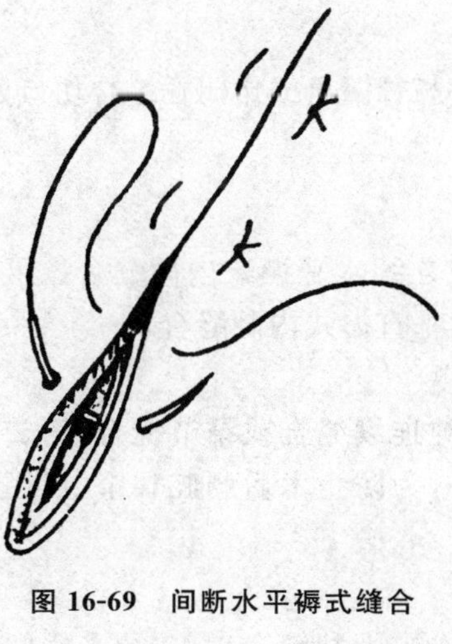

图 16-69　间断水平褥式缝合

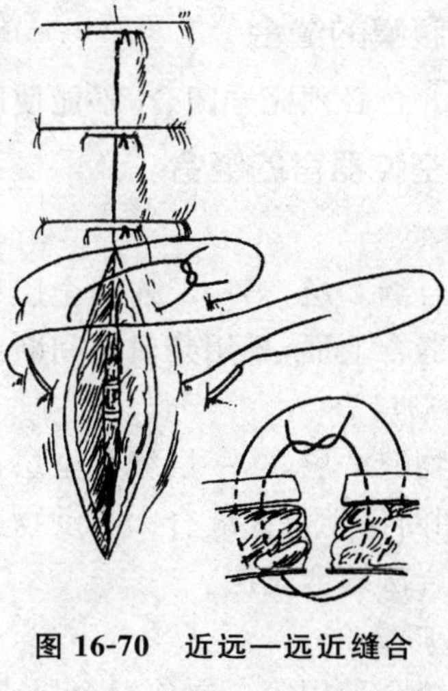

图 16-70　近远—远近缝合

二、各种软组织的缝合技术

(一)皮肤的缝合

皮肤缝合采用间断缝合,缝合后在创缘侧面打结,所有结都打在创缘同侧,打结不能过紧。两侧针眼离创缘 1～2 cm,距离要相等。皮肤缝合完毕后,必须再次将创缘对好。缝合前创缘必须对好,缝线要在同一深度将两侧皮下组织拉拢,以免皮下组织内遗留空隙,滞留血液或渗出液易引起感染。

(二)皮下组织的缝合

缝合时要使创缘两侧皮下组织相互接触,一定要消除组织的空隙。使用可吸收性缝线,打结应埋置在组织内。

(三)筋膜的缝合

筋膜缝合时,要垂直于张力线,使用间断缝合。大量筋膜切除或缺损时,缝合时使用垂直褥式或远近—近远等张力缝合法。

(四)肌肉的缝合

肌肉缝合时,应用结节缝合分别缝合各层肌肉。当小动物手术时,肌肉一般是纵行分离而不切断,因此,肌肉组织经手术细微整复后,可不需要缝合。对于横断肌肉,因其张力大,应该在麻醉或使用肌松剂的情况下连同筋膜一起缝合,进行结节缝合或水平褥式缝合。

(五)腹膜的缝合

腹膜缝合必须完全闭合,不能使网膜或肠管漏出或钳闭在缝合切口处。

(六)空腔器官的缝合

1. 胃缝合

胃缝合缝 2 层,第一层连续全层缝合或连续水平褥式内翻缝合。第二层缝合在第一层缝合上面,采用浆肌层间断或连续垂直褥式内翻缝合。

2. 小肠缝合

大动物缝 2 层,第一层缝合全层,用单纯连续缝合或结节缝合,第二层缝合浆肌层,用间断伦勃特氏缝合。小动物肠腔小,为防止术后肠腔狭窄,可用结节缝合或压挤缝合法缝合全层。

3. 大肠缝合

内翻缝合采用第一层连续全层或连续水平内翻缝合,第二层采用间断垂直褥式浆肌层内翻缝合。

4. 子宫缝合

第一层用肠线做连续全层缝合，第二层用肠线（或丝线）做库兴氏缝合。

（七）实质器官缝合

实质器官包括肝、肾、脾等组织。由于不同的器官组织解剖结构不同，其缝合方法也是不同的。

1. 脾

脾脏组织非常脆弱，如果脾脏损伤时，不能缝合，只有实行脾脏摘除术。

2. 肝

肝脏的缝合分为 2 种情况：浅表裂创，创面无活动性出血，可用 1～0 号肠线做结节缝合修补，每针相距 1～1.5 cm。较深裂创，可做褥式缝合。肝组织小范围缺损，可在创面填塞带蒂大网膜后，再以 1～0 号肠线做创口两侧贯穿缝合，缝线先穿过大网膜，后穿过肝实质。肝组织完全断裂，创面有活动性出血，应该先结扎出血点，将血管从创面钝性分离，结扎。然后以 1～0 号肠线平行创缘做一排褥式缝合，再在上述褥式缝合外方，以 1～0 号肠线做两侧贯穿缝合，使创口对合。

3. 肾

肾脏缝合，肾组织切开后，对小的出血点，压迫止血即可，然后用手指将两瓣切开的肾组织紧密对合，轻轻压迫，内纤维蛋白胶接起来，不需要肾组织褥式缝合，只需要连续缝合肾脏被膜。

三、骨缝合

1. 全环扎术

应用不锈钢丝紧密缠绕 360°，固定骨折断端（图 16-71）。用于斜骨折长度大于骨直径 2 倍以上，不适用短的斜骨折。骨折断片能充分整复。用于圆柱形骨，例如股骨、肱骨、胫骨等，如果用于圆锥形骨，容易滑脱，应该在骨皮质上做成缺口。配合骨髓针内固定，效果最好。不适用于应用邻近关节和骨骺端的固定。一个不锈钢丝不能同时固定邻近的两个骨，例如桡骨和尺骨。全环扎术必须同时由两个不锈钢丝固定，间距不少于 1 cm，距骨折断端不少于 5 mm。骨折处固定只应用一个不锈钢丝缠绕不确实，容易滑脱。

2. 半环扎术

半环扎术是用不锈钢丝通过每个骨断片钻成小孔，将骨折端连接（图 16-72）。不锈钢丝从皮质穿入骨髓腔，由对侧骨折断片皮质出口，然后两个金属末端拧紧。这种方法容易出现骨断片旋转。配合螺钉固定，可以避免骨断片旋转。

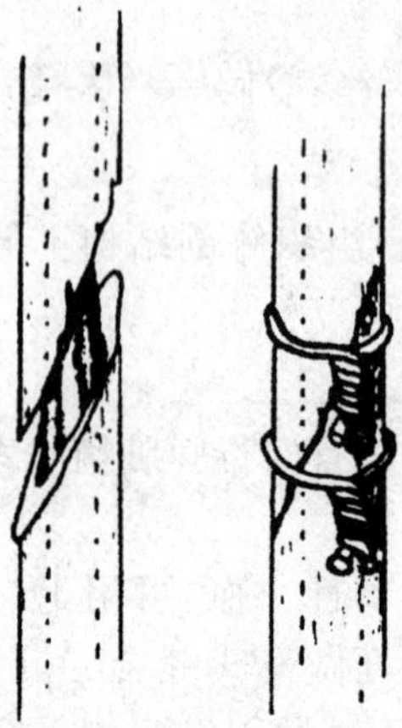

图 16-71 全环扎术

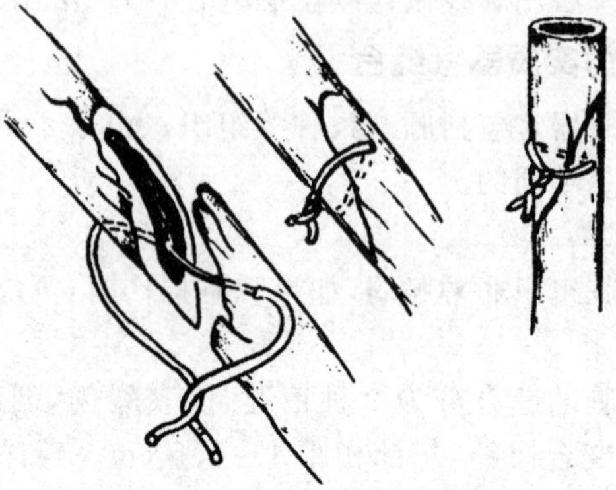

图 16-72 半环扎术

四、缝合注意事项

①外科临床中所用的缝线(可吸收或不可吸收的)对机体来讲均为异物,因此在缝合过程中要尽可能地减少缝线的用量。

②缝合的针数不宜过多,一般间隔为 1～1.5 cm,使每针所加于组织的张力相近似,以便均匀地分担组织张力。缝合时不可过紧或过松,过紧引起组织缺氧,过松引起对合不良,以致影响组织愈合。皮肤缝合后应将积存的液体排出,以免造成皮下感染和线结脓肿。

③连续缝合虽有力量分布均匀、抗张力较用间断缝合强的优点,但一处断裂则全部缝线松脱,伤口裂开。

④组织应按层次进行缝合,较大的创伤要由深及浅逐层缝合,以免影响愈合或裂开。浅而小的伤口,一般只做单层缝合,但缝线必须通过各层组织,缝合时应使缝针与组织呈直角刺入,拔针时要按针的弧度和方向拔出。

⑤腔性器官缝合时要求闭合性好,不漏气、不透水,更不能让内容物溢入腹腔,保持原有的收缩功能,为此,缝合时应尽量采用小针、细线,缝合组织要少,除第一道做单纯连续缝合外,对于肠管,第二道不宜做一周性的连续缝合,以免形成一个缺乏弹性的瘢痕环,收缩后发生狭窄,影响功能,腔性器官缝合的基本原则是使切开的浆膜向腔体内翻,浆膜面相对,借助于浆膜上的细胞在受损后析出的纤维蛋白原,在酶的作用下很快凝固为纤维蛋白附着在缝合部,修补创伤,为此,在第二道缝合时均应以浆膜对浆膜的内翻缝合。

操作十二　包　　扎

一、应用范围

利用敷料、卷轴绷带、复绷带、夹板绷带、支架绷带和石膏绷带等材料包扎止血，保护创面，防止自我损伤，吸收创液，限制活动，使创伤保持安静，促进受伤组织的愈合。

二、用具材料

1. 敷料

①纱布。多选用医用脱脂纱布。用于覆盖创口、止血、吸液和填充创腔等。

根据需要裁剪并叠成大小不同的纱布块，纱布块四边要求无脱落棉纱，用双层纱布包好，高压蒸汽灭菌后备用。

②海绵纱布。一种棉制多孔皱褶的纺织品，质地柔软，吸水性比纱布好。

③脱脂棉。在两层纱布间放一层脱脂棉做成长方形棉垫。脱脂棉还应用于四肢骨折的外固定。

2. 绷带

①卷轴绷带。用纱布制成，用途最广。

②复绷带。

③夹板绷带。

④支架绷带。

⑤石膏绷带。

三、操作方法

(一)卷轴绷带

卷轴绷带通常称为绷带或卷轴带，是将布剪成狭长的带条，用卷绷带机或手卷成。

1. 种类

(1)纱布绷带　临床上最常用的绷带，有多种规格。长度一般 6 m，宽有3 cm、5 cm、7 cm、10 cm、15 cm 不等，根据临床需要选用不同规格。纱布绷带质柔软，压力均匀，价格便宜，但在使用时易起褶、滑脱。

(2)棉布绷带　用本色棉布按规格制作。因其原料厚,坚固耐洗,施加压力不变形或断裂,常用以固定夹板、肢体等。

(3)弹力绷带　弹力绷带是一种弹性网状织品,质地柔软,包扎后有伸缩力,故常用于烧伤、关节损伤等。此绷带不与皮肤、被毛粘连,故拆除时动物无不适感。

(4)胶带　通常局部剪、剃被毛,盖上敷料后,多用胶布条粘贴在敷料及皮肤上将其固定。也可在使用纱布或棉布绷带后,再用胶带缠绕固定。

2. 适用范围

多用于家畜四肢游离部、尾部、角头部、胸部和腹部等。

3. 绷带操作方法

以左手持绷带的开端,右手持绷带卷,以绷带的背面紧贴肢体表面,由左向右缠绕。当第一圈缠好之后,将绷带的游离端反转盖在第一圈绷带上,再缠第二圈压住第一圈绷带。然后根据需要进行不同形式的包扎法缠绕。无论用何种包扎法,均应以环形开始并以环形终止。包扎结束后将绷带末端剪成两条打个半结,以防撕裂。最后打结于肢体外侧,或以胶布将末端加以固定。卷轴绷带的基本包扎法有环形包扎法、螺旋形包扎法、蛇形包扎法和扎转包扎法(图 16-73)。

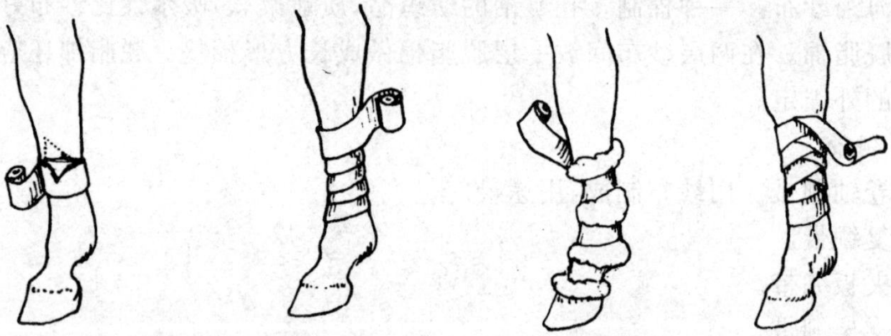

图 16-73　绷带包扎方法

(1)环形包扎法　用于其他形式包扎的起始和结尾,以及用于系部、掌部、跖部等较小创口的包扎。方法是在患部把卷轴带呈环形缠数圈,每圈盖住前一圈,最后将绷带末端剪开打结或以胶布加以固定。

(2)螺旋形包扎法　环形包扎法开始,然后以螺旋形由下向上缠绕,每后一圈遮盖前一圈的 1/3～1/2。用于掌部、跖部及尾部等的包扎。

(3)折转包扎法　又称螺旋回反包扎法。以环形包扎法开始,然后从下向上做螺旋形包扎,每一圈均应向下回折;逐圈遮盖上圈的 1/3～1/2,最后用环行包扎固定。用于上粗下细径圈不一致的部位,如前臂和小腿部。

(4)蛇形包扎法　又称蔓延包扎法。环形包扎法开始，然后斜行向上延伸，各圈互不遮盖。用于固定夹板绷带的衬垫材料。

(5)交叉包扎法　在关节下方做一环形带，然后在关节前面斜向关节上方，做一圈环形带后再斜行经过关节前面至关节的下方。如上操作至患部完全被包扎住，最后以环形带结束。用于腕、跗、球关节等部位，方便关节屈曲。

4. 各部位包扎法

(1)蹄包扎法　将绷带的起始部留出约 20 cm 作为缠绕的支点，在系部做环形包扎数圈后，绷带由一侧斜经蹄前壁向下，折过蹄尖经过蹄底至踵壁时与游离部分扭缠，以反方向由另一侧斜经蹄前壁做经过蹄底的缠绕。同样操作至整个蹄底被包扎，最后与游离部打结，固定于系部。

(2)尾包扎法　先在尾根做环形包扎，然后将部分尾毛折转向上做尾的环形包扎后，将折转的尾毛放下，做环形包扎，目的是防止包扎滑脱，如此反复多次，用绷带做螺旋形缠绕至尾尖时，将尾毛全部折转做数圈环形包扎后，绷带末端通过尾毛折转所形成的圈内。用于尾部创伤或用于后躯、肛门、会阴部施术前后固定尾部。

(3)耳包扎法

①垂耳包扎法：用于耳外伤。先在患耳背侧放棉垫，将患耳及棉垫反折贴在头部，并在患耳耳廓内填塞纱布，然后用绷带从耳内侧基部向上延伸到健耳后方，并向下绕过颈上方到患耳，再绕到健耳前方，如此绕 3～4 圈将耳包扎(图 16-74)。

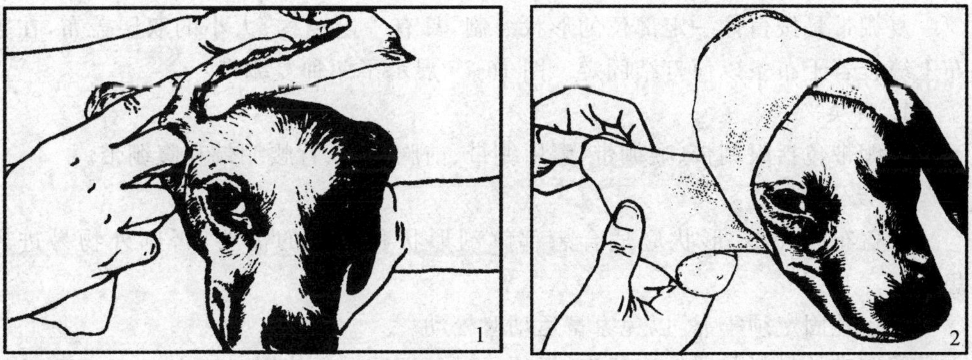

图 16-74　垂耳包扎法

②竖耳包扎法：多用于耳成形术。先用纱布或材料做成圆柱形支撑物填塞于两耳廓内，再分别用短胶布条从耳根背侧向内缠绕，每条胶布断端相交于耳内侧支撑上，依次向上贴紧。最后用胶带“8”字形包扎将两耳拉紧竖直。

5. 注意事项

①按包扎部位的大小、形状选择宽度适宜的绷带。过宽使用不便，包扎不平；过窄难以固定，包扎不牢固。

②包扎要求迅速确实，用力均匀，松紧适宜，避免一圈松一圈紧。压力不可过大，以免发生循环障碍；但也不宜过松，以防脱落或固定不牢。在操作时绷带不得脱落污染。

③在临床治疗中不宜使用湿绷带进行包扎，因为湿绷带不仅会刺激皮肤，而且容易造成感染。

④对四肢部的包扎须按静脉血流方向，从四肢的下部开始向上包扎，以免静脉瘀血。

⑤包扎至最后末端应妥善固定以免松脱，一般用胶布贴住比打结更为光滑、平整、舒适。如果采用末端撕开系结，则结扣不可置于隆突处或创面上。结的位置也应避免啃咬而松结。

⑥包扎应美观，绷带应平整无褶皱，以免发生不均匀的压迫。交叉或折转应成一线，每圈遮盖多少要一致，并除去绷带边上活动的线头。

⑦解除绷带时，先将末端的固定结松开，再朝缠绕反方向以双手相互传递松解。解下的部分应握在手中，不要拉得很长或拖在地上。紧急时可以用剪刀剪开。

⑧对破伤风等厌气菌感染的创口，尽管做过一定的外科处理，也不宜用绷带包扎。

(二)复绷带

复绷带是按畜体一定部位的形状缝制，具有一定结构、大小的双层盖布，在盖布上缝合若干布条以便打结固定。图 16-75 展示了两种复绷带。

1. 种类

复绷带包括眼绷带、喉绷带、鬐甲绷带、前胸绷带、背腰绷带和腹绷带。

2. 注意事项

①盖布的大小、形状应适合患部解剖形状和大小的需要，否则外物易进入患部。

②包扎固定须牢靠，以免家畜运动时松动。

③绷带的材料与质地应优良，以便经过处理后反复使用。

(三)结系绷带

结系绷带是用缝线代替绷带固定敷料的一种保护手术创口或减轻伤口张力的绷带。结系绷带可装在畜体的任何部位，其方法是在圆枕缝合的基础上，利用游离的线尾，将若干层灭菌纱布固定在圆枕之间和创口之上。

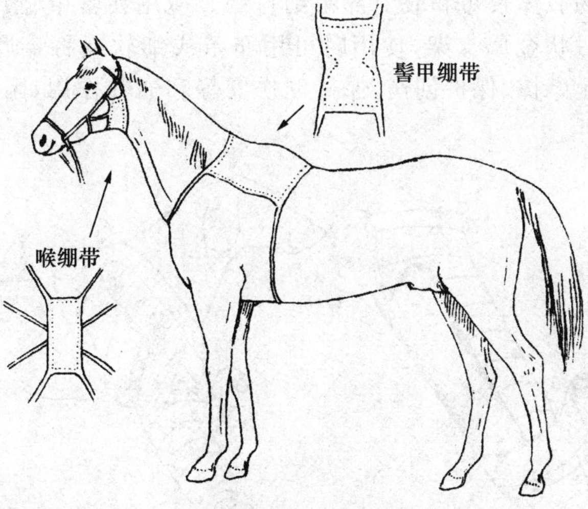

图 16-75 复绷带

(四)夹板绷带

夹板绷带是借助于夹板保持患部安静,避免加重损伤、移位和使伤部进一步复杂化的制动作用的绷带,可分为临时夹板绷带和预制夹板绷带 2 种。前者通常用于骨折、关节脱位时的紧急救治,后者可作为较长时期的制动。

1. 种类

(1)临时夹板绷带　可用胶合板、普通薄木板、竹板、树枝等作为夹板材料。小动物可以选用压舌板、硬纸壳、竹筷子作为夹板材料。

(2)预制夹板绷带　常用金属丝、薄铁板、木料、塑料板等制成适合四肢解剖形状的各种夹板(图 16-76)。另外,在小动物,厚层棉花和绷带的包扎也起到夹板作用。

2. 包扎方法

先将患部皮肤刷净,包上较厚的棉花、纱布等衬垫,并用蛇形或螺旋形包扎法加以固定,然后再装夹板。夹板的宽度视需要而定,长度既应包括骨折部上下两个关节,使上下两个关节同时得到固定,又要短于衬垫材料,避免夹板两端损伤皮肤。最后用绷带螺旋包扎或结实的细绳加以捆绑固定。铁制夹板可加皮带固定。

(五)支架绷带

支架绷带是在绷带内作为固定敷料的支持装置。这种绷带应用于家畜的四肢时,用套有橡皮管的软金属或细绳构成的支架,借以牢靠地固定敷料,而不因动物走动失去它的作用。在小动物四肢常用改良托马斯支架绷带(图 16-77)。其支架多用铝棒根据动物肢体长短和肢上部粗细自制。应用在鬐甲、腰背部的支架绷带为被纱布包住的弓状金属支架，使用时可用布条或细软绳将金属架固定于患部。支架绷带具有防止摩擦、保护创伤、保持创伤安静和通气作用，因此为创伤的愈合提供了良好的条件。

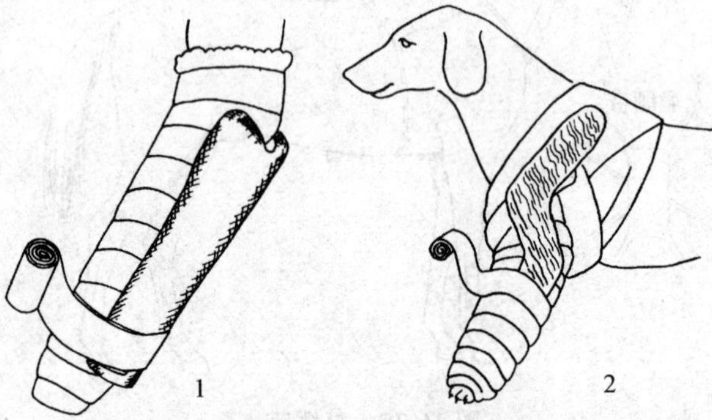

图 16-76 夹板绷带(犬)

1. 塑料夹板绷带 2. 纤维板夹板绷带

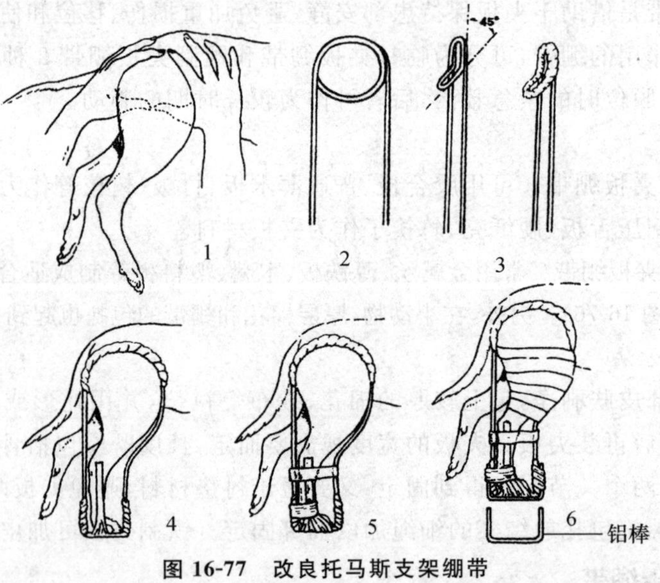

图 16-77 改良托马斯支架绷带

1. 估测大腿的直径 2. 用铝棒卷曲一圈半 3. 圈下 1/2 屈曲呈 45°，并用绷带包扎 4. 支架圈套入大腿上，按动物站立姿势和高度屈曲两支架杆，并用绷带或胶带缠绕其远端 5. 支架向腹股沟托紧，用胶带将脚缠绕固定在支架远端 6. 如犬体重大于 13 kg，再在支架底部附加一铝棒，最后用棉花和绷带缠绕固定整个支架

操作十三　拆　　线

一、拆线时间

拆线是指拆除皮肤缝线。一般是在手术后7～8 d进行，凡营养不良、贫血、老龄家畜、缝合部位活动性较大、创缘呈紧张状态等，应适当延长拆线时间，但创伤已化脓或创缘已被缝线撕断，起不到缝合作用时，可根据创伤治疗需要随时拆除全部或部分缝线。

二、拆线方法

①用碘酊消毒创口、缝线及创口周围皮肤后，将线结用镊子轻轻提起，剪刀插入线结下，紧贴针眼将线剪断。

②拉出缝线：拉线方向应向拆线的一侧，动作要轻巧，如强行向对侧硬拉，则可能将伤口拉开。

③再次用碘酊消毒创口及周围皮肤。

拆线方法详见图16-78。

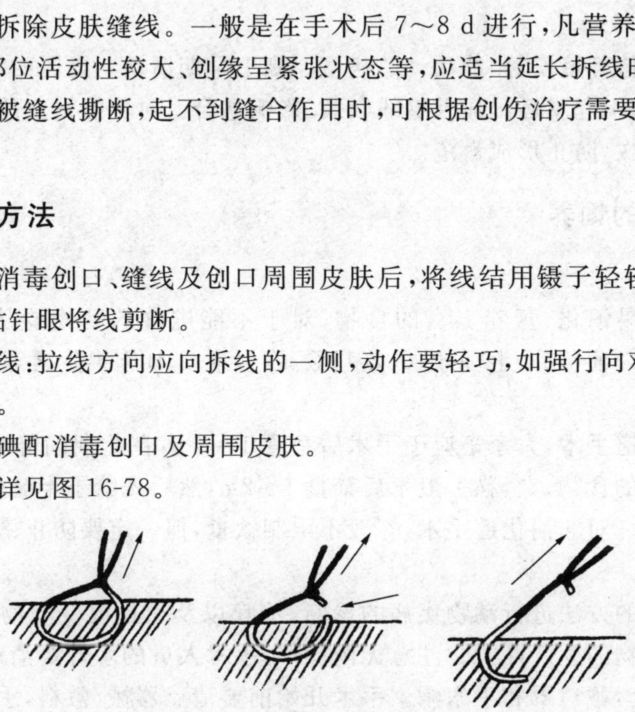

图16-78　拆线方法

操作十四　术后护理

一、一般护理

1. *麻醉苏醒*

全麻术后要有专人看管，苏醒后应辅助站立，避免撞碰、摔伤；在吞咽功能未完全恢复之前(术后 12 h 内)不给饮食,防止误咽。

2. 保温

全麻后动物体温降低,要注意保温,防止感冒。盖毛毯、浴巾。

3. 监护

术后 24 h 内严密观察动物的体温、脉搏、呼吸变化,术后测体温 5～7 d,每天至少 2 次(早晚各 1 次)。注意饮食及排便情况。

4. 安静和活动

术后要保持环境安静,能活动的病畜原则上早期活动。虚弱的病畜不得过早、过量活动,以免引起术后出血及缝线断裂,影响愈合。对不能站立的动物要帮助翻身,每日 2～4 次,防止形成褥疮。

二、病畜的饲养

1. 营养

术后给予易消化、营养丰富的食物;对于不能进食的动物要从静脉补给,如 5%葡萄糖、50%葡萄糖、生理盐水、氨基酸、维生素 C、B 族维生素等。

2. 禁食

对于消化道手术,大家畜应于手术后禁食 1～3 d,在此期间静脉补充营养,然后给予易消化的食物;犬、猫一般术后禁食 1～2 d,然后先给予半流体食物,再逐步变为日常饲料。对非消化道手术,一般不限制饮食,但一定要防止暴饮暴食。

【项目小结】

应用手术的方法进行动物疾病的诊断、治疗以及通过改变动物的生理和代谢机能来提高动物的生产性能。注意无菌操作,手术人员的手臂要消毒,穿无菌手术衣,戴无菌手套,戴口罩和手术帽。手术开始前要清点器械、敷料,手术结束时要核对器械、敷料无误后才能关闭切口,以免异物遗留在组织或腔内。

【复习思考题】

1. 术前准备的方法有哪些?
2. 手术部位的消毒方法有哪些?
3. 手术中组织切开方法有哪些?
4. 手术中的止血方法有哪些?
5. 手术中的缝合方法有哪些?
6. 手术后的包扎方法有哪些?
7. 动物手术的麻醉方法有哪些?
8. 手术后的护理方法有哪些?

参考文献

[1] 李玉冰．兽医临床诊疗技术．北京:中国农业出版社,2006.

[2] 韩博等．动物疾病诊疗．北京:中国农业出版社,2006.

[3] 李玉冰．兽医基础．北京:中国农业出版社,2001.

[4] 崔中林．兽医诊疗技术．北京:中国农业出版社,1990.

[5] 林贵德．兽医外科手术学．4 版．北京:中国农业出版社,2002.

[6] 王书林．兽医临床诊断学．北京:中国农业出版社,2001.

[7] 林德贵．动物医院临床手册．北京:中国农业出版社,2004.

[8] 张德群．兽医专业实习指导．北京:中国农业出版社,2004.

[9] 张建岳．实用兽医临床大全．2 版．北京:中国农业大学出版社,2001.

[10] 陈北亨．兽医产科学．北京:中国农业出版社,2001.

[11] 谢富强．兽医影像学．北京:中国农业大学出版社,2004.

[12] 王民桢．兽医临床鉴别诊断学．北京:中国农业出版社,1994.

[13] 邓友良等．兽医临床诊疗实践．北京:中国农业大学出版社,2006.

[14] 袁慧等．临床兽医学诊疗技术．长沙:湖南农业大学出版社,2005.

[15] 东北农学院．临床诊疗基础．北京:中国农业出版社,1979.

[16] 唐兆新．兽医临床治疗学．北京:中国农业出版社,2002.

[17] 李宏全．门诊兽医手册．北京:中国农业出版社,2005.